中国水土保持学会　组织编写

水土保持行业从业人员培训系列丛书

水土保持监测

主编　李智广

中国水利水电出版社
www.waterpub.com.cn
·北京·

内 容 提 要

本书在厘清水土保持监测的概念、分析水土保持监测的目的与原则、概述我国水土保持监测历程的基础上，按照水土保持监测的主要对象及其主要应用，全面阐述了水力侵蚀、风力侵蚀、冻融侵蚀与重力侵蚀的监测指标、方法、设施设备及监测数据整（汇）编与成果制作，介绍了水土流失治理措施监测指标与方法，生产建设项目水土保持监测的主要任务与程序、监测点布设、监测评价指标与监测成果等。

全书共分为6章，包括水土保持监测概论、水力侵蚀监测、风力侵蚀监测、重力与冻融侵蚀监测、水土保持措施监测及生产建设项目水土保持监测。对开展坡面（地块）、小流域、风蚀观测场和区域的水土流失动态监测及生产建设项目水土保持监测评价等具有较强的指导意义。

本书系统、实用，可操作性强，可供各级水土保持监测机构和各类水土保持监测点使用，也可供水文、生态和环境保护监测工作、行业管理与技术培训等使用，并可作为相关科研和教学单位的参考用书。

图书在版编目（CIP）数据

水土保持监测 / 李智广主编 ; 中国水土保持学会组织编写. -- 北京 : 中国水利水电出版社, 2018.1(2024.7重印)
（水土保持行业从业人员培训系列丛书）
ISBN 978-7-5170-6058-1

Ⅰ. ①水… Ⅱ. ①李… ②中… Ⅲ. ①水土保持－监测－技术培训－教材 Ⅳ. ①S157

中国版本图书馆CIP数据核字(2017)第282830号

书　　名	水土保持行业从业人员培训系列丛书 **水土保持监测** SHUITU BAOCHI JIANCE
作　　者	主编　李智广 中国水土保持学会　组织编写
出版发行	中国水利水电出版社 （北京市海淀区玉渊潭南路1号D座　100038） 网址：www.waterpub.com.cn E-mail：sales@waterpub.com.cn 电话：(010) 68545888（营销中心）
经　　售	北京科水图书销售有限公司 电话：(010) 63202643、68545874 全国各地新华书店和相关出版物销售网点
排　　版	中国水利水电出版社微机排版中心
印　　刷	天津联城印刷有限公司
规　　格	184mm×260mm　16开本　14.75印张　350千字
版　　次	2018年1月第1版　2024年7月第6次印刷
印　　数	10001—12000册
定　　价	**48.00**元

《水土保持行业从业人员培训系列丛书》

编　委　会

本书编委会

总　序

水是生命之源，土是生存之本，水土资源是人类赖以生存和发展的基本物质条件，是经济社会可持续发展的基础资源。严重的水土流失是国土安全、河湖安澜的重大隐患，威胁国家粮食安全和生态安全。20世纪初，我国就成为世界上水土流失最为严重的国家之一，最新的普查成果显示，全国水土流失面积依然占全国陆域总面积的近1/3，几乎所有水土流失类型在我国都有分布，许多地区的水土流失还处于发育期、活跃期，造成耕地损毁、江河湖库淤积、区域生态环境破坏、水旱风沙灾害加剧，严重影响国民经济和社会的可持续发展。

我国农耕文明历史悠久而漫长，水土流失与之相伴相随，并且随着人口规模的膨胀而加剧。与之相应，我国劳动人民充分发挥聪明才智，开创了许多预防和治理水土流失、保护耕地的方法与措施，为当今水土保持事业发展奠定了坚实的基础。新中国成立以来，党和国家高度重视水土保持工作，投入了大量人力、物力和财力，推动我国水土保持事业取得了长足发展。改革开放以来，尤其是进入21世纪以来，我国水土保持事业步入了加速发展的快车道，取得了举世瞩目的成就，全国水土流失面积大幅减少，水土流失区生态环境明显好转，群众生产生活条件显著改善，水土保持在整治国土、治理江河、促进区域经济社会可持续发展中发挥着越来越重要的作用。与此同时，水土保持在基础理论、科学研究、技术创新与推广等方面也取得了一大批新成果，行业管理、社会化服务水平大幅提高。为及时、全面、系统总结新理论、新经验、新方法，推动水土保持教育、科研和实践发展，我们邀请了当前国内水土保持及生态领域著名的专家、学者、一线工程技术人员和资深行业管理人员共同编撰了这套丛书，内容涵盖了水土保持基础理论、监督管理、综合治理、规划设计、监测、信息化等多个方面，基本反映了近30年、特别是21世纪以来水土保持领域发展取得的重要成果。该丛书可作为水土保持行业工程技术人员的培训教材，亦可作为大专院校水土保持专业教材，以及水土保持相关理论研究的参考用书。

近年来，党中央做出了建设生态文明社会的重大战略部署，把生态文明建设提到了前所未有的高度，纳入了“五位一体”中国特色社会主义总体布局。水土保持作为生态文明建设的重要组成部分，得到党中央、国务院的高度重视，全国人大修订了《中华人民共和国水土保持法》，国务院批复了《全国水土保持规划》并大幅提高了水土保持投入，水土保持迎来了前所未有的发展机遇，任重道远，前景光明。希望这套丛书的出版，能为推动我国水土保持事业发展、促进生态文明建设、建设美丽中国贡献一份力量。

《水土保持行业从业人员培训系列丛书》编委会

2017年10月

前　言

随着新时代社会主义生态文明观的树立和美丽中国建设的深入，水土保持工作不断地改革与发展，水土保持监测不断地深入与完善，监测技术和方法不断地完善和创新，为了及时、系统和全面地总结水土保持监测理论与实践的成果，总结水土保持监测的新技术和新方法，进一步提高水土保持监测技术培训的水平和质量，在中国水土保持学会的统一安排下，我们组织了当今我国水土保持领域具有扎实理论基础和丰富实践经验的著名学者和专家、资深管理人员共同编撰完成本书。

本书共6章，在厘清水土保持监测的概念、分析水土保持监测的目的与原则、概述我国水土保持监测的历程等基础上，系统阐述了水土流失及其防治措施监测的主要指标、方法、设施设备、监测数据整编与成果制作等，主要包括概论、水力侵蚀监测、风力侵蚀监测、重力和冻融侵蚀监测、水土保持措施监测和生产建设项目水土保持监测等内容。其中，既包括传统的、成熟的原型监测技术和方法，也包括近年来理论与实践创新的新技术和新方法；既有小尺度的径流泥沙、风蚀通量测验与数据处理的方法，又有大尺度的区域水土流失分布、面积和强度的调查与评价方法。有些方法虽然正在探索和精益求精之中，也给出了最新的主要成果、应用及发展趋势，尤其是小尺度径流泥沙的自动采集与测验技术、区域水土流失评价模型、信息自动采集与传输技术及其集成的设施设备甚至装备，使得水土保持监测向着既快速又精准、既能普遍适用又可单体定制的方向快速发展，极大地提高了监测的现势性和动态性，真正实现水土保持的精确定位和精准定量。

本书编写工作启动于2014年10月，2015年5月确定了总体结构和章节主要内容，2016 年 7 月形成初稿，2017 年 7 月定稿。各章节编写工作由不同的人员负责，第 1 章由李智广、刘宝元、王敬贵和赵辉编写；第 2 章由刘宝元、谢云、李智广、符素华和王爱娟编写；第 3 章由邹学勇、程宏和赵辉编写；第 4 章由张平仓、刘斌涛、刘淑珍、王一峰和童晓霞编写；第 5 章由喻权刚、李智广和王爱娟编写；第 6 章由王爱娟和李智广编写。全书由李智广统稿。

本书在反复推敲和整理的过程中，引用了相关的研究成果，我们通过将参考文献列于各章之后的方式，对文献的作者和信息整理者表示诚挚的谢意。

限于知识水平、思考深度和实践经验，书中疏漏、不足之处在所难免，也许还存在偏颇的观点，恳请大家批评指正。

编者

2017 年 11 月

目 录

第 1 章 概论

水土保持监测是水行政主管部门的一项重要法定职责。《中华人民共和国水土保持法》第四十条规定："县级以上人民政府水行政主管部门应当加强水土保持监测工作，发挥水土保持监测工作在政府决策、经济社会发展和社会公众服务中的作用。县级以上人民政府应当保障水土保持监测工作经费。国务院水行政主管部门应当完善全国水土保持监测网络，对全国水土流失进行动态监测。"第四十一条规定："对可能造成严重水土流失的大中型生产建设项目，生产建设单位应当自行或者委托具备水土保持监测资质的机构，对生产建设活动造成的水土流失进行监测，并将监测情况定期上报当地水行政主管部门。从事水土保持监测活动应当遵守国家有关技术标准、规范和规程，保证监测质量。"第四十二条规定："国务院水行政主管部门和省、自治区、直辖市人民政府水行政主管部门应当根据水土保持监测情况，定期对下列事项进行公告：①水土流失类型、面积、强度、分布状况和变化趋势；②水土流失造成的危害；③水土流失预防和治理情况。"[1]

水土保持监测是水土流失预防、治理和监督执法的重要基础和基本手段，是社会公众了解和参与水土保持的重要途径，是国家保护水土资源、建设生态文明、促进可持续发展的重要基础[2]。只有将连续、定位、定量的监测活动和严格、稳定、持续的管理制度相结合，才能客观、准确地反映水土流失及其防治动态，才能保证及时、科学地提供相关信息，才能有针对性地加强监督管理，为政府、社会和公众提供服务，为国家宏观决策提供科学依据[3]。

水土保持监测是我国水土保持事业的重要组成部分，也是法律赋予水行政主管部门的一项重要的基础性工作[2]，水土保持监测人员务必掌握相关基本知识[4]。本章主要对水土保持监测的概念、目的和作用、原则、我国水土保持监测历程、监测的主要内容、监测成果管理应用等基本知识进行概要介绍。

1.1 水土保持监测的概念

依据《中华人民共和国水土保持法》，水土保持是指对自然因素和人为活动造成水土流失所采取的预防和治理措施。《中国水利百科全书》（第二版）《水土保持分册》则将水土保持定义为"防治水土流失，保护、改良与合理利用水、土资源，维护和提高土地生产力，以利于充分发挥水土资源的生态效益、经济效益和社会效益，建立良好生态环境的事业”[5]。

根据《辞海》[6]，“监”有监视、督察之意；“测”有测量、估计或者猜想、推想之意；“监测”则为“监视测量”之意。通俗地说，监测是指对某种现象（监测对象）变化过程进行长期、持续地观测和分析的过程[7-8]。因此，通俗地理解，水土保持监测就是对“水土保持”这一人类活动及其对象、效果的监测。“水土保持”的对象是水土流失，效果是通过布设水土流失防治措施防止或减轻水土流失及由此产生的生态、经济和社会效益。综合起来，水土保持监测就是运用多种技术手段和方法，对水土流失的成因、数量、强度、影响范围及其发生、发展和危害，以及水土保持措施及其防治效果和效益，所开展的长期、持续的调查、观测和分析工作[9-11]。

随着水土保持法律法规的不断完善、生态文明建设的不断推进、事中事后监管工作的不断深入以及先进技术的日新月异，水土保持事业不断发展，人们的认识不断深化，水土保持监测的对象、技术手段、方法和范围也更加丰富和广泛，并正在迅速地发展。目前，对于水土保持监测的概念，可以从广义和狭义两个层面来理解。广义的水土保持监测，是指对自然因素和人为活动造成的水土流失及所采取的预防和治理措施的调查、实验研究、实时监视和长期观测，包括水土保持调查、水土保持动态监测和水土保持实验研究。狭义的水土保持监测，仅指水土保持动态监测，即对自然因素和人为活动造成的水土流失及所采取的预防和治理措施的实时监视和长期观测。

1.1.1　水土保持调查

水土保持调查是指通过某种或某些手段与方式，充分掌握和占有第一手资料，全面接触、广泛了解和深度熟悉水土流失及其防治情况以及相关的影响因素的状况，在去粗取精、去伪存真的基础上，客观反映水土流失及其预防、治理的历史、现状及发展规律的一种科学工作方法。在水土保持调查的过程中，将充分地查询和收集资料、详尽地观察和监测、综合地查勘和考察、深刻地统计和分析，形成详尽的文字、图件、音频和视频等资料以及分析结果，力求客观、科学地反映水土保持状况，为水土保持规划、综合治理、监督管理和动态监测等服务[3,12]。

水土保持涉及生态学、生态经济学、系统科学、可持续发展等原理，具有科学性、综合性、生产性和社会性的特征。这决定了水土保持调查既有自然科学的调查方法，也有与社会科学相类似的调查方法。总体上讲，水土保持常规调查技术体系包括调查的内容、技术与方法、标准、统计、制图和调查报告编制等。从工作角度看，水土保持调查包括水土流失及水土保持的普查、综合调查、专项调查、典型调查和重点调查等多个类型。从调查区域大小看，可分为小流域调查、区域调查和全国调查等层次[3,12-13]。我国在 20 世纪 50—60 年代开展的多次大规模水土保持综合调查以及 20 世纪 80 年代中期、1999 年、2001 年和 2011 年开展的第一次、第二次、第三次土壤侵蚀普查和第一次全国水利普查水土保持情况普查，都属于水土保持调查的范畴。

对于水土保持监测来讲，调查是掌握第一手资料的基本方法，也是动态监测方案设计的基础；没有扎实的调查资料及科学的分析方法，就不可能做好动态监测方案，也就不可能做好动态监测。通过定期和不定期的调查，可以获得区域社会经济状况、土壤侵蚀类型

及危害、水土流失影响因素、土地利用类型、水土流失预防和治理等动态变化情况，也能够获取水土保持政策落实、执法监督、公众认识等多方面的资料。因此，水土保持调查是其他方法不能取代的基本方法。

1.1.2 水土保持实验研究

水土保持实验研究是运用科学实验的原理和方法，以水土保持理论及假设为指导，有目的地设计、控制某个或某些因素或条件，观察水土流失影响因素、水土保持措施与流失量、防治效果之间的因果关系，从中探索、了解和掌握水土流失规律、水土保持规律及其预测预报技术、方法的活动和实践。

水土保持实验研究是水土保持工作者的主动行为，是系统的过程，是为了发现、解释或校正水土流失及其防治的现象、事实和事件、理论和规律，或把水土流失及其防治的现象、事实和事件、理论或规律给出实际应用。在此处，“研究”主要是表征对水土流失及其防治资料和资讯的收集、分析和解释，并且通过有计划、有系统的资料收集、问题或主题分析与解释，获得、提出设计实验、解决问题的方法和过程。

中国科学院水土保持研究所在陕西省安塞县沿河湾镇茶坊村建立的农田生态系统站——安塞水土保持综合试验站，以纸坊沟小流域为主要试验区，建成了完整的水土流失监测和山地综合实验场，建设各种径流小区 160 多个，开展不同坡长、坡度、坡型情况下水土流失规律及乔、灌、草、不同作物、耕作措施、工程措施等不同的水土保持效益，农、林、草地生物量、水分及养分平衡等众多项目的监测与实验，研究了不同地形、植被、措施情况下的水土流失规律[14-15]，属于水土保持实验研究的范畴和典型实例。

1.1.3 水土保持动态监测

水土保持动态监测是指对水土流失及其防治情况或者其中的一部分，进行实时监视、实时测试、长期观测；或者针对水土流失及其防治情况或者其中的一部分，设计确定对应的技术手段、途径和频率，进行高频率、周期性、长期性的监视与测试观测。相对于水土保持调查和水土保持实验研究，水土保持动态监测更加强调“动态”二字，也就是较高的监测频率、或者较短的监测周期，即在一段较长时间内的持续性监测。

由于水土保持监测对象的多样性和区域的广泛性，尤其是监测范围的广阔性以及不同区域之间的差异性，水土保持动态监测是一个复杂的系统工程，正在随着水土流失地面自动观测技术、高分遥感技术（高空间分辨率、高时间分辨率和高光谱分辨率）、无人机技术、区域抽样技术、信息技术等现代先进技术的发展而不断地加速发展。水土保持动态监测适应了水土保持科学的多维度结构、多时相状态、多尺度规模的特点，能够更好地掌握不同空间规模和不同时间尺度的水土流失及其防治的状况，可为各个层次的水土保持调查、规划、综合治理提供基础数据，可服务于政府决策、经济社会发展和社会公众。水利部自 2007 年开始启动的全国水土流失动态监测与公告项目就属于水土保持动态监测的范畴。

水土保持调查、水土保持实验研究和水土保持动态监测具有密切的相互支撑、相互促进的关系。水土保持调查是发现水土流失及其防治的事实、事件和现象及掌握第一手资料

的直接手段，是设计和确定水土保持动态监测和实验研究的基础；水土保持实验研究是运用科学实验的原理和方法，对调查和动态监测中发现的水土流失及其防治的事实、事件和现象进行控制性的实验和分析研究，是对调查、动态监测的发展；水土保持动态监测是长期、持续、稳定地监视、测验水土流失及其防治的发生、发展和演变过程的方式，为水土保持调查和实验研究提供基础数据。

1.2　水土保持监测的目的与作用

1.2.1　监测目的

水土保持监测是一项重要的基础性工作，其主要目的可以概括为如下 4 个方面。

1.2.1.1　查清水土流失状况

水土保持监测的最直接目的就是查清水土流失状况。通过水土保持监测，可以查清水土流失基本状况，包括：①可以查清监测区域内的主要水土流失类型，如水力侵蚀、风力侵蚀、重力侵蚀、冻融侵蚀、混合侵蚀等自然侵蚀，以及开发建设活动引发的工程侵蚀或者人为侵蚀；②可以查清监测区域内的主要水土流失形式，如水力侵蚀的溅蚀、面蚀、沟蚀，重力侵蚀的滑坡、崩塌、崩岗、泄溜，混合侵蚀的泥石流等形式；③可以查清监测区域内的水土流失强度、面积和空间分布，即轻度侵蚀、中度侵蚀、强烈侵蚀、极强烈侵蚀、剧烈侵蚀的面积大小、空间分布情况；④可以查清监测区域内的水土流失程度，即无明显侵蚀、轻度侵蚀、中度侵蚀、强烈侵蚀和剧烈侵蚀的面积大小、空间分布情况；⑤可以查清监测区域内的水土流失潜在危险程度，即无险型、轻险型、危险型、强险型和极险型的面积大小、空间分布情况；⑥可以查清监测区域内的水土流失危害情况，如淤积河道、湖泊、水库等情况，损坏农田、耕地等土地资源情况，毁坏铁路、公路、航道等基础设施情况；⑦通过长期、持续的水土保持动态监测，可以查清监测区域的水土流失动态变化及消长情况，即：水土流失是越来越严重，还是越来越轻。

1.2.1.2　认识水土流失规律，预报土壤流失量

任何形式的生态或者环境监测，其目的都是为了认识现实世界，进而根据人民的意愿在一定程度内改造现实世界，最后在较高层次上建设人地和谐的良好环境[7]，水土保持监测也不例外。水土保持监测的另外一个重要目的就是认识水土流失规律，通过长期监测和大量监测数据资料的积累，从中分析水土流失与各种影响因素之间的关系，可以发现水土流失量与各因素之间的定量关系，从而可以构建土壤侵蚀定量预报模型，用于预报土壤流失量。美国通用土壤流失方程 USLE（Universal Soil Loss Equation，USLE）及其改进方程 RUSLE（Revised Universal Soil Loss Equation）、中国土壤流失方程 CSLE（Chinese Soil Loss Equation，CSLE）以及其他类似模型，均是在大量、长时间序列水土保持监测资料基础上研究分析后而构建的。

1.2.1.3　评价水土流失防治成效

水土流失综合防治是水土保持生态建设的主要任务，通过水土保持监测，能够准确获得水土保持治理工程实施进度、质量状况，成为项目验收的基础；评价不同措施配置对水

土流失的防治效果（即传统的水土保持效益），可回答水土保持综合治理的措施配置和施工顺序等问题，对同类地区科学开展规划、设计和治理等具有指导意义；分析宏观水土保持效益，还为水土保持规划或可行性研究提供依据[16]，具体包括如下3个方面。

（1）水土保持生态建设实施状况。通过监测，可准确获得水土保持生态建设项目实施状况，包括各项治理措施的分布、数量、规格、质量、进度是否符合国家或地方标准、是否与设计指标一致、是否按期完成。水土保持治理状况监测结果可以为建设项目监理、项目验收等提供基础依据。

（2）水土保持防治效果。水土流失综合防治效果，可利用地面监测、遥感监测、典型调查等方法，获得治理前后不同措施布局及其数量、地表植被覆盖度等；分析实施这些措施后地表破坏减轻程度、拦蓄泥沙能力和蓄水能力变化、养分流失减少量、措施增加的直接经济产值等，用这些指标来阐明综合治理效果。通常用相似的未经过治理的小流域进行对比分析，或者用治理前后相同区域观测值的变化来说明治理效果。通过对水土保持耕作措施监测，可以验证各种耕作管理方法，改变微地形带来的效果；通过对水土保持生物措施监测，可以验证林草覆盖地表，改良土壤，控制水土流失的效果；通过水土保持工程措施监测，可以验证各种工程措施控制水土流失的效果。

（3）宏观水土保持生态环境效益。宏观水土保持生态环境效益是指区域水土流失治理后，对周边生态环境的影响或对下游水沙输移、富营养物迁移的影响。可以利用流域——水系拓扑关系，采用空间分析的方法，从宏观尺度分析水土保持治理对生态环境的影响。分析水土保持生态环境效益，可以让我们从较大的视野看待水土保持治理效果，避免“站在治理区谈水土保持效益”的狭隘观点，为水土保持规划或可行性研究提供依据。

1.2.1.4　跟踪生产建设项目水土保持动态

通过开展生产建设项目水土保持监测，可以跟踪掌握生产建设项目水土保持动态，达到以下目的[16-17]。

（1）及时掌握项目区水土流失发生的时段、强度和空间分布等情况，了解水土保持措施的防护效果，及时发现问题以便采取相应的补救措施，确保各项水土保持措施能够正常发挥作用，最大限度地减少水土流失。

（2）为同类生产建设项目水土流失预测和制定防治措施体系提供借鉴。通过各类建设项目的实地监测，积累大量的实测资料，为确定水土流失预测模型、参数等提供服务。同时，对水土保持方案提出的防治措施进行实地检验、总结，提高防治措施体系的针对性和有效性。

（3）为水土保持监督管理提供数据。通过积累各类建设项目建设过程中的水土保持监测成果，可以分析总结不同建设时段中易发生水土流失的环节及空间分布，为各级水行政主管部门有针对性地开展监督检查、案件查处等提供重要依据，有利于提高监督检查、执法和管理水平。

（4）促进水土保持方案的实施。通过地面监测、现场巡测、调查监测等手段，对新增水土流失的成因、数量、强度、影响范围和后果进行监测，了解水土保持方案的实施情况及效果。对水土保持措施没有实施到位的，通过监测督促其实施，并总结、改善和完善水土流失防治措施体系，以达到全面防治水土流失、改善当地生态环境的目的。

(5) 通过生产建设项目全过程的水土保持监测与分析，获得项目建设过程中的施工准备、建设实施、生产运行等环节的水土流失总治理度、土壤流失控制比、拦渣率、扰动土地整治率、林草覆盖率、植被恢复系数等水土流失防治效果指标值，并基于这 6 个指标判别是否达到国家规定的防治标准和方案确定的防治目标，为项目的水土保持设施专项验收提供依据。

1.2.2　水土保持监测的作用

新修订实施的《中华人民共和国水土保持法》在全面总结多年来水土保持监测工作所取得的成绩、深入分析当前和今后监测工作面临的形势和任务的基础上，明确提出了“县级以上人民政府水行政主管部门应当加强水土保持监测工作，发挥水土保持监测工作在政府决策、经济社会发展和社会公众服务中的作用”的新要求，为水土保持监测工作的全面、深入和可持续发展奠定了法律依据，指明了今后水土保持监测工作的努力方向[18]。总体来说，水土保持监测的主要作用体现在以下 3 个方面。

1.2.2.1　水土保持监测可以在政府决策中发挥重要作用

政府决策是政府在管理活动中为了达到一定的目标，对各种发展目标和规划以及政策和行动方案等作出评价和选择，是政府公共管理的核心和关键环节，它直接关系到政府的行政效能和权威，乃至国家的稳定与经济繁荣。及时、准确、有效的监测数据是政府决策的科学依据和重要基础。从历史、现实和未来的发展趋势看，水土流失直接导致水土资源的破坏，降低土地人口承载力，加速资源短缺，恶化生态环境，引发生态危机，进而危及人类生存和发展，因此必须要采取切实有效的措施，在资源与环境问题上作出慎重而科学的选择。水土流失状况是衡量水土资源、生态环境优劣程度、经济社会可持续发展能力的重要指标，扎实开展水土保持监测，及时、准确地掌握水土流失动态变化，分析和评价重大生态工程治理成效，定量分析和评价水土流失与资源、环境和经济社会发展的关系，水土流失与粮食安全、生态安全、国土安全、防洪安全、饮水安全的关系，水土流失与“三农”问题和新农村建设的关系，水土流失与贫困的关系，有利于各级政府科学制定各项经济社会战略发展规划、国家生态文明建设宏观战略和相关政策法规，协调推进经济社会健康持续发展；有利于深入实施水土保持政府目标责任制，全面加强政府绩效管理与考核；有利于全面提高水土流失防灾减灾等国家应急管理能力，切实保障人民群众生命财产安全。

1.2.2.2　水土保持监测可以在经济社会发展中发挥重要作用

促进经济平稳较快发展和社会和谐稳定，是当前我国国民经济和社会发展的首要目标。长期以来，受经济发展所处的历史阶段及整体技术水平的限制，我国经济增长主要通过增加生产物质和忽视生态环境的粗放型增长的方式来实现。为提高经济增长的质量和效益，推进生态文明建设水平，主要途径就是要积极探索走出一条生态环境代价小、经济效益好、可持续发展的道路。实践证明，水土保持是保护水土资源持续利用、维护生态协调发展的最有效手段，是衡量资源环境和经济社会可持续发展的重要指标，是全面建设小康社会的重要基础，在国民经济和社会发展中占有非常重要的地位。水土保持监测是开展水土保持工作的重要基础和手段，通过开展水土保持监测，不断掌握水土资源状况及其消长

变化，科学测算绿色GDP，科学分析评估各项经济社会建设对水土流失及水土保持生态建设、环境保护的影响，可以为国家制定经济社会发展规划、调整经济发展格局与产业布局、保障经济社会的可持续发展提供重要技术支撑，必将有助于处理好经济增长与生态环境保护之间的关系，促进经济结构调整和增长方式转变，增加经济增长方式本身的可持续性，推动资源节约型、环境友好型社会建设，实现人与自然的和谐发展。同时，通过开展水土保持监测，研发和生产监测设施设备，推广监测咨询与服务，必将有助于带动相关产业发展，培育新的经济增长点，增加人员就业，促进经济与社会和谐发展。

1.2.2.3　水土保持监测可以在社会公众服务中发挥重要作用

随着经济社会的发展进步，社会公众了解和参与公共事务管理的意识不断增强。同时，为适应社会发展，有效提高政府的执行力和公信力，各级政府也在不断调整行政管理体制机制，加大信息的公开和透明度，切实增强政府的社会公众服务能力和依法行政水平。水土保持监测作为一项政府公益事业，为社会公众了解、参与水土保持生态建设提供了一条重要途径，是社会公众了解、参与水土保持的重要基础。通过水土保持监测，定期获取国家、省、地、县等不同层次的水土流失动态变化及其治理情况信息，建立信息发布服务体系，并予以定期公告，可以使公众及时了解水土流失、水土保持对生活环境的影响，可以极大地满足社会公众对水土保持生态建设状况的知情权，有效增强社会公众的水土保持生态建设与环境保护意识；可以极大地深化社会公众对水土保持生态建设的参与权，有效加强水土保持工作和发展机制的创新；可以极大地提高社会公众对水土流失预防保护和综合治理的监督权，不断健全水土保持监督机制，有效推动水土保持事业健康、持续发展。

1.3　水土保持监测的原则

水土保持监测是为政府决策、经济社会发展和社会公众服务的，有很强的针对性。因此，水土保持监测应遵循以下原则。

1.3.1　宏观监测与微观监测相结合

水土保持监测的范围可以大到一个国家乃至全球，小至一个地块或者径流小区。根据监测区域的范围大小，结合我国行政区域与流域管理实际，可以将监测的范围划分为7个不同层次，由小到大分别为地块、自然坡面、小流域、县（区、市）、省（自治区、直辖市）、大江大河流域和全国。也可以将水土保持监测尺度简单归纳为坡面、小流域和区域等3个层次[15]。还可以分为宏观、中观和微观3个监测尺度。宏观监测的范围一般是全国或者大江大河流域、省（自治区、直辖市），成图比例尺一般在1：1000000～1：100000甚至更小，主要掌握土壤侵蚀一级、二级类型区的土壤侵蚀强度及其分布、面积、总体发展的趋势，为国家级或大江大河流域级、省级水土保持战略决策、水土保持区划提供依据。中观监测的范围一般是市、县或者中等流域，成图比例尺一般在1：25000～1：100000，主要掌握土壤侵蚀三级类型区和亚区的土壤侵蚀强度及其分布、面积、发展的趋势，为中等流域或市、县级国民经济发展规划、水土保持规划等提供依据。微观监测的范

围一般是小流域或者生产建设项目扰动范围，甚至更小，如坡面、径流小区等，成图比例尺一般在 1：10000 或者更大，主要掌握土壤侵蚀强度及其分布、面积、发展阶段、水土流失危害等，为小流域治理初步设计、生产建设项目水土保持措施布设以及水土流失规律研究等提供基础资料。

水土保持监测既要服务于国家和大江大河流域，也要服务于省、市、县和中、小流域以及生产建设项目，既要为各级政府决策和社会经济发展提供信息服务，也要满足社会公众的知情权、参与权和监督权。因此，水土保持监测应遵循宏观监测与微观监测相结合的原则[12]，根据服务对象的实际需要，科学合理地确定监测的范围、尺度、重点内容和详细程度。宏观监测往往需要通过大量微观监测成果推算来完成，而微观监测也往往需要在掌握宏观监测成果资料的基础上有针对性地开展，两者是相辅相成、既有区别又有联系的对立面和有机体。

1.3.2　系统性与专题性相结合

水土保持监测是一项复杂的系统工程，监测内容包括水土流失影响因素、水土流失状况、水土流失灾害、水土保持措施及效益等 4 个方面，无论对某一侵蚀类型和侵蚀方式，或是对坡面、小流域和区域等不同尺度，或是对水土保持重点治理工程和生产建设项目的监测，均应包含这 4 个方面并有机地组成完整的水土保持监测系统，才能回答诸如侵蚀类型、侵蚀强度、减沙机理、效益大小等问题。另外，我国已建立了水土保持监测网络体系，颁布了一套组织、管理的法规制度。这一体系既是水土保持监测数据采集、传输、存储、处理、整编、分析和发布的信息流网络，又是一个向政府部门和社会公众提供信息的开放网络。系统性原则不仅涉及监测内容，还要满足监测网络体系中数据采集、传输、存储、处理、整编、分析和发布以及社会不同层次的要求[16]。

水土保持监测也需要开展一些专题性监测或者专项监测，即：根据特定目的，对水土保持某个专题进行专项监测，如黄土高原淤地坝专项监测[19-20]、东北黑土区侵蚀沟监测[21-22]、西南地区岩溶石漠化监测[23-25]、南方红壤丘陵区崩岗侵蚀监测[26-27]、水土保持措施专题调查[28-30]、生产建设项目水土保持监测[31-35]等。

系统性监测往往可以由多个专题性监测组合完成，而专题性监测也需要在系统性监测的总体架构和指导下开展，两者相辅相成、相互支撑。因此，水土保持监测应遵循系统性与专题性相结合的原则。

1.3.3　完整性与代表性相结合

不管是宏观监测、中观监测还是微观监测，监测范围一旦确定，水土保持监测就必须遵循完整性原则，即必须完整地监测整个监测范围内的水土流失及其防治情况。例如，开展某流域的水土保持监测时，必须对该流域界线范围内的所有地块或者图斑的水土流失影响因素（降雨、土壤、坡度、坡长、土地利用、植被覆盖、工程和耕作措施等）、水土流失类型和强度、面积、水土保持防治措施类型和数量及其防治效益等进行全面、完整的监测，不能遗漏某些地块或者图斑。同理，如果开展某个省或者市、县的水土保持监测，也必须对整个行政区划范围开展监测，不能遗漏某些地块或者图斑，更不能遗漏某个乡镇或者村。

在开展水土保持监测工作时，往往是通过选取足够有代表性的对象或者地块进行监测，然后通过这些样本数据推算整个区域的水土流失及其水土流失防治总体情况，即由样本推算总体。因此，往往要开展代表性对象的监测。例如，我国南方红壤丘陵区的崩岗监测，由于崩岗数量巨大、超过20万个[26]，如果要开展崩岗侵蚀量监测，就可以按照崩岗类型（活动型、相对稳定型）、规模（大、中、小型）、形态（弧形、瓢形、条形、爪形、混合形）分别抽取一定比例的、具有代表性的样本，对这些样本崩岗的侵蚀量进行监测，然后通过样本崩岗侵蚀量推算南方7省20多万个崩岗造成的土壤侵蚀总量。因此，水土保持监测既要遵循完整性原则，也要遵循代表性原则。

1.3.4 持续性与时效性相结合

水土保持监测的对象随时、随地都在变化，尤其是侵蚀动力，变化复杂且幅度大，被称为随机事件（现象）。对于随机事件的监测，只有通过长期的持续观测，才能透过现象抓住本质，获得规律性认识，这就是统计规律。从统计学原理出发，观测样本愈大，样本标准差愈小，总体误差趋近于零，样本的特征值愈接近总体真值。这个真值就是我们要认识事件的本质。因而，只有通过长时期的持续观测，积累资料，取得大样本，才能统计出基本规律，实现科学研究的重复性。

持续性原则还体现在监测对象（含区域、侵蚀事件）、监测指标基本保持不变、采用的监测方法和手段要保持延续性或不同方法之间具有可比性，尤其对比观测更应如此。这里强调了时间上的持续性，应用同一监测方法、手段开展长期监测，取得长序列资料；又强调了空间上的持续性，应用规范的统一方法，取得可以互相对比的观测资料。统计分析这些资料，可以掌握时空变化规律，满足社会不同层次的需要[16]。

在开展长期、持续监测的同时，要注意监测的时效性或者及时性。由于水土保持监测对象随时间、地点在不断变化，必须及时而准确地实施监测，并将监测成果及时报告和提供给用户使用，才能有效发挥水土保持监测在政府决策、经济社会发展和社会公众服务中的重要作用；否则，在水土流失灾害事件发生很长时间后才进行监测，就失去减灾救灾的意义了。例如，为了获得某次暴雨过程产生的土壤侵蚀量，就必须在该次暴雨结束后、下一次降雨来临前及时开展监测工作；否则，就无法获得该次暴雨产生的土壤侵蚀量。

因此，水土保持监测应遵循持续性与时效性相结合的原则，长期、持续监测是总的要求，但每次监测都必须是及时的，持续性监测是由若干次满足时效性要求的监测构成的总体，监测次数与监测频次相关，是总体监测时间长度与监测频次的商，每次监测的时效性必须满足监测频次的要求。也就是说，持续性与时效性是水土保持监测在时间维度上的两面，相互依存、相互联系、缺一不可。

1.3.5 连续定位观测、周期性普查和即时性监测相结合

水土保持监测对象和内容多种多样，面对复杂的水土流失类型、形式和不同类型的水土保持措施，需要采取不同的监测方式。对于小流域、坡面、径流小区以及生产建设项目等范围小的监测对象，其降雨、径流、泥沙或者侵蚀量、风蚀强度等的时效性要求高，一般采用连续定位观测方式。对于全国、大流域、省级行政区等范围很大的监测对象，其水土

流失及防治情况变化缓慢，年际变化不明显，一般采用周期性普查方式，可以 5～10 年普查一次。对于一些突发性的水土流失灾害事件，如滑坡、泥石流、地震引发的严重水土流失灾害等，以及建设周期短的生产建设项目，其水土流失状况一般采用即时性监测方式。

同时，连续定位观测、即时性监测和周期性普查并不是毫无关联的不同监测方式，而是相互联系、相互补充、相辅相成的。连续定位观测和即时性监测是两次周期性普查之间各年度监测资料的主要来源，可以为周期性普查提供基础资料和相关参数，是对周期性普查的必要补充；周期性普查是对监测对象全范围的全面性监测，既需要充分利用连续定位观测和即时性监测获得的相关水文、泥沙和水土保持观测资料，又可以弥补连续定位观测和即时性监测范围小、只反映局部水土流失和水土保持状况的缺陷，是对连续定位观测和即时性监测的全局性补充。因此，水土保持监测应遵循连续定位观测、周期性普查和即时性监测相结合的原则[12]。

1.3.6 常规方法和先进技术相结合

水土保持监测要服务于政府决策、经济社会发展和社会公众，要求监测方法成熟和实用、监测结果真实和可靠，而不能是试验性质的。因此，对于水土保持动态监测，特别是需要向全社会公布公告的监测成果，应该采用成熟的、可操作性强、简捷实用的常规方法[35]，如径流小区、控制站、土壤侵蚀野外调查单元等的连续定位观测方法以及典型调查、抽样调查等方法。在模型方面，应该选用运算灵活方便、指标容易获得的简单、成熟、实用模型。

随着现代科学技术的进步，水土保持监测方法也在不断发展和进步，除了传统的常规监测方法，应鼓励积极采用先进技术和新方法。目前，计算机和信息技术、遥感（Remote Sensing，RS）、地理信息系统（Geographic Information System，GIS）和全球定位系统（Global Positioning System，GPS）、三维激光扫描技术、无人机技术、移动终端、物联网技术、云计算和大数据技术等已经正在水土保持监测领域得到应用[37-43]，需要对这些先进技术进行试验、熟化和推广使用，逐步提高水土保持监测的效率、精度和现代化水平。

常规方法与先进技术可以相互融合和促进。常规方法在融入先进技术之后，就可以转化为先进技术。例如，基于径流小区或者控制站的连续定位观测方法，目前泥沙量主要是采用传统的取样和测试化验方法来推算获得，如果用自动观测设备直接监测获得其泥沙量，并且通过较长时间验证其精度可靠而且实用耐用，则变成了先进技术。反之，先进技术也可以通过在水土保持监测实践中不断熟化、实用化和大力推广使用。例如，区域监测目前已经由原来的人工地面调查为主转变为以遥感调查为主，遥感监测方法已经基本成熟和实用化，已成为一种常用的监测方法。

1.4 我国水土保持监测的历程和监测网络建设现状

1.4.1 我国水土保持监测的历程

我国水土保持监测工作始于 20 世纪 20—30 年代，最早是土壤科学工作者结合土壤调

查，对全国的土壤侵蚀现象进行了调查研究[5]。随后，陆续建立了首批径流小区和水土保持实验区，开始进行水土流失定位观测，对水土流失规律、水土保持措施及其效益进行了试验观测。中华人民共和国成立后，在全国范围内陆续建立了100多个科学试验站，其中天水、绥德、西峰站为“三大支柱站”，通过水土流失监测和科研试验，研究水土流失规律，探索治理模式，取得了一系列成果[9,44-45]，为水土流失防治提供了基本依据。

早在20世纪40年代，就先后在黄河上游和西南一些省份进行水土保持考察[5]。20世纪50—60年代，我国组织开展了多次大规模水土保持综合调查。20世纪80年代，我国首次开展了全国土壤侵蚀遥感调查，随后陆续于1999年、2001年和2011年开展了第二次、第三次和第四次（即第一次全国水利普查水土保持情况普查）土壤侵蚀普查工作，查清了相应时期全国的土壤侵蚀状况。1991年颁布了《中华人民共和国水土保持法》，2011年3月1日新修订的《中华人民共和国水土保持法》正式施行，明确了水土保持监测工作的重要地位和作用，标志着我国水土保持监测工作进入了新的发展阶段。概括起来，我国的水土保持监测经历了以下4个阶段。

1.4.1.1 早期启蒙阶段

早期启蒙阶段主要是指20世纪20—40年代，即中华人民共和国成立以前。最早在1922—1927年，我国首次在山西沁源、宁武和山东青岛建立了首批径流小区，观测森林植被对水土流失的影响[14]。此后，又在重庆北碚[46]、四川内江、福建长汀河田、甘肃天水、陕西长安荆峪沟、甘肃兰州等地设置径流小区[14]，建立了水土保持实验区，观测坡度、坡长和耕作管理对水土流失的影响，有的农林科研单位还设置了水土保持站[5]，对水土流失规律、水土保持措施及其效益进行了试验研究。1943年、1945年先后在黄河上游和西南一些省份进行了水土保持考察调查。该阶段的水土保持监测工作以零星的径流小区和水土保持实验区定位观测和局部区域水土保持考察调查为主，水土保持监测缺乏系统规划，处于启蒙阶段。

1.4.1.2 初期实验调查阶段

初期实验调查阶段主要是指20世纪50—70年代，即中华人民共和国成立至改革开放前的阶段。中华人民共和国成立后，政府十分重视水土保持监测工作，1951—1952年黄河水利委员会又在甘肃西峰和陕西绥德建立了水土保持科学试验站，与早期建设的天水站一起成为全国闻名的水土保持科学研究“三大支柱站”。在此期间，陕西、山西、甘肃、宁夏、青海、四川、云南、广东等省（自治区）也建立了一批试验站，开始开展坡面水土流失规律观测和小流域径流、泥沙观测研究。同时，为开展全国水土保持工作，20世纪50年代，采用人工调查的办法，开展了第1次全国范围大规模的水土流失普查工作[47]，初步查清了我国水土流失的主要形态——水蚀的面积、强度及分布，为后来将黄河中游、长江中上游等确定为重点治理区提供了基本依据，有力地指导了建国初期我国的水土保持工作。20世纪50—60年代由黄河水利委员会、中国科学院组织开展了多次大规模水土保持综合科学考察和调查。基于这些普查和调查成果，提出了我国土壤侵蚀类型、形式、强度及区划的基本理论和方法，划分了全国水土流失类型区及水土保持区划，为指导开展水土保持工作奠定初步基础。该阶段已经基本掌握了全国土壤侵蚀状况，但水土保持监测工作仍以观测实验和综合调查为主，且绝大多数均为地面观测和调查，处于初期实验调查阶段。

1.4.1.3　中期技术探索发展阶段

中期技术探索发展阶段主要是指20世纪80—90年代。1982年，国务院批准发布了《中华人民共和国水土保持工作条例》；1991年6月，《中华人民共和国水土保持法》颁布实施；1993年，《中华人民共和国水土保持法实施条例》由国务院发布实施。这些法律法规的出台，明确了水土保持监测机构及其主要任务。为适应水土保持事业发展的需要，长江、黄河等流域先后设立水土保持研究所；1988年开始，中国科学院组建成立中国生态系统研究网络，目前共建成40多个生态系统实验站，每个实验站的观测和研究内容都与水、土、气、生等主要影响水土流失的因素有关，而且除1个城市生态站外都直接开展水土流失监测工作。其中，水土保持研究所在陕西省安塞县沿河湾镇茶坊村建立的农田生态系统站——安塞水土保持综合试验站，以纸坊沟小流域为主要试验区，建成了完整的水土流失监测和山地综合实验场，建设各种径流小区160多个，规模大、设施全。此外，还建立了宁夏中卫风沙实验站、云南泥石流监测站、长江上游滑坡监测站、中游崩岗监测站等，水土保持实验观测全面发展。

自20世纪70年代起，随着计算机技术的发展，遥感技术、地理信息系统、数据库等先进技术开始在我国水土保持监测工作中得到初步的探索应用。水利部分别于1985年和1999年组织开展了两期全国土壤侵蚀普查，分别利用了陆地资源卫星MSS（Multi Spectral Scanner，多光谱扫描仪）和TM（Thematic Mapper，专题制图仪）遥感影像为主要信息源，对水蚀、风蚀和冻融侵蚀开展了全面调查，查清了全国水土流失现状，划分出水蚀风蚀交错区，为国家“生态建设规划”和“生态保护规划”，以及明确黄河中游、长江上中游、珠江上游、东北黑土区为重点治理区域决策起了重要作用。此外，基于GIS和数据库的水土保持管理信息系统开始出现，如：中国科学院水土保持研究所开发了基于DOS系统的水土保持信息系统，北京林业大学在北京门头沟区建立了水土保持数据库，北京大学开发了北京市水土流失信息系统，并将GIS软件应用到水土保持制图工作中。

总体而言，该阶段在建立一批水土保持实验站的基础上，系统开展了水土流失定位观测，较好地掌握了水土流失发生、发展的规律，但仍缺乏覆盖全国的水土保持监测网络和地面观测；开始探索利用计算机、RS、GIS、数据库等先进技术开展全国性土壤侵蚀遥感普查等水土保持监测工作，但仍以中、低分辨率的卫星遥感数据和人工目视解译方法为主，缺乏全国性的水土保持管理信息系统，仍属中期技术探索发展阶段。

1.4.1.4　近期技术快速发展阶段

近期技术快速发展阶段主要是指21世纪以来的近十多年时间，特别是2011年3月1日起施行修订后的《中华人民共和国水土保持法》，进一步明确了水土保持监测工作的重要地位和作用，即“发挥水土保持监测工作在政府决策、经济社会发展和社会公众服务中的作用”，为水土保持监测工作确立了明确的法律地位，指明了发展方向。为适应新水土保持法的要求，水土保持监测工作步入快速发展阶段，主要体现在如下4个方面。

一是全国水土保持监测网络基本建成，全国水土流失动态监测与公告工作步入常态。水利部组织实施了全国水土保持监测网络与信息系统建设工程，建成了1个中央级水土保持监测中心、7大流域管理机构水土保持监测中心站、31个省级水土保持监测总站、236

个水土保持监测分站和738个水土保持监测点，覆盖全国的水土保持监测网络初步形成。水利部从2007年开始启动了“全国水土流失动态监测与公告项目”，采用遥感监测与地面观测相结合的方法，对国家级重点治理区和重点预防区的水土流失动态情况进行监测，并每年公告监测结果，较好地掌握了全国重点防治区的水土流失状况及其动态变化。部分省（自治区、直辖市）也组织开展了经常性的水土流失动态监测，连续发布水土保持公报，全国水土流失动态监测与公告工作步入常态。

二是水土保持监测技术标准与规范陆续出台，水土保持监测新技术新方法新设备不断涌现，从技术上推进了监测工作的快速发展。2002年，水利部发布了《水土保持监测技术规程》（SL 277—2002），标志着水土保持监测工作正式步入规范化时代。而随着RS、GIS、GPS（简称“3S”）和数据库以及智能移动终端设备、移动互联网、物联网、云计算、大数据等先进技术的不断发展，水土保持监测新技术新方法新设备也不断涌现。在监测点和小流域定位观测方面，降雨、径流指标的观测已经实现了自动化，泥沙观测也开始出现相关自动观测仪器设备，观测数据也可以通过微波、GPRS（General Packet Radio Service，通用分组无线业务）等实现远程自动传输；在流域和区域监测方面，已经完成了由传统的人工地面调查向遥感监测方法的转变，且遥感数据的空间分辨率、光谱分辨率和时间分辨率越来越高，遥感监测方法也由人工目视解译逐步转变为自动（半自动）遥感分类方法，出现了基于面向对象分类技术的水土流失遥感自动（半自动）监测方法、基于高分辨率卫星遥感影像的水土保持遥感监测方法、基于无人机的水土保持遥感监测方法等。基于智能移动终端（或智能手机等）的水土保持信息移动采集系统和基于三维激光扫描仪的水土流失监测技术也已得到了应用，极大提高了野外调查的工作效率。

三是生产建设项目水土保持监测工作得到了大力推进。我国对生产建设造成的水土流失以及引发的危害认识较早，但将生产建设项目人为水土流失纳入水土保持监测则是近十几年的事情。广东省东深供水改造工程是最早开展水土保持监测的项目[48]，随后，2002年广东飞来峡水利枢纽工程也开始开展水土保持监测工作[17]。2002年，水利部发布了《水土保持监测技术规程》，对生产建设项目水土保持监测的原则、内容、时限等作了原则性规定；同年，水利部颁布实施了16号令《开发建设项目水土保持设施竣工验收办法》，规定了生产建设项目水土保持监测报告制度。此后，水利部批复的大中型生产建设项目陆续开展水土保持监测工作。2009年，水利部发布了《关于规范生产建设项目水土保持监测工作的意见》（水保〔2009〕187号）[49]，对生产建设项目水土保持监测的目的、分类、内容和重点、方式和手段、频率、报告、成果公告、管理等方面进行了规定，生产建设项目水土保持监测开始走上正轨。为规范生产建设项目水土保持监测工作，进一步明确监测工作程序，保证监测工作质量，提高生产建设项目水土保持监测水平，2015年6月，水利部办公厅印发了《生产建设项目水土保持监测规程（试行）》[50]，生产建设项目水土保持监测工作逐渐步入规范化和常态化阶段。

四是全国水土保持监测管理系统正在得到应用。2002年，水利部水土保持监测中心组织实施国家863项目——“十五信息技术领域空间信息应用与产业化促进专题项目：重大3S应用示范——水土保持”，对监测信息采集、管理与共享服务进行了全面研究，并初步研究开发了系统软件。同期，长江上游滑坡泥石流预警管理信息系统、黄土高原淤地坝信息管理系统、水土保持定点监测信息采集系统、小流域管理信息系统等相继开发并投入使用。2004年，在"全国水土保持监测网络和信息系统建设"项目实施中，全面设计、开发并初步完成了"全国水土保持监测管理信息系统"。该系统由动态监测、项目管理、预防监督、辅助规划决策、信息发布等5大子系统组成，主要功能包括数据在线上报与审核、空间数据在线编辑和格式转换、数据增量管理、多媒体数据管理、数据查询及报表生成、专题图制作等。系统自投入运行以来，为有关行业部门和社会公众及时提供了水土流失最新信息，满足了社会对水土流失信息的知情权，水土保持监测工作逐步迈入信息化阶段。

1.4.2 全国水土保持监测网络建设现状

全国水土保持监测网络是一个由各级水土保持监测机构和监测点构成的层次式网络，既是一个开展、组织和管理水土保持监测的工作体系，也是一个数据传递、交汇整编、发布的数据交换网络。《中华人民共和国水土保持法实施条例》（1993年8月1日国务院发布）第二十二条规定："《水土保持法》（1991年6月29日第七届全国人民代表大会常务委员会第二十次会议通过）第二十九条所称水土保持监测网络，是指全国水土保持监测中心，大江大河流域水土保持中心站，省、自治区、直辖市水土保持监测站以及省、自治区、直辖市重点防治区水土保持监测分站。"

1993年，国务院批复《全国水土保持规划纲要》，将"全国水土保持监测网络"作为一项重点建设项目。2002年，国家发展计划委员会批复建设水土保持监测网络。2004—2014年，经过"全国水土保持监测网络与信息系统建设"一期工程和二期工程建设，基本建成了全国水土保持监测网络。《中华人民共和国水土保持法》（2010年12月25日第十一届全国人民代表大会常务委员会第十八次会议修订）第四十条规定："国务院水行政主管部门应当完善全国水土保持监测网络，对全国水土流失进行动态监测。"2015年，国务院批复《全国水土保持规划（2015—2030年）》，提出完善水土保持监测网络，开展水土保持监测机构、监测站点标准化建设，从设施、设备、人员和经费等方面完善水土保持监测网络体系。

1.4.2.1 水土保持监测网络建设现状

目前，全国水土保持监测网络包括四级监测机构和监测点，具体设置如下。

第一级：水利部水土保持监测中心。

第二级：大江大河流域水土保持监测中心站。包括长江、黄河、海河、淮河、珠江、松花江及辽河、太湖等7大流域管理机构的水土保持监测中心站。

第三级：省（自治区、直辖市）水土保持监测总站。包括北京、天津、河北、山西、内蒙古、辽宁、吉林、黑龙江、江苏、浙江、安徽、福建、江西、山东、河南、湖北、湖南、广东、广西、海南、重庆、四川、贵州、云南、西藏、陕西、甘肃、青海、宁夏、新疆等省（自治区、直辖市）和新疆生产建设兵团等31个监测总站。也就是，除上海外，全国各省（自治区、直辖市）和新疆生产建设兵团都成立了水土保持监测总站。

第四级：省（自治区、直辖市）水土流失重点预防区和重点治理区水土保持监测分站。目前，除上海外，各省（自治区、直辖市）水土保持监测分站共236个。

监测点：全国共建成 738 个水土保持监测点。其中，观测场 40 个、小流域控制站 338 个、坡面径流场 316 个、风蚀监测点 31 个、重力侵蚀监测点 4 个、混合侵蚀监测点 5 个、冻融侵蚀监测点 4 个。

全国水土保持监测网络包括了各级监测机构和监测点之间的业务关系与数据流、各级站点与其主管部门和相关单位的关系等。全国水土保持监测网络的层次式网络结构示意图，如图 1-1 所示。

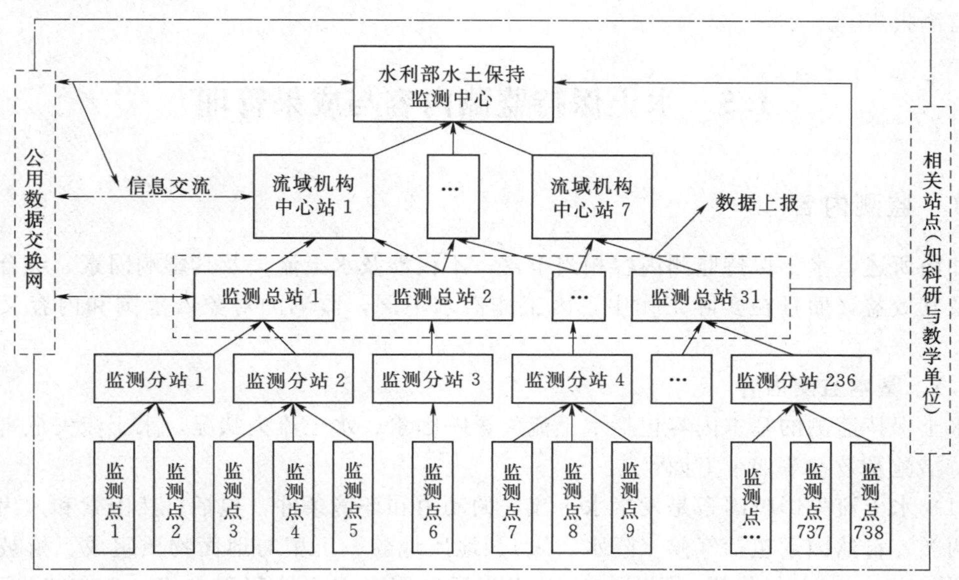

图 1-1　全国水土保持监测网络的层次式网络结构示意图

1.4.2.2　水土保持监测网络主要职责

依据《中华人民共和国水土保持法》及其实施条例，水利部制定了《水土保持生态环境监测网络管理办法》（水利部令第 12 号）[51]，规定全国水土保持监测网络的各级监测机构和监测点的主要职责如下。

（1）省级以上水土保持监测机构的主要职责。省级以上水土保持监测机构的主要职责是：编制水土保持监测规划和实施计划，建立水土保持监测信息网，承担并完成水土保持监测任务，负责对监测工作的技术指导、技术培训和质量保证，开展监测技术、监测方法的研究及国内外科技合作和交流，负责汇总和管理监测数据，对下级监测成果进行鉴定和质量认证，及时掌握和预报水土流失动态，编制水土保持监测报告。

（2）各级监测机构的职责。除上述职责外，水利部水土保持监测中心对全国水土保持监测工作实施具体管理。负责拟定水土保持监测技术规范、标准，组织对全国性、重点区域、重大生产建设项目的水土保持监测，负责对监测仪器、设备的质量和技术认证，承担对申报水土保持监测资质单位的考核、验证工作。

除上述职责外，大江大河流域水土保持监测中心站参与国家水土保持监测、管理和协调工作，负责组织和开展跨省区域、对生态环境有较大影响的生产建设项目的监测工作。

除上述职责外，省级水土保持监测总站负责对重点防治区监测分站的管理，承担国家及省级生产建设项目水土保持设施的验收监测工作。

省级重点防治区监测分站的主要职责：按国家、流域及省级水土保持监测规划和计划，对列入国家或省级水土流失重点预防保护区、重点治理区、重点监督区的水土流失动态变化进行监测，汇总和管理监测数据，编制监测报告。

监测点的主要职责：按有关技术规程对监测区域进行长期定位观测，整编监测数据，编报监测报告。

1.5 水土保持监测内容与成果管理

1.5.1 监测内容

如前所述，水土保持监测内容相当丰富，不仅涉及水土流失及其影响因素、综合防治措施及其效益，而且在实际工作中，因工作需求不同，监测的对象、范围和内容又各有侧重。

1.5.1.1 基本监测内容

水土保持监测的基本内容包括水土流失影响因素、水土流失状况、水土流失危害、水土保持措施及效益等四个方面[52]。

(1) 水土流失影响因素是发生水土流失的动力和环境条件，包括自然因素和人为活动因素两类。自然因素包括气候（降水、风)、地质地貌、土壤与地面物质组成、植被（类型与覆盖度)、水文（径流、泥沙）等，人为活动因素有土地利用方式、生产建设活动、经济社会发展水平等。通过了解和掌握水土流失影响因素，能够阐明水土流失发生发展的肌理、变化和规律，明确水土保持的治理方向。

(2) 水土流失状况是指水土流失类型、形式、分布、面积、强度，以及水土流失发生、运移堆积的数量（流失量）和趋势。通过全面分析水土流失状况，能够判断水土流失发育阶段及时空分布，为水土保持措施布置与设计提供基本依据。

(3) 水土流失危害涉及人类生存及环境多方面。当前监测的主要方面有水土资源破坏、泥沙（风沙、滑坡等）淤积危害、洪水（风沙）危害、水土资源污染、植被与生态环境变化以及社会经济危害等。水土流失危害监测既是防灾减灾的需要，也是提高人们认识国土整治、水土保持综合治理所必需的。

(4) 水土保持措施主要包括实施治理措施的类型、名称、规模、分布、数量和质量状况等；水土保持效益监测包括蓄水保土效益、生态效益和经济效益、社会效益等 4 个方面。水土保持措施和效益监测，既有利于对已往工作的检验和评价，也有利于对未来工作开展及部署的重要提示和指导。

1.5.1.2 专题监测内容

根据监测对象的不同，水土保持监测内容可以有所不同。在全面考虑上述基本监测内容的基础上，区域监测、中小流域监测和生产建设项目水土保持监测应注重如下专题内容及其指标的监测。

(1) 区域监测。区域监测的内容主要包括：①不同侵蚀类型（风蚀、水蚀和冻融侵蚀）的面积和强度；②重力侵蚀易发区，对崩塌、滑坡、泥石流等进行典型监测；③典型区水土流失危害监测。主要包括土地生产力下降，水库、湖泊、河床及输水干渠淤积量，损坏土地数量；④典型区水土流失防治效果监测，包括水土保持工程、生物和耕作等三大措施中各种类型防治措施的数量、质量，以及蓄水保土、减少河流泥沙、增加植被覆盖度、增加经济收益和粮食增产等防治效果。

(2) 中小流域监测。中小流域监测的内容主要包括：①不同侵蚀类型的面积、强度、流失量和潜在危险度；②水土流失危害监测，主要包括土地生产力下降，水库、湖泊和河床淤积量，损坏土地面积；③水土保持措施数量、质量及效果监测，包括水土保持林、经果林、种草、封山育林（草）、梯田、沟坝地等防治措施的面积、治沟工程和坡面工程的数量和质量，以及蓄水保土、减沙、植被类型与覆盖度变化、增加经济收益、粮食增产等防治效果；④小流域监测除了上述内容外，还应包括以下内容：一是小流域特征值，包括流域长度、宽度、面积，地理位置，海拔高度，地貌类型，土地及耕地的地面坡度组成；二是气象要素，主要包括年降水量及其年内分布、雨强，年均气温、积温和无霜期；三是土地利用，主要包括土地利用类型及结构、植被类型及覆盖度；四是主要灾害，包括干旱、洪涝、沙尘暴等灾害发生次数和造成的危害；五是水土流失及其防治，包括土壤的类型、厚度、质地及理化性状，水土流失的面积、强度与分布，防治措施类型与数量；六是社会经济要素，主要包括人口、劳动力、经济结构和经济收入；七是土壤改良情况，主要是指治理前后土壤质地、厚度和养分等指标的变化。

(3) 生产建设项目监测。应通过设立典型观测断面、观测点、观测基准等，对生产建设项目在生产建设和运行初期的水土流失及其防治效果进行监测。监测内容主要包括：①项目建设区水土流失影响因素，包括：地形、地貌和水系的变化情况，建设项目占用土地面积、扰动地表面积，项目挖方、填方数量及面积、弃土、弃石、弃渣量及堆放面积，项目区林草覆盖度；②水土流失状况，包括：水土流失面积、强度和流失量变化情况以及对下游和周边地区造成的危害及其趋势；③水土流失防治效果，包括：防治措施的数量和质量，林草措施成活率、保存率、生长情况及覆盖度，防护工程的稳定性、完好程度和运行情况，各项防治措施的拦渣保土效果。

1.5.2 水土保持监测成果管理

水土保持监测成果管理是对监测采集的数据进行分类、编码、录入、传输、存储、建库、检索、分析和整编、汇编等一系列活动的统称，是水土保持监测工作不可分割的一部分。行之有效的数据管理，不但可以避免重复投资，最重要的是可以保存珍贵的历史数据，促进综合研究，强化信息共享和交流，从而提高监测工作的水平和增加监测工作的产出率。

《水土保持生态环境监测网络管理办法》（水利部令第 12 号）第四章对水土保持监测数据和成果管理的责任主体、年报制度、公告制度等作出了明确规定。根据该管理办法，水土保持监测成果管理由水土保持监测管理机构统一负责，主要包括如下 3 个方面的工作。

1.5.2.1 监测数据上报

水土保持监测数据资料及时逐级上报，是开展水土保持监测资料整汇编和定期发布水土保持公告的基础。《水土保持生态环境监测网络管理办法》第十八条规定：“水土保持监测数据实行年报制度，上报时间为次年元月底前。下级监测机构向上级监测机构报告本年度监测数据及其整编成果。生产建设项目的监测数据和成果，向当地水土保持监测机构报告。年报内容按有关技术规范编制。”

目前，“全国水土保持动态监测与公告项目”已经设计开发了水蚀监测点和小流域、风蚀监测点数据上报系统，该信息管理系统集监测点数据录入、上报、审核、修改、查询、统计、分析等多项功能于一体，实现了监测点气象观测资料、径流小区径流泥沙观测资料、小流域观测资料的规范化、系统化和网络化上报，并已经通过该系统将近年来相关监测点的监测数据上报省级、流域管理机构和水利部。

区域水土保持监测资料也应上报。《水土保持监测技术规程》（SL 277—2002）对区域遥感监测成果数据的上报时限和程序作出了规定：“4.10.1 在成果验收后 3 个月内应完成整汇编。”“4.10.2 应按行政区划和流域界线汇编成果，分别报省和流域监测机构。大江大河流域和省（自治区、直辖市）的汇编成果报水利部水土保持监测中心。”目前，全国水土流失动态监测与公告项目 7 个流域管理机构监测中心站完成的国家级水土流失重点预防区和重点治理区的监测成果数据每年都已进行了正常上报，并设计开发了重点预防区、重点治理区和生产建设项目集中区动态监测数据上报和管理系统。省级水行政主管部门已经依法将水土流失普查成果报水利部备案。

生产建设项目水土保持监测数据和成果，需向当地水土保持监测管理机构报告。根据《关于规范生产建设项目水土保持监测工作的意见》（水保〔2009〕187 号）的有关规定，生产建设项目开工（含施工准备期）前应向有关水行政主管部门报送《生产建设项目水土保持监测实施方案》；工程建设期间应于每季度的第一个月内报送上季度的《生产建设项目水土保持监测季度报告表》，同时提供大型或重要位置弃土（渣）场的照片等影像资料，因降雨、大风或人为原因发生严重水土流失及危害事件的，应于事件发生后 1 周内报告有关情况；水土保持监测任务完成后，应于 3 个月内报送《生产建设项目水土保持监测总结报告》。目前，生产建设项目水土保持监测报告制度已在全国全面实施。

1.5.2.2 监测资料整编和数据库建设

长期、持续的监测并形成长时间序列的监测整编成果是实现水土保持监测目标的基础。为保证水土保持监测数据质量、规范数据格式，及时共享数据，并产生正确的信息效应，一般要进行年度数据整编、多年度数据汇刊、建立数据库等环节的工作。资料整编是将每年或者多年的水土保持监测原始资料，经过分析整理，按照科学的方法、统一标准和一致的格式，以规范、易懂和便于应用的一系列表格和图件形式编辑成册，供水土保持管理者、水土保持规划和决策者、水土保持科学研究人员以及相关领域管理和研究人员使用[52]。

为了保证监测数据质量，应采用两种方式进行整编：一是在每年监测期内，由监测人员或者其直接管理人员，每月或者每季对水土保持监测资料进行初步整编，以便及时发现、记录和解决监测中出现的问题；二是在每年监测期结束后，由监测单位或者施测单位的上级管理机构组织对年度水土保持监测资料进行统一整编，年底或次年第一季度前报送上级监测机构，经统一整理后报送水利部。同时，可以每隔 5 年或者 10 年，对期间的多年度水土保持监测资料进行汇编[53]。

水土保持监测点、省级监测分站和监测总站、流域管理机构监测中心站和水利部水土保持监测中心等各级监测机构，都应对所管辖范围内的水土保持监测资料及时进行整编和汇编，形成整汇编监测成果册，并报上级管理机构，同时还应向全社会发布，以便加强水土保持监测成果的应用，发挥水土保持监测在政府决策、经济社会发展和社会公众服务中的作用。

水土保持监测资料整汇编方面已经有成功案例。《全国水土流失动态监测与公告项目管理办法（试行）》[54]对水土保持监测资料整编作出了明确规定："项目承担单位应在项目验收前完成年度监测数据整编工作。整编内容包括：水土流失重点预防区和重点治理区、生产建设项目集中区、不同土壤侵蚀类型区监测点和小流域的监测数据。项目监测数据整编应当符合相关要求。"水利部水土保持监测中心已经于 2015 年组织编写了《全国水土流失动态监测与公告项目年度成果汇编刊印工作大纲》，对汇刊卷册划分、汇刊内容、工作方式、汇刊要求、汇刊成果提纲以及成果表格图式等作出了规定。成果汇编分为总卷和 6 个分卷，总卷主要内容包括年度监测范围、工作内容、监测方法和刊布资料等，相当于年度监测数据的总体说明和汇编成果索引；分卷分别为监测点卷、小流域卷、土壤侵蚀野外调查单元卷、重点治理区卷、重点预防区卷、生产建设项目集中区卷等，主要内容为年度水土流失监测成果。该项目已经完成了 2013 年、2014 年和 2015 年的监测数据资料汇编工作，形成监测资料共 21 卷 31 册，其中 2013 年为 7 卷 10 册、2014 年为 7 卷 11 册、2015 年为 7 卷 11 册。

为了更好地管理水土保持监测数据，在监测资料整汇编基础上，还应建立水土保持监测数据库。可以根据"全国一盘棋"和各级分工负责的原则，对水利部、各流域管理机构、各省（自治区、直辖市）、各市（州、盟、地区）、各县（区、市、旗）现有的水土保持监测数据进行调查和梳理，建立全国水土保持监测数据资源目录，并在此基础上，在统一的数据库框架下，建设国家、流域和省三级数据库及信息系统[55]，实现对全国水土保持监测数据的系统化管理，为发挥水土保持监测工作的作用奠定坚实的数据基础。

在建立水土保持监测数据库过程中，数据组织是一个关键环节。水土保持监测数据的组织，就是按照水土保持监测数据所对应的监测指标、指标之间的关系、数据应用的现实需求及潜在需求等，建立良好的数据结构的过程和操作。在数据库系统中所建立的数据结构，更加充分地描述了数据间的内在联系，既保证数据的独立性，又减少了数据冗余，便于数据修改、更新与扩充；在网络化体系中所建立的数据库，更大程度地提高了数据的扩充程度，保证了数据的安全、完整和可靠，提高了数据的共享程度和数据管理效率。

为了加强和规范水土保持监测数据库建设，国家已经发布实施了相关的技术标准，如水土保持信息管理技术规程（SL 341—2006）、水土保持数据库表结构及其标识符（SL 513—2011）、水土保持元数据（SL 628—2013）等，并且在"全国水土保持监测网络和信息系统建设"中初步开发了相应的数据管理系统。在日常的水土保持监测工作中，应该及时录入新数据、努力管理好数据、并做好数据共享服务。

水土保持监测数据库的主要内容应包括5个部分：一是区域水土流失数据，包括土壤侵蚀的类型、强度、分布和面积等；二是生产建设项目水土保持数据，包括生产建设项目的基本信息以及水土保持工程特性信息；三是水土保持治理项目数据，包括项目信息（如项目名称、项目来源、批准单位、规划面积、总投资等）、项目区信息（如项目区基本信息、治理效益信息、气候特征、社会经济状况、水土流失情况、坡度分级情况、土地利用现状、土地结构调整方案等）、治理小流域信息（如小流域基本信息、气候特征、社会经济状况、小流域治理措施和投资等）、治理措施信息（如治理措施的进度、质量、效益信息等）等；四是监测点状况及监测数据，包括分布在全国的水土保持监测站点的基本情况、取得的数据等；五是重要水文断面径流泥沙数据，包括主要水文断面名称、平均径流深、年均输沙量等。

1.5.2.3　监测成果公告

《水土保持生态环境监测网络管理办法》第十九条规定："国家和省级水土保持监测成果实行定期公告制度，监测公告分别由水利部和省级水行政主管部门依法发布。省级监测公告发布前须经国家水土保持监测机构的审查。监测公告的主要内容：水土流失面积、分布状况和流失程度，水土流失危害及发展趋势，水土保持情况及效益等。"国家水土保持公告每五年发布一次，重点省、重点区域、重大生产建设项目的监测成果根据实际需要发布。更为重要的是，《中华人民共和国水土保持法》第四十二条也对监测公告作出了明确规定："国务院水行政主管部门和省、自治区、直辖市人民政府水行政主管部门应当根据水土保持监测情况，定期对下列事项进行公告：①水土流失类型、面积、强度、分布状况和变化趋势；②水土流失造成的危害；③水土流失预防和治理情况。"

水利部自2004年起连续发布了年度的《中国水土保持公报》，期间还发布了《第一次全国水利普查水土保持情况公报》[56]。各流域管理机构、各省（自治区、直辖市）分别公告其所辖区的水土流失监测情况。长江流域、黄河流域、松辽流域等多个流域发布了流域水土保持公报或者水土保持监测公报，北京市自2004年开始、重庆市从2005年开始、江西省从2008年开始连续发布了年度水土保持公报，湖北、广东、福建、浙江、青海、甘肃、江苏、陕西、贵州、云南等20多个省（自治区、直辖市）均已发布了省级水土保持公报。这些水土保持公报，为国家生态文明建设决策、经济社会发展规划提供了基础资料，满足了社会公众对水土保持状况的知情权，取得了良好的社会效益和影响。

目前，水利部和部分省级水行政主管部门已经或者正在设计开发水土保持信息发布和服务系统平台（如水利部组织开发的"全国水土保持空间数据发布系统"），以便更好、更及时地将水土保持监测数据进行网络发布和服务，从而更好地为政府部门、行业用户和社会公众提供水土保持信息服务，支撑政府的相关决策和满足公众的知情权。

1.6　本书主要内容

本书依据土壤侵蚀和水土保持原理，从水土保持生态文明建设实际需要出发，在概要阐述水土保持监测目的、原则、我国水土保持监测历程、监测成果管理应用的基础上，分章全面论述了水力侵蚀监测、风力侵蚀监测、重力侵蚀监测、冻融侵蚀监测、水土保持措

施监测、生产建设项目水土保持监测的监测内容与主要指标、监测方法与要求。各章主要内容如下：

第1章概论。概述水土保持监测的概念、目的和作用、原则、我国水土保持监测历程和监测网络现状、监测内容、监测成果管理应用以及本书的主要内容。

第2章水力侵蚀监测。全面阐述坡面、小流域和区域（中大流域）等不同空间尺度的水力侵蚀监测方法。详细阐述坡面监测的主要指标及其监测方法，小流域水土流失调查、监测点布设、主要监测指标及其监测方法，区域水土保持遥感监测等方法。

第3章风力侵蚀监测。全面阐述观测场、地块和区域等不同空间尺度的风力侵蚀监测方法，包括主要监测指标、监测方法以及侵蚀量预报方法。

第4章重力与冻融侵蚀监测。阐述滑坡、崩岗、泥石流等重力侵蚀的主要监测指标和监测方法，坡面和区域尺度冻融侵蚀的主要监测指标及监测方法。

第5章水土保持措施监测。阐述主要水土保持综合防治措施类型及其监测指标、监测方法与要求。

第6章生产建设项目水土保持监测。基于相关法律法规、技术标准，简述生产建设项目水土保持监测的主要任务、基本程序及监测要求；详细阐述生产建设项目水土保持监测分区与监测点布设、土壤流失量监测评价方法。

本章参考文献

[1] 中华人民共和国水土保持法.

[2] 李飞，郜风涛，周英，刘宁. 中华人民共和国水土保持法释义［M］. 北京：法律出版社，2011.

[3] 刘震. 水土保持监测技术［M］. 北京：中国大地出版社，2004.

[4] 水土保持监测工——国家职业技能标准［M］. 北京：中国劳动社会保障出版社，2013.

[5] 王礼先，等. 中国水利百科全书　水土保持分册［M］. 北京：中国水利水电出版社，2004.

[6] 夏征农，陈至立. 辞海（第六版、缩印本）［M］. 上海：上海辞书出版社，2010.

[7] 杨勤科，刘咏梅，李锐. 关于水土保持监测概念的讨论［M］. 水土保持通报，2009，29（2）：97-99，124.

[8] 杨勤科，等. 区域水土流失监测与评价［M］. 郑州：黄河水利出版社，2015.

[9] 曾大林. 关于水土保持监测体系建设的思考［J］. 中国水土保持，2008（2）：1-2.

[10] 郭索彦，李智广，赵辉. 我国水土保持监测制度体系建设现状与任务［J］. 中国水土保持科学，2011，9（6）：22-26.

[11] 许峰. 近年我国水土保持监测的主要理论与技术问题. 水土保持研究，2004，11（2）：19-21.

[12] 中华人民共和国水利部. SL 277—2002　水土保持监测技术规程［S］. 北京：中国水利水电出版社，2002.

[13] 中华人民共和国质量监督检验检疫总局，中国国家标准化管理委员会. GB/T 15772—2008　水土保持综合治理规划通则［S］. 北京：中国标准出版社，2009.

[14] 郭索彦，李智广. 我国水土保持监测的发展历程与成就［J］. 中国水土保持科学，2009，7（5）：19-24.

[15] 李智广，张光辉，刘秉正，等. 水土流失测验与调查［M］. 北京：中国水利水电出版社，2005.

[16] 郭索彦. 水土保持监测理论与方法［M］. 北京：中国水利水电出版社，2010.

[17] 李智广. 开发建设项目水土保持监测［M］. 北京：中国水利水电出版社，2008.

[18]　郭索彦. 深入贯彻新水土保持法　扎实推进水土保持监测与信息化工作 [J]. 中国水利，2011 (12)：67－69.

[19]　喻权刚，马安利. 黄土高原小流域淤地坝监测. 水土保持通报 [J]. 2015，35 (1)：118－123.

[20]　何兴照，喻权刚. 黄土高原小流域坝系水土保持监测技术探讨 [J]. 中国水土保持，2006 (10)：11－13.

[21]　李世泉，王岩松. 东北黑土区水土保持监测技术 [M]. 北京：中国水利水电出版社，2008.

[22]　李建伟，孟令钦，白建宏. 东北典型黑土区侵蚀沟动态监测及实践 [J]. 东北水利水电，2012 (3)：4－6.

[23]　王敬贵，杨德生，余顺超，等. 珠江上游喀斯特地区土地石漠化现状遥感分析 [J]. 中国水土保持科学，2007，5 (3)：1－6.

[24]　张学俭，陈泽健. 珠江喀斯特地区石漠化防治对策 [M]. 北京：中国水利水电出版社，2007.

[25]　王敬贵，亢庆，杨德生. 珠江上游水土流失与石漠化现状及其成因和防治对策 [J]. 亚热带水土保持，2014 (3)：38－41.

[26]　冯明汉，廖纯燕，李双喜，等. 我国南方崩岗侵蚀现状调查 [J]. 人民长江，2009，40 (8)：66－68，75.

[27]　牛德奎，郭晓敏，左长清，等. 我国南方红壤丘陵区崩岗侵蚀的分布及其环境背景分析 [J]. 江西农业大学学报，2000，22 (2)：204－206.

[28]　李智广，王爱娟，刘宪春，等. 水土保持措施普查技术方法 [J]. 中国水土保持，2013 (10)：14－17.

[29]　马勇，王宏，赵俊侠. 渭河流域水土保持措施保存率及质量状况调查 [J]. 人民黄河，2002，24 (8)：21－22.

[30]　陈燕，齐清文. 达拉特旗土地利用及水土保持措施现状遥感调查与制图 [J]. 水土保持学报，2003，17 (6)：137－139.

[31]　牛崇桓，钟云飞. 生产建设项目水土保持监测的政府职能与法人义务 [J]. 中国水土保持，2016 (2)：8－11.

[32]　郭索彦. 生产建设项目水土保持监测实务 [M]. 北京：中国水利水电出版社，2014.

[33]　姜德文. 开发建设项目水土保持监测与监控探讨 [J]. 中国水土保持，2010 (5)：10－12.

[34]　李智广，王敬贵. 生产建设项目"天地一体化"监管示范总体实施方案 [J]. 中国水土保持，2016 (2)：14－17.

[35]　孙厚才，袁普金. 开发建设项目水土保持监测现状及发展方向 [J]. 中国水土保持，2010 (1)：36－38.

[36]　赵辉. 试论我国水土保持监测的类型与方法 [J]. 中国水土保持科学，2013，11 (1)：46－50.

[37]　李智广，姜学兵，刘二佳，等. 我国水土保持监测技术和方法的现状与发展方向 [J]. 中国水土保持科学，2015，13 (4)：144－148.

[38]　黄河水土保持生态环境监测中心. 黄河流域水土保持遥感监测理论与实践 [M]. 北京：中国水利水电出版社，2013.

[39]　王敬贵，范建友，陈丹. 基于面向对象分类技术的小流域土壤侵蚀遥感监测方法研究 [J]. 人民珠江，2012 (5)：1－7.

[40]　王志良，付贵增，韦立伟，等. 无人机低空遥感技术在线状工程水土保持监测中的应用探讨——以新建重庆至万州铁路为例 [J]. 中国水土保持科学，2015，13 (4)：109－113.

[41]　松辽水利委员会松辽流域水土保持监测中心站. 无人机遥测技术在水土保持监管中的应用 [J]. 中国水土保持，2015 (9)：73－76.

[42]　李万能，金平伟，向家平，等. 三维激光扫描技术在水土保持监测中的应用 [J]. 山西水土保持科技，2012 (3)：14－17.

[43] 李子轩，齐建怀，陈周云，等. 三维激光扫描技术在生产建设项目水土保持监测中的应用［D］. 中国水土保持学会监测专业委员会学术研讨会，2012.

[44] 李智广. 艰辛的历程 光辉的事业［J］. 中国水利报，2002-05-27（4）.

[45] 张新玉，鲁胜力，王莹，等. 我国水土保持监测工作现状及探讨——从长江、松辽流域监测调研谈起［J］. 中国水土保持，2014（4）：6-9.

[46] 陈本兵，穆兴民. 我国水土保持监测与发展研究的思考［J］. 水土保持通报，2009，29（2）：83-85.

[47] 郭索彦，等. 土壤侵蚀调查与评价［M］. 北京：中国水利水电出版社，2014.

[48] 郭新波，邓岚. 东深供水改造工程水土保持监测研究［J］. 广东水利水电，2004（2）：17-19.

[49] 中华人民共和国水利部. 关于规范生产建设项目水土保持监测工作的意见［S］. 2009.

[50] 中华人民共和国水利部. 生产建设项目水土保持监测规程（试行）［S］. 2015.

[51] 中华人民共和国水利部令第12号. 水土保持生态环境监测网络管理办法［S］. 2014.

[52] 水利部水土保持监测中心. 水土保持监测技术指标体系［M］. 北京：中国水利水电出版社，2006.

[53] 水利部水土保持监测中心. 径流小区和小流域水土保持监测手册［M］. 北京：中国水利水电出版社，2015.

[54] 中华人民共和国水利部. 全国水土保持动态监测与公告项目管理办法（试行）［S］. 2014.

[55] 赵院. 对我国水土保持监测工作面临的形势和主要任务的探讨［J］. 中国水土保持，2013（2）：45-48.

[56] 中华人民共和国水利部，中华人民共和国国家统计局. 第一次全国水利普查公报［M］. 北京：中国水利水电出版社，2013.

第2章 水力侵蚀监测

水力侵蚀是指降雨及其径流对土壤或地面其他组成物质的分离和搬运，基本过程包括雨滴溅蚀导致的土壤颗粒分离和移动、漫流或股流对土壤颗粒的分离和搬运，由此形成了细沟间侵蚀与细沟、浅沟和切沟等不同的形态；被侵蚀的泥沙在搬运过程中，受水流挟沙力、地形、地表粗糙度和植被覆盖等的影响，会在低洼处、坡脚、沟道及其他平坦的区域、植被覆盖茂密区域内发生沉积。因此，土壤侵蚀不仅破坏了侵蚀发生地区的土地资源，进入水体或河道的泥沙还会带来面源污染和河道淤积等问题，前者称为土壤侵蚀的当地影响，后者称为土壤侵蚀的异地影响。水力侵蚀监测就是对土壤侵蚀和产沙状况及其影响因素进行监测，进而评价土壤侵蚀的当地和异地影响，为水土保持规划、治理措施设计与空间配置提供依据。

土壤侵蚀及泥沙沉积随空间尺度发生变化，如坡面和田块尺度以细沟间和细沟侵蚀为主；如果坡面很长或坡型复杂，会有浅沟或切沟出现；小流域由坡面和沟道构成，流域内既有侵蚀又有沉积；大流域或区域由若干小流域构成，侵蚀和泥沙堆积更为复杂。这些不同空间尺度的土壤侵蚀过程与结果都是气候、土壤、地形等自然因素，以及土地利用和水土保持措施等人为因素共同作用的结果。随着空间尺度的不同，这些影响土壤侵蚀和沉积的主次因素也会发生变化。因此，水力侵蚀监测根据空间尺度分为坡面、小流域和区域三种。坡面和小流域是自然单元，区域可以是自然单元，如中流域、大流域、自然地理单元如黄土高原等，也可以是行政单元，如省级、市级和县级等行政区。

2.1 坡面侵蚀监测

坡面侵蚀监测采用坡面径流观测场（径流小区）方法。径流小区是用挡墙将部分或全部坡面围成的矩形区域，下部有排水和采集设备收集所围区域内降水产生的部分或全部含有泥沙的径流。径流小区监测的对象主要是细沟和细沟间侵蚀，空间尺度一般为水平投影坡长几十到几百米、宽度几米，面积几十到几百平方米。径流小区可以是坡度均一的直行坡，或者两个以上坡度构成的复合坡。根据监测目的，可以对径流小区进行不同土壤侵蚀影响因素的控制，如土壤性质、植被覆盖或地表处理、水土保持措施等。

径流小区最早由德国土壤学家 Ewald Wollny 提出和使用。他在 1882 年和 1883 年布设了几组 80cm×80cm 的径流小区，研究土壤性质、坡度和植被覆盖对径流和土壤侵蚀的

影响[1]，使径流小区成为土壤侵蚀与水土保持科学独有的方法。用径流小区监测土壤侵蚀直到20世纪20年代才开始在美国发展起来。1912年美国Sampson等在犹他州中部Manti国家公园布设了40469m^{2}径流小区，监测过度放牧草地的土壤侵蚀。Miller等在1917年在密苏里农业试验站布设了水平投影坡长27.66m，宽1.8m，面积为50m^{2}的坡面径流小区。现位于密苏里大学哥伦比亚校园内，成为国家历史纪念物。20年代陆续建立的10个水土保持试验站，大部分径流小区采用Miller的小区规格，只是为方便计算，将面积调整为40.5m^2，宽仍为1.8m，水平投影坡长缩短为22.13m。这些径流小区的监测数据为美国20世纪30—40年代土壤侵蚀定量研究提供了重要基础。40—50年代又陆续增加了试验站点。截至1955年，Wischmeier总结全国范围内径流与土壤侵蚀监测数据时，共收集了35个站点共计8250个小区年资料[2]。其中观测年限超过20年的有5个站，10～20年的有21个站，不足10年的有9个站。正是基于这些监测数据，开发了通用土壤流失方程（USLE，Universal Soil Loss Equation)，成为美国农地水土保持措施布设和全国水土流失调查的技术工具。

我国早在20世纪20年代也已建立过径流小区，但有较长时间序列实测资料的始于黄河水利委员会天水水土保持实验站[3]。中华人民共和国成立之初，为解决黄土高原地区水土流失及其带来的黄河泥沙问题，黄河水利委员会陆续在子洲、绥德、西峰等地建立了试验站，监测坡面土壤侵蚀，并出版了大批观测资料，为黄土高原水土流失治理提供了重要依据。20世纪80年代在全国范围建设了水土保持监测网络[4]，土壤侵蚀监测迅速推广。

2.1.1 径流小区类型与监测目的

径流小区有不同的分类方法，常见的有两种：一是按径流小区面积大小分类；二是按径流小区布设目的分类。两者之间往往密不可分：有些监测内容在面积小的径流小区进行，而有些监测内容需要在面积较大的径流小区进行。

按照小区面积大小，一般分为微小区、典型小区和集水区3种。微小区的长或宽一般不超过1m，主要用于观测雨滴分离土壤颗粒并使其移动的过程，即细沟间土壤侵蚀。如前所述，德国Ewald Wollny建立的微小区为80cm×80cm。Ellison观测雨滴溅蚀的微小区为18英寸（约46cm）边长的方形小区，或18英寸（约46cm)×24（32、36）英寸（约61cm、81cm、91cm）的矩形小区[5]。采用微小区面临的最大问题是边界效应和如何保持原状土壤。为此，尽可能在野外选择自然坡面建立微小区，并保证周边有一定宽度的保护带，且保护带特征与小区内特征一致，以使溅入和溅出小区的土壤质量相同。如果在室内进行，无法采集原状土，应只采集耕作层土壤，风干过筛后装入。水平投影坡长几十至几百米、宽几米，多呈矩形的小区称为典型小区。由于坡长较长，足以产生细沟侵蚀，观测对象主要包括细沟间和细沟侵蚀。20世纪40年代我国天水水土保持实验站建立的径流小区宽度为5m、水平投影坡长为20m、面积为100m^2，成为我国典型径流小区常用的规格。由于有些水土保持措施占地面积大，如等高耕作、带状耕作、梯田、大型乔木等，不宜采用典型径流小区，应采用大型径流场、小型集水区、甚至是全坡面等，由此可能会出现不规则形状坡面，或不同坡度组成的复合坡面。如20世纪50年代黄河水利委员会在子洲团山沟建立的7号径流小区面积4080m^2，9号径流小区面积1.72hm^2，均为复合坡

面的大型径流场。

土壤侵蚀影响因素多样，包括气候、土壤、地形、植被和人类活动等，实际情况下的侵蚀影响因素组合更是复杂，不可能全部通过直接观测评价土壤侵蚀现状。因此，采用径流小区监测土壤侵蚀的目的和意义有 3 个方面：一是弄清不同影响因素对土壤侵蚀影响的规律；二是评价不同水土保持措施的效益；三是为进行土壤侵蚀预报提供相关数据和参数。不同类型径流小区的具体监测目的不同，以下介绍目前常见的径流小区监测目的和基本要求。

（1）裸地小区。裸地小区的主要监测目的是测定土壤可蚀性，同时可作为研究植被覆盖对土壤侵蚀影响的对照。土壤可蚀性是量度土壤是否容易遭受水力侵蚀的指标，是单位降雨侵蚀力导致的裸地小区土壤流失量，用裸地小区多年平均年土壤流失量除以相应多年平均年降雨侵蚀力得到。反映的是当地降雨和耕作扰动情况下裸露农地的土壤流失量。

计算土壤可蚀性时，需严格规定径流小区的标准：坡长 22.13m，坡度 5.14°（9%）；小区地表保持连续裸露休闲状态（耕作清除植物至少 2 年，或作物残茬完全腐烂），植被盖度始终小于 5%；按当地习惯翻耕，深度 15～20cm，然后耙平；按当地习惯中耕和经常锄草以保持无结皮和裸露状态。需要说明的是，小区坡长和坡度规定是为了计算土壤可蚀性，只是计算标准。其他的翻耕、中耕、消除结皮、保持裸露等处理必须严格遵循；否则，便失去了裸地小区的监测目的。布设和管理裸地小区必须遵循以下要求：一是选择当地代表性土壤；二是不能破坏原始土壤剖面，将原坡面整平即可，如果水平投影坡长和坡度不是 22.13m 和 5.14°，计算土壤可蚀性时，要用坡长和坡度公式进行修订；三是如果取土填埋，应采集耕作层（一般 30cm 左右）土壤层，填埋后当年和第二年监测数据一般不宜采用；四是随着监测年限增加，径流小区土壤因侵蚀会退化，需要重新布设裸地小区或填埋新土；五是按当地农作方式和时令扰动耕作土层，确保监测期内植被盖度小于 5%且无结皮。

（2）农地小区。农地小区的监测目的是测定当地代表性作物类型、耕作制度或管理方式下的径流和土壤流失量，确定这些因素对土壤侵蚀的影响。布设和管理农地小区必须遵循以下要求：一是选择当地种植面积大的主要农作物，顺坡种植，按照农作物特点或当地传统方式行播、撒播或起垄种植。这代表了当地未采取任何水土保持措施的传统种植方式，作为与其他水土保持措施径流小区的对照；二是按照当地农作物的年内或年际之间轮作方式进行轮作，以反映作物覆盖与降雨季节分配之间的组合影响；三是田间管理要符合当地习惯，包括苗床准备、播种、中耕除草等的时间、频次、采用的农具和管理方式等；四是如果农地小区采取某种耕作措施，其规格和方式要符合当地习惯，并确保观测期内无毁坏，一旦措施被降雨毁坏应及时修复。

（3）水土保持措施小区。水土保持措施小区的监测目的是测定实施水土保持措施下的径流和土壤流失量，通过与未实施措施径流小区的径流和土壤流失量比较，评价措施的保水和保土效益及土地生产力改善等。水土保持措施分为工程措施、植被覆盖与生物措施、耕作措施。有些水土保持措施由于占地面积大，无法用典型径流小区监测，应采用大型径流场或集水区，如工程措施中的梯田和坡面截水工程，植被覆盖与生物措施中的大型乔木林，耕作措施中的等高耕作、带状耕作或植物篱等。植被覆盖与生物措施小区的监测目的是确定不同植被类型或相同植被类型不同覆盖条件下的径流和土壤流失量，研究植被覆盖

与对水土流失的影响及其水土保持效益。典型小区监测的植被类型一般包括灌木、草地、矮型小乔木等。布设和管理这些小区的要求有：一是植被冠层垂直投影全部落入小区内，不能伸至小区外，且坡面宽度应至少包括2行以上植株。小型灌木林或矮型乔木林，应增加小区的坡面宽度。大型乔木林和灌木林等不宜采用典型小区监测，应选择面积大的自然坡面或径流场。二是植被管理按当地方式进行，如果是生态恢复，不应进行人工干扰；如果是经果林，应采用当地经果林种植和管理方式，如剪枝、喷洒农药、清除林下杂草、翻耕土壤等。三是根据监测目的控制植被覆盖，监测植被覆盖的变化，包括冠层覆盖和地表覆盖。如果监测同一植被类型不同覆盖对土壤侵蚀的影响，应确保各覆盖水平在监测期内始终控制在同一水平；如果监测不同植被类型对土壤侵蚀的影响，应在监测径流泥沙的同时，监测植被覆盖的变化。植被覆盖包括乔木的郁闭度，林下灌木、草本和地衣苔藓类植被的盖度，以及枯枝落叶、砾石等的地表覆盖。

（4）坡长或坡度小区。坡长或坡度小区的监测目的是测定不同坡长或坡度下的径流和土壤流失量，评价地形对土壤侵蚀的影响。布设和管理这类小区必须遵循以下要求：一是布设坡长小区时，要确保各个小区只是坡长不同，其他各种条件都相同，如土壤类型、土地利用、植被覆盖、种植与管理方式等；二是布设坡度小区时，要确保各个小区只是坡度不同，其他各种条件都相同，如土壤类型、土地利用、植被覆盖、种植与管理方式等；三是如果难以选择相同土壤类型、不同的坡度或坡长小区，分析数据时，应进行土壤可蚀性因子修正。

2.1.2 径流小区的布设与设施

布设径流小区应遵循3个基本原则：一是监测目的明确。根据监测目的，确定要布设的径流小区类型；二是有代表性。无论监测目的是什么，都应代表当地的自然因素和人为因素，应根据监测目的确定小区规格，如：坡度和坡长小区、裸地小区、耕作措施小区以及灌木草地和小乔木等植被覆盖小区宜选择典型小区，梯田、等高耕作、植物篱、大型乔木等措施宜选择大型径流场；三是可操作性。为了保证数据质量、便于观测管理，径流小区应选择自然坡面，且尽量集中，小区之间应有隔离带或保护带，保持小区内外的相对一致性，小区设施大小适宜，便于观测操作等。

径流小区附近必须配备能观测降雨过程的降雨观测设备，与径流小区产生的径流和土壤流失量进行对应分析。人工观测采用虹吸式雨量计，自动观测采用数字翻斗雨量计。

径流小区主要由下列设施组成：

（1）小区边墙或围梗。小区边墙或围梗是指设置在径流小区边界除下边缘外的隔离设施。围埂的建筑材料要求不渗水、不吸水。一般用水泥预制板或金属板，水泥板一般厚5cm，且顶部为向外侧斜的刀刃状。金属板一般厚1mm，互相连（搭）接紧密。围梗出露地表20cm左右，埋深以结实不倒为原则。

（2）小区隔离带或保护带。小区之间要有隔离带或保护带，保护带设置在每组径流小区的两侧和顶部，一般宽度为1～2m。保护带内条件应与径流小区一致。设置和维护保护带应遵循的原则是：小区内外状况越接近越好，保护带对小区的影响越小越好。

（3）小区集流设施。小区集流设施包括三部分，如图2-1所示：一是小区底端下沿（下坡边缘）的汇流槽，垂直于径流流向。小区产生的径流和泥沙在此汇集进入集流设备。

一般由混凝土或砌砖砂浆抹面制成，长度与径流小区宽度一致，宽度一般为 20～30cm。汇流槽不宜太宽；否则，因集雨面积过大影响观测精度。槽顶部应与小区坡底同高且水平，槽底由两端向中部倾斜。倾斜度以不产生泥沙沉积为准。槽身表面光滑，不拦挂泥沙。以长 20m、宽 5m 的径流小区为例，汇流槽宽 20cm，槽深在小区两侧为 10cm、中间 20cm 深，槽底从两侧向中部坡降为 4%。二是集流设备，由分水箱、导流管和集流桶（池）组成。如果产流量大、集流桶容积有限，或安置区狭小不能增多集流桶等情况下，采用一级或多级分水箱分流。分水箱容积不宜太大，多为圆柱体或长方体。设若干分流孔，顶部加设盖板，内部加过滤网，防止掉落物堵塞分流孔。分流孔可采用不同形状，一般为圆孔、倒三角形或长方形。分流孔可位于分水箱上部或底部。位于上部时，分水箱可收集径流，能收集小降雨产流。位于底部时，分水箱不收集径流，对小降雨产流测量精度较低。分水孔数量应为奇数，大小一致，排列在同一水平面，以保证各孔均匀分流。安装时，一定确保分水箱水平放置。从这个意义上说，分流孔集中分布在面向集流桶方向的分水箱一侧，且等量分布在接入下一级分水箱或集流桶的分流孔两侧，更容易确保分流孔均匀出流。连接汇流槽与集流设备、或集流设备之间的连接管称为导流管，长度一般为50～100cm。为保证汇流槽流水畅通，连接汇流槽与集流设备的导流管应有一定坡度，上部与汇流槽紧密连接，下部通向集流设备。连接上一级分水箱与下一级分水箱或集流桶之间的导流管，管口下端与分流孔之间的水头应确保与其他分流孔出流水头一致。收集导流管输导下来的全部径流泥沙的设备是集流桶（池），位于集流设备的最末端。桶体上部有进水孔，底部装有排泄阀门（或孔口），顶部加设盖板。集流桶用镀锌铁皮或薄钢板制成，要求水平放置，排水孔密封不漏水。集流池用砖（石）砌成，亦要保证水平，有排水设施。

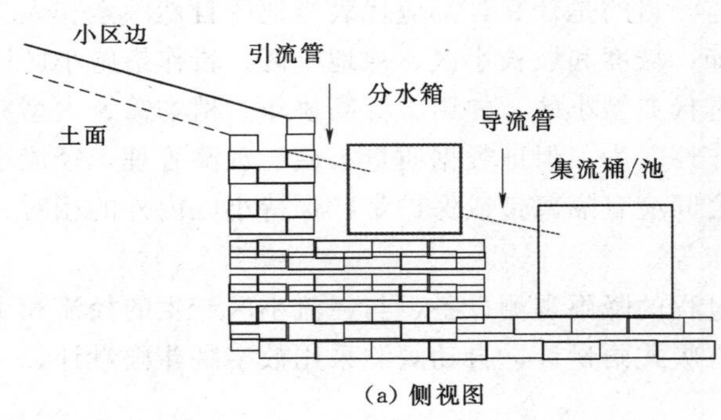

(a) 侧视图

(b) 实景图

图 2-1　径流小区侧视图和实景图

(4) 小区排水系统。排水系统是设置在径流小区上部、左右两侧和集流设施附近的排水系统，一般按 50 年一遇暴雨设计。

径流小区集流设备设计、安装和运行应注意以下事项：①设计分水箱和集流桶（池）规格、分水箱的分级数量、每级分水箱的分流孔数时，要根据当地重现期暴雨、设计标准及设计标准下的径流小区面积所形成的径流总量和洪峰流量确定，以设计重现期暴雨产流不溢流为准。同时，要考虑集流设备安装处的空间状况。②为了便于人工搅拌泥沙和均匀采样，分水箱和集流桶（池）的规格应以适宜人工操作为原则，不宜过大或过小。③从汇流槽经导流管至各级分水箱和集流桶（池）要保证有一定坡度，避免回水。④连接分水箱的导流管出流水头与其他分流孔出流水头一致。⑤要建设排水管道，确保分流径流和采集完样品的收集径流及时排除，并方便清淤。⑥经常检查集流设备是否水平放置；分水箱的分流孔有无堵塞；分水箱和集流桶箱是否漏水，盖子是否盖好；径流小区汇流槽和导流管内是否有杂物和无漏水。⑦汇流槽不应有泥沙沉积。如有少许沉积泥沙，可以不清理，经几次产流后，淤积泥沙量将不再增加，即泥沙总量将自动达到平衡。如果泥沙淤积多，影响到导流管出流，尤其是出现回水，说明汇流槽设计有问题，应尽快改建。如果暂时无法改建，要将汇流槽内淤积的泥沙全部取出，称重后取样测定含水量，计算干土重，将这部分干土重量加入小区总流失量中。取出的泥沙不得重新放回小区内。

径流小区的维护和日常管理十分重要，直接影响监测的数据质量和监测目的能否实现。主要管护内容包括：①禁止人畜进入小区。②经常检查边墙是否有损毁、歪斜、漏水等情况。一旦出现问题应及时修补。③每次产流观测结束后，要检查集流设备：确保设施水平放置；汇流槽、导流管、分水箱的分流孔等畅通无堵塞；集流桶和分水箱无漏水，盖子盖好等。④排水系统应及时清淤。⑤对小区的任何修建或扰动（包括按监测目的对径流小区的管理），以及对集流设备的任何改造等，都要详细记录。⑥每年监测季节开始和结束时，都应对小区及集流设施进行彻底检查。监测开始时，应确保小区按监测目的达标，集流设施到位无故障。监测结束时，应确保小区和集流设施安全度过非监测季节。如果需要对小区或集流设备改造，应在非监测季节进行。

2.1.3 主要监测指标与方法

径流小区的主要监测指标包括降雨、径流、泥沙、植被覆盖、土壤水分、农地小区的作物产量、养分流失等。

2.1.3.1 降雨

降雨观测主要包括降雨量、降雨过程和降雨强度。根据这些资料整理次、日和年等不同时间分辨率的降雨指标。次降雨指标包括次雨量、次平均雨强和最大时段雨强、次降雨侵蚀力。日降雨指标包括日雨量、日最大时段雨强。年降雨指标包括年雨量、年最大时段雨强、年降雨侵蚀力等。

降雨观测仪器常用的有 3 种：雨量器、虹吸自记雨量计和数字翻斗自记雨量计。雨量筒可以准确观测一次降雨总量。虹吸雨量计可以观测一次降雨过程，累积的次雨量与雨量筒观测结果相比有少许误差，因为虹吸过程中无法记录这段时间的雨量，雨强越大误差也大，但这种误差对分析土壤侵蚀过程来说完全可以忽略。数字翻斗雨量计也可以观测一次降雨过程，它可替代虹吸自记雨量计的人工更换记录纸和人工摘录。根据精度要求，可选择 1～5min 间隔的记录。

降雨观测仪器安装基本原则如下：①应同时配置雨量器和自记雨量计。配备雨量器是为了保证自记雨量计出现故障时能够获得雨量数据，并可校正雨量。自记雨量计可在虹吸自记雨量计和数字翻斗自记雨量计之间选择一种。一般选后者，这样既可减轻劳动强度，又可提高观测效率和精度，但应确保电源稳定。②安装位置与最远的径流小区尽量保持在 100m 范围内。如果无法满足，可考虑安装多个仪器。③设备场地环境应避开局地强风区，确保周围空旷、平坦，不受地形、树木和建筑物等的影响。如不能完全避开周围障碍

物，应保证仪器距障碍物边缘距离至少为障碍物顶部与仪器口高差的 2 倍以上。如无平坦场地，仪器口至最高处的仰角应不大于 30°。④确保仪器稳固和水平。应修筑埋入土中柱子或混凝土基柱固定观测仪器，保证大风暴雨天气不发生抖动或倾斜。

（1）雨量器安装与观测。雨量器包括盛水器、漏斗、外筒、储水瓶和量杯。盛水器口径 20cm，对应的量杯口径 4cm。安装时，要确保盛水器口水平，器口至地面距离 70cm。记录所在位置经纬度，给仪器编号。

每天 8：00 和每次降雨后观测降雨。主要注意事项包括：①每次降雨停止后立即观测，测量后确保储水筒和储水瓶内无积水。如果 8：00 雨未停，也要观测，并迅速更换储水瓶。②暴雨时应加测，防止降水溢出储水瓶。如已溢流，应迅速更换储水筒，量测外筒内的水量。③如一日内有多次降雨，每次均需观测。④注意检查雨量器内是否有杂物堵塞，雨量器是否受碰撞变形，漏斗有无裂纹，储水筒是否漏水。⑤如遇特大暴雨灾害，无法正常观测时，应及时进行暴雨调查，将调查估算值记入降水量观测记录表，并在备注栏加文字说明。

（2）虹吸式雨量计安装与观测。虹吸雨量计包括盛水器、漏斗、装有虹吸自记装置和盛水器的外筒。盛水器口径 20cm，器口高度为仪器自身高度。虹吸自记装置包括两部分：一部分是与漏斗相接的浮子室，内部装有浮子，随水位上升或下降。中部外接虹吸管，一旦雨量累积到 10cm，雨水便通过虹吸管排除，水位迅速降为零刻度。与浮子相连的连接杆上部装有自记笔，随浮子上升或下降，可通过调整虹吸管安装高度，确保发生虹吸和回归零刻度时自记笔指针分别对应记录纸 10cm 和 0 刻度。另一部分是被记录纸环绕的自记钟。底部有发条螺栓，拧紧后每 24h 旋转一周。安装雨量计时，要确保盛水器口水平，筒门朝向应背对本地常见风向，加装三根钢丝稳固仪器，绳脚与仪器底座距离为仪器高度的二分之一。记录所在位置经纬度，给仪器编号。

每天 8：00 更换自记记录纸或调整记录笔位置，回室内摘录更换的降雨纸，并将该记录纸的雨量铅笔记在摘录纸上。主要注意事项包括：①确保自记钟发条上紧。②通过注入清水的方式，检查发生虹吸时记录笔指示记录纸 10mm 处，虹吸结束记录笔指示记录纸零线，允许误差±0.05mm，否则应调整虹吸管高度。③记录线粗细适当、清晰、连续光滑无跳动；虹吸时的记录线应与纵坐标线平行，无雨时应与横坐标平行。④及时补充记录笔墨水。经常用酒精洗涤自记笔尖，使墨水流畅。⑤有降水之日应在 20：00 巡视仪器运行情况，暴雨时适当增加巡视次数，以便及时发现和排除故障，防止漏记降雨过程。⑥水平放置记录纸，并集中妥善保管。

（3）数字翻斗雨量计安装与观测。数字翻斗雨量计包括盛水器及漏斗、装有翻斗和传感装置的外筒及数据采集器。盛水器口径 20cm。安装前，应检查确认传感器和采集器工作正常。安装时，要确保盛水器口水平，器口至地面距离 70cm。由于仪器本身体积不大，应安装固定在混凝土基柱上的支架放置仪器。传感器与数据采集器间用电缆传输信号，电缆长度不宜太长，应加套保护管后埋地敷设，若架空铺设，应有防雷措施；插头插座间应密封，安装牢固。采用固态存贮的显示记录器，安装时应使用电量充足的蓄电池，并注意连接极性。当配有太阳能电池时，应保证连接正确。记录所在位置经纬度，给仪器编号。

根据数据采集器容量确定下载数据的时间间隔。目前大多已实现无线数据传输，既可

免去电缆，又可实时远程传输数据，但要确保无线信号较强，以便数据正常传输。主要注意事项包括：①数据采集器记录数据的时间间隔有不同的精度，如 1min、2min、5min、10min 等，建议设为 1～2min 为宜，最长不超过 5min，否则会影响数据精度。同时也要考虑数据采集器的存储容量：采集间隔越小，所需容量越大。②仪器安装完成后，要进行初始化，确保设置正确，包括仪器编号、日期、时钟、分辨率、采样间隔、通信方式、通信频率等。③根据采集器和记录精度估算数据下载时间间隔，一般每 10 天或 1～3 个月一次。每次下载完成后，要重新检查仪器功能。④对下载的数据及时处理，确认仪器正常工作。⑤经常检查仪器，确保盛水器内无堵塞，电源正常。

(4) 降雨资料整理与降雨侵蚀力计算。降雨资料整理包括降雨过程资料摘录，不同时间分辨率雨量如次雨量、日雨量、年雨量，以及降雨侵蚀力的计算。

1) 降雨过程摘录。水力侵蚀主要受雨强影响。一次降雨过程中雨强不断变化，摘录降雨过程摘录不仅是土壤水力侵蚀监测的重要内容，而且区别于其他行业的降雨观测。

降雨过程摘录步骤如下：首先将一次降雨过程中雨强相同的时段划分出来，在虹吸雨量计自记纸上表现为斜率相等的时段，记录每个时段的降雨历时和雨量，求出相应时段的雨强，该雨强称为断点雨强；然后根据需要摘录不同时段的最大雨强，一般有最大 5min、10min、30min、60min 等，是指以这些时段为间隔进行滑动比较，最大值即为对应时段的最大雨强；最后汇总本次降雨历时和雨量，计算平均雨强。

一次降雨是指一个连续不断的降雨事件。由于降雨会出现间歇，一般以间歇 6h 人为划分次降雨事件：如果降雨过程中间歇时间连续超过（不含）6h，则视为两次降水事件。鉴于雨量达到一定数量或强度后才会导致水力侵蚀发生，只需摘录下列三种情况之一的次降雨事件：一是次雨量大于等于侵蚀性次雨量，可根据本地裸地小区多年观测结果确定。如果无观测资料，可定为 10min 或 12min。二是虽然次雨量小于侵蚀性次雨量，但径流小区已经产流。三是 15min 内雨量超过 6mm 的短历时、小雨量、大雨强降雨。

虹吸式雨量计记录纸或数字翻斗雨量计能摘录降雨过程。如果采用前者，应在换纸当天按上述标准摘录；如果是后者，应在下载数据后尽快摘录。由于数字采集器记录的数据分辨率高，数据量大，建议编程摘录计算。

2) 其他降雨指标整理。主要包括雨量和雨强。

雨量按时间分辨率分为次雨量、日雨量、月雨量和年降水量。雨量的统计应包括观测到的所有降雨事件。如果观测季节只是雨季，应注明。只统计观测季节内的次、日、月雨量即可，但年降水量应包括全年，用雨量器数据补充非观测季节的月降水量。次雨量是根据前述标准确定一次降雨事件后，计算每次降雨事件的雨量。如果本次降雨事件产流，应注明，并将雨量对应于记录的径流和泥沙数据。日雨量是从前一日 20 时至今日 20 时之间所有雨量的累加，如果一次降雨事件跨过 20 时，应将其在此分开，将 20 时以前的雨量统计为今日雨量，将 20 时以后的雨量统计为下一日雨量。月雨量是将每月日雨量汇总，并统计每月降雨日数。年降水量是全年降水量，观测季内是将每月雨量汇总，非观测季内是将雨量器雨量汇总，或采用附近气象站数据。

雨强包括：每月最大日雨量及发生日期，一年内发生的最大日雨量及发生日期，一年发生的最大次雨量和降雨历时、及日期，一年最大 30min 雨强及发生日期。

3）降雨侵蚀力计算。降雨侵蚀力是反映降雨及其径流导致土壤侵蚀的潜在能力，用一次降雨的总动能 E 与该次降雨的最大 30min 雨强 I_{30} 的乘积 EI_{30} 表示。全年各次降雨侵蚀力之和为年降雨侵蚀力，多年观测的年降雨侵蚀力的平均值为多年平均年降雨侵蚀力。

降雨侵蚀力计算包括：观测期内每次侵蚀性降雨的次降雨侵蚀力，所有侵蚀性次降雨侵蚀力之和的年降雨侵蚀力。

次降雨侵蚀力计算公式为

$$R_{次}=EI_{30} \tag{2-1}$$

$$E=\sum_{r=1}^{n}(e_r P_r) \tag{2-2}$$

$$e_r=0.29[1-0.72\exp(-0.082i_r)] \tag{2-3}$$

式中　$R_{次}$——次降雨侵蚀力，MJ·mm/(hm²·h)；

I_{30}——一次降雨过程中最大 30min 雨强，mm/h；

E——一次降雨的总动能，MJ/hm²；

$r=1，2，\cdots，n$——一次降雨过程按断点雨强分为 n 个时段；

P_r——第 r 时段雨量，mm；

e_r——每一时段的单位降雨动能，MJ·mm/(hm²·h)；

i_r——第 r 时段断点雨强，mm/h。

年降雨侵蚀力计算公式为

$$R_{年}=\sum R_{次} \tag{2-4}$$

式中　$R_{年}$——年降雨侵蚀力，MJ·mm/(hm²·h·a)。

整理后的降雨资料应主要包括二部分内容：日雨量表和降雨过程摘录表见表 2-1 和表 2-2。

表 2-1　　　　**日　雨　量　表**

<table>
<tr><td>日</td><td>1月</td><td>2月</td><td>3月</td><td>4月</td><td>5月</td><td>6月</td><td>7月</td><td>8月</td><td>9月</td><td>10月</td><td>11月</td><td>12月</td></tr>
<tr><td>1</td><td></td><td></td><td></td><td></td><td></td><td></td><td></td><td></td><td></td><td></td><td></td><td></td></tr>
<tr><td>2</td><td></td><td></td><td></td><td></td><td></td><td></td><td></td><td></td><td></td><td></td><td></td><td></td></tr>
<tr><td>⋮</td><td></td><td></td><td></td><td></td><td></td><td></td><td></td><td></td><td></td><td></td><td></td><td></td></tr>
<tr><td>31</td><td></td><td></td><td></td><td></td><td></td><td></td><td></td><td></td><td></td><td></td><td></td><td></td></tr>
<tr><td>降水量</td><td></td><td></td><td></td><td></td><td></td><td></td><td></td><td></td><td></td><td></td><td></td><td></td></tr>
<tr><td>降水日数</td><td></td><td></td><td></td><td></td><td></td><td></td><td></td><td></td><td></td><td></td><td></td><td></td></tr>
<tr><td>最大日量</td><td></td><td></td><td></td><td></td><td></td><td></td><td></td><td></td><td></td><td></td><td></td><td></td></tr>
<tr><td rowspan="3">年统计</td><td>降水量</td><td></td><td>日数</td><td></td><td>最大日降水量</td><td></td><td>日期</td><td></td><td>最大月降水量</td><td></td><td>月份</td><td></td></tr>
<tr><td>最大次雨量</td><td></td><td>历时</td><td></td><td>最大 I_{30}</td><td></td><td>日期</td><td></td><td>最大降雨侵蚀力</td><td></td><td>日期</td><td></td></tr>
<tr><td>初雪日期</td><td colspan="3"></td><td>终雪日期</td><td colspan="7"></td></tr>
<tr><td>备注</td><td colspan="12">降水量/mm，历时/min，I_{30}/(mm/h)，最大降雨侵蚀力［MJ·mm/(ha·h)］</td></tr>
</table>

表 2-2　　　　降雨过程摘录表

降水次序	月	日	时	分	累积雨量/mm	累积历时/min	时段降雨			I_{30}/(mm/h)	降雨侵蚀力/[MJ·mm/(ha·h)]	降水次序	月	日	时	分	累积雨量/mm	累积历时/min	时段降雨			I_{30}/(mm/h)	降雨侵蚀力/[MJ·mm/(ha·h)]
							雨量/mm	历时/min	雨强/(mm/h)										雨量/mm	历时/min	雨强/(mm/h)		

2.1.3.2 径流与泥沙

径流小区的基本情况、处理方式、观测期人工管理或其他因素等造成的扰动等都会影响小区的径流量和土壤流失量，进而影响观测的数据质量，以及能否实现径流小区的监测目的。因此，径流小区基本信息和管理方式等是监测的重要指标之一，主要包括：小区的宽度、水平投影坡长、面积等规格信息；坡度、坡向、坡位等地形信息；分流级别、分水箱形状与规格、各级分水箱分流孔的形状、分布、数量、集流桶形状与规格等集流设备信息；土壤类型、土层厚度等土壤信息；土地利用类型和水土保持措施类型等人工管理信息。不同水土保持措施对土壤侵蚀的影响不同，应详细记录措施类型与规格。由于不同土地利用的管理方式差别很大，应针对不同土地利用记录相应的管理方式，主要包括三种类型：①农地，包括整地、作物种类、播种时间、播种方式和密度、施肥数量与时间、中耕方式及时间、收获日期和产量等。整地、播种或中耕等应注明是人工或机械，人工应说明土壤扰动深度，机械应说明种类和整地规格。②林地，包括树种、造林方法、密度或株距行距、树龄、平均胸径、平均树冠直径、郁闭度、林下植被类型和优势种类及盖度、林下植被平均高度等。③灌草地，包括优势种类、平均盖度和平均高度。如果是人工牧草，应有播种日期和方法、收割时间、生物量和牧草产流等。

观测期内如果需要对径流小区进行田间管理，必须按日期记录每次的管理，包括：实施管理的日期、对径流小区实施田间管理的具体操作、使用的工具、该管理对土壤扰动的深度等。如果出现某些影响径流和土壤流失量的其他事件，应进行备注。

径流与泥沙是用人工或自动方法观测径流量和含沙量，然后计算该小区一次降雨形成的径流量和土壤流失量。无论是人工或自动观测，都要保证数据精度。人工观测影响数据精度的主要因素是集流设备收集的径流泥沙，以及为测定含沙量采集的样品是否能代表小区产生的径流泥沙。自动观测影响数据精度的主要因素是设计原理是否符合小区径流泥沙特征。泥沙自动观测的基本原理主要有重量方法和光电方法。体积测量准确与否直接影响重量方法的测量精度。光电方法测定低含沙量精度很高，但含沙量过高会使测量精度降低。介于人工方法和自动方法之间的是半自动监测，即：自动监测径流量，自动采集径流样品，然后用传统烘干方式测定含沙量。

根据径流和泥沙集流设备及人工和自动化程度，可将小区径流与泥沙观测分为三类：传统分水箱和集流桶的人工观测；自动观测径流量和自动采集泥沙样品的半自动观测；自动观测径流量和含沙量的全自动观测。

（1）人工观测。目前径流小区最主要的观测方法是采用分水箱和集流桶进行人工观测。每次产流后，人工观测水深，计算径流量；采集样品，烘干后测定含沙量；再根据径流量计算土壤流失量。要保证观测过程严格按规范正确操作，准确记录和录入数据。

每次产流后，马上观测集流设备中的水位，并采集径流样品，记录在表2-3中。需要注意的是：①一次降雨产流，无论取样几次，都按一次产流合并计算。如两次降雨间隔很短，中间未来得及观测，则视为一次产流，对应的二次降雨合并为一次降雨处理，但摘录降雨过程时，应记录中间间歇起止时间，时段降雨量为0。再如，摘录降雨过程时，按间歇6h划分次降雨事件。如果降雨停歇间隔小于（含）6h，但停歇前后的两次降雨均有产流且都进行了观测，依然将停歇前后的降雨视为二次降雨事件。②如果雨强过大，产流量超过集流设备设计标准，导致溢流，应在记录表备注说明。

表2-3　　　　径流泥沙人工观测与采样记录表

观测日期：　年　月　日　时　　　降水起止时间：　　观测人：　　审核人：　　第　页，共　页

小区号	一级分水箱							二级分水箱							集流桶							备注
	水深/cm			采样瓶号	采样体积/mL	泥沙盒号	盒+土重/g	水深/cm			采样瓶号	采样体积/mL	泥沙盒号	盒+土重/g	水深/cm			采样瓶号	采样体积/mL	泥沙盒号	盒+土重/g	
	1	2	3					1	2	3					1	2	3					

观测之前，首先要检查径流小区的汇流槽和集流设备是否有异常；若有异常，需记录在小区径流泥沙观测表的备注栏，尤其注意是否有溢流现象。然后测量集流设备中的水深。如果分水箱是上部分流，所有分水箱和集流桶都要测量水深。每个分水箱和集流桶要在不同位置测量水深3次。测量时，要确保将测量尺垂直放至桶底。水深测量完成后开始采集泥沙样，每个分水箱和集流桶各取2～3个重复样，放入500～1000mL的广口瓶，瓶上标注编号。采样方法分为搅拌舀水取样、全剖面采样器取样和分层取样。为了确保采集的泥沙样品与分水箱或集流桶收集的径流含沙量一致，在不同情况下应采用不同的方法。

搅拌舀水取样是采用搅拌工具人工搅拌分水箱或集流桶中的浑水，使水和泥沙充分混合达到全部浑水含沙量均匀时，用勺子取部分浑水样，并将一次舀出的样品全部装入取样瓶中，记录采样瓶号。在实际中，经常会出现以下情况，难以实现样品充分混合均匀：一是产流量大不易搅拌；二是泥沙沙量太高不易搅拌；三是粗泥沙或砾石含量多，沉降速度很快，搅拌无用。这3种情况下的搅拌取样无法反映径流含沙量，致使含沙量严重低估。当产流量少时，一般集流设备收集的径流水深不超过30cm，且含沙量不是很大，砾石含量不多，容易搅拌均匀且不会很快沉降时，采用该方法。

全剖面采样器取样是用全剖面采样器，如图2-2所示。采集分水箱或集流桶内从上到下的全剖面浑水柱。使用采样器应注意的事项是：采样前先搅拌桶内浑水，使之均匀沉降。如果泥沙较多导致底部有很厚的淤泥不易搅拌，可直接将淤泥表面刮平。使用全剖面

采样器时，先微倾斜插入桶内，使采样器底盘沿桶底缓慢移动，像铲子一样插入淤泥底下，不勾起成堆泥沙，也不能将泥沙压在采样器底盘下面，然后将采样器竖直至于桶底，并整体摆动几下采样器，摆幅10cm左右，确保采样器底盘附近泥沙平整均匀；将采样管推至底盘并轻轻旋转几下，除去采样管壁底部和底盘之间的砂粒，避免提起时漏水。提起采样器至水面处摆动几下，确保采样管底盘外部无泥沙。将采样管移至取样桶底部，以免泥沙溅出，拔下管塞，使管内泥沙样品全部注入取样桶，摆动采样器确保底盘没有泥沙。连续采集2～3次放入取样桶内。在取样桶内搅拌确保均匀，然后用勺子二次取样3瓶。大多数情况下，尤其是粗泥沙或砾石含量多、桶内水深大时建议使用该方法。

分层取样是在桶内泥沙过多难以直接采浑水样时，将上层清水虹吸掉，分层直接采集淤积的泥沙样。采样之前先尽量将泥沙搅拌均匀，使底层粗沙与上层细沙充分混合，呈泥浆状；然后测量泥沙厚度；再用环刀分层取泥沙样，每层一般采集3个重复样。测定环刀内单位体积含沙量。

图2-2　全剖面采样器示意图

样品采集完成后，将收集的径流排除干净，并清洗集流设备。注意事项包括：放水前，先从分水箱或集流桶内取出一桶水备用，用于冲洗桶；然后打开分水箱或集流桶底阀，边搅动边放出浑水；浑水排放后用清水将集流设备冲洗干净，拧紧底阀；一切就绪后，再在阀门处倒些水，观察是否有漏水情况；确保无漏水后，盖好桶盖。

径流小区取样完毕后，应立即回室内测定含沙量。多采用烘干法测定，也可采用过滤法和置换法。由于径流小区产生的径流泥沙样在很多情形下没有充分分离成单粒等，如果采用过滤法或置换法，需要用烘干法校正。采用烘干法测定含沙量时，首先应对样品进行沉淀或过滤。如果是沉淀，应将取样瓶中的泥沙样倒入烘干盒，然后静置烘干盒直至泥沙沉淀至底部，上部为清水。倒出清水用滤纸过滤后烘干称重，或直接倒掉清水不再测定其含沙量，因为清水含沙量很小，倒掉不会影响观测精度。注意：将取样瓶样品倒入烘干盒时，可加清水冲洗。务必确保泥沙全部倒入，不得留下任何残渣，否则会影响含沙量测量精度。如果自然沉淀时间过长，且不测水质，可滴明矾溶液1～2滴，加速沉淀。将烘干盒放入烘箱，在105℃下烘干至恒重，一般8～12h即可达到恒重。关闭烘箱电源或冷却30min后，再取出样品用电子天平（精度0.01g以上）依次称重。处理完毕后，应及时清洗干净取样瓶和烘干盒等，妥善保存待下次采样称重。建议记录水位、样品体积、重量和含沙量等单位时，分别采用厘米（cm）、毫升（mL）、克（g）、克/毫升（g/mL）。因为样品量少，采用这些单位可保证记录数字能显示个位和十位整数，便于记录和理解，小数位建议保留2位，以便计算结果保留1位小数。

（2）半自动与全自动观测。半自动观测是为了测定含沙量。首先自动采集少量泥沙样品，然后人工测定样品含沙量，计算土壤流失量。径流量可实现全自动观测，主要设备有翻斗流量计、测流槽配备自动水位测量仪器。翻斗流量计是通过传输和记录翻斗信号，利用翻斗次数和体积计算径流量。测流槽配备自动水位测量仪器是利用光电原理测定流经测流槽的水位后，利用测流槽水位-流量关系计算径流量。

目前，比较成熟的小区径流和泥沙半自动观测设备是 H-测流槽与分流采样器组合（图 2-3），即：在H-测流槽上方安装自动水位监测仪，实现径流全自动观测，流经 H-测流槽的径流驱动轮式采样器转动，在产流过程中持续采集少量样品，不仅使采集样品具有代表性和均匀性，而且量少便于烘干处理。根据测流范围，可将 H-测流槽分为小型（HS）、中型（H）和大型（HL）。小型测量范围为 0.004～0.022m^3/s，适合典型小区径流自动观测如图 2-3（a）所示，中型和大型适用于小流域径流自动观测。目前应用较多的分流采样器有形如车轮、水平放置的 Coshocton 采样轮如图 2-3（b）所示，上面有若干弧形轮片，水流冲击轮片驱动采样轮旋转。其中一个轮片设有样品收集口，每当采样轮旋转使收集口转到流出的径流位置时，便可采集径流样。Coshocton 采样轮有不同规格，采集量约占总径流量的 1%、0.5%和 0.33%等。如果样品量不多，可将采集的样品全部烘干测定。如果采集的样品量较大，可搅拌均匀后再采样烘干测定。还有一种分流采样器是形如风车、垂直放置的 bnu 采样轮如图 2-4（a）所示，原理与 Coshocton 采样轮相似，由径流驱动采样轮转动，由于垂直放置，大大节省了仪器放置空间。如图 2-4（b）所示，德国生产的 UGT 采样器则是通过设置采样间隔的计算机控制程序，驱动导流管轮流将流经其的径流注入采样瓶。由于径流小区的产流量及持续时间变

（a）小型 H-测流槽

（b）Coshocton 采样轮

图 2-3　小型 H-测流槽与 Coshocton 采样轮

（a）bnu 轮式采样器

（b）德国 UGT 采样器

图 2-4　bnu 轮式采样器与德国 UGT 采样器

化很大，采样间隔的人为设定会带来很大的风险，如果间隔设定过小，采样瓶很快注满，漏采余下产流过程的水样；如果间隔设定太大，持续时间短的产流采样数量就会太小甚至漏采。

全自动观测是指小区径流和含沙量全部实现自动观测，直接输出小区径流量和土壤流失量。径流量自动观测与前述相同，关键是实现含沙量的全自动观测。目前的浊度仪和 γ 射线法仪如图 2-5（a）所示，均采用光电原理测定含沙量。河北省和吉林省水土保持监测机构研发了基于称重原理的自动含沙量监测仪如图 2-5（b）所示，有望通过试验进行精度率定后推广应用。

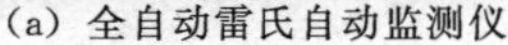
（a）全自动雷氏自动监测仪

（b）河北省自动监测仪

图 2-5　全自动雷氏自动监测仪与河北省自动监测仪

（3）径流量和土壤流失量计算。径流量计算原理为：先根据测量的水位和分流箱及集流桶（池）形状和面积计算体积，再根据分流级别和分水箱分流孔数计算小区总径流量，最后根据径流小区面积折成径流深。以二级分流为例，计算公式为

$$\text{小区总径流量}(\mathrm{m^3})=\text{一级分水箱径流量}(\mathrm{m^3})+\text{二级分水箱径流量}(\mathrm{m^3})\times\text{一级分流孔数}+\text{集流桶径流量}(\mathrm{m^3})\times\text{一级分流孔数}\times\text{二级分流孔数} \tag{2-5}$$

$$\text{分水箱或集流桶内径流量}(\mathrm{m^3})=\frac{3\text{个水深平均值}(\mathrm{cm})\times\text{对应箱或桶底面积}(\mathrm{cm^2})}{1000000} \tag{2-6}$$

$$\text{小区径流深}(\mathrm{mm})=\frac{\text{总径流量}(\mathrm{m^3})}{\text{径流小区面积}(\mathrm{m^2})}\times 1000 \tag{2-7}$$

式中　1000000，1000——单位转换系数，分流箱或集流桶（池）底面积、各级分流箱的分流孔数、径流小区面积等参数可查阅小区基本信息。

土壤流失量计算原理为：先计算分流箱和集流桶（池）样品的平均含沙量，再用分流箱和集流桶（池）的平均含沙量乘以对应箱或桶的径流量，然后根据分流级别和分水箱分流孔数计算小区泥沙总量，最后根据径流小区面积折成土壤流失量。以二级分流为例，计算公式为

$$
\begin{aligned}
\text{小区泥沙总量(kg)} = & \text{一级分水箱径流量(m}^3\text{)} \times \text{一级分水箱平均含沙量(g/L)} \\
& + \text{二级分水箱径流量(m}^3\text{)} \times \text{二级分水箱平均含沙量(g/L)} \\
& \times \text{一级分流孔数} + \text{集流桶径流量(m}^3\text{)} \times \text{含沙量(g/L)} \\
& \times \text{一级分流孔数} \times \text{二级分流孔数}
\end{aligned} \tag{2-8}
$$

$$
\text{小区土壤流失量(t/hm}^2\text{)} = \frac{\dfrac{\text{泥沙总量(kg)}}{1000}}{\dfrac{\text{径流小区面积(m}^2\text{)}}{10000}} \tag{2-9}
$$

式中　1000，10000——单位转换系数，各级分流箱的分流孔数、径流小区面积等参数可查阅小区基本信息。

各级分流箱或集流桶的平均含沙量是对应 3 个样品含沙量的算术平均值，计算公式为

$$
\text{分流箱或集流桶平均含沙量(g/L)} = \frac{\sum_{k=1}^{3}\left(\dfrac{\text{k 采样瓶烘干泥沙总量(g)}}{\text{k 采样瓶体积(L)}}\right)_k}{3} \tag{2-10}
$$

如果分流箱或集流桶（池）没有加盖，降雨会影响总径流量，计算时应从上述计算的小区总径流量中扣除本次降雨量，具体计算方法为

如果只有一级分水箱收集到径流：

$$
\text{小区实际径流量(m}^3\text{)} = \text{小区总径流量(m}^3\text{)} - \frac{\text{本次雨量(mm)}}{1000} \times \text{一级分水箱底面积(m}^2\text{)} \tag{2-11}
$$

如果一、二级分水箱收集到径流：

$$
\begin{aligned}
\text{小区实际径流量(m}^3\text{)} = & \text{小区总径流量(m}^3\text{)} - \frac{\text{本次雨量(mm)}}{1000} \times \text{一级分水箱底面积(m}^2\text{)} \\
& - \frac{\text{本次雨量(mm)}}{1000} \times \text{二级分水箱底面积(m}^2\text{)}
\end{aligned} \tag{2-12}
$$

如果一、二级分水箱和集流桶都收集到径流：

$$
\begin{aligned}
\text{小区实际径流量(m}^3\text{)} = & \text{小区总径流量(m}^3\text{)} - \frac{\text{本次雨量(mm)}}{1000} \times \text{一级分水箱底面积(m}^2\text{)} \\
& - \frac{\text{本次雨量(mm)}}{1000} \times \text{二级分水箱底面积(m}^2\text{)} - \frac{\text{本次雨量(mm)}}{1000} \\
& \times \text{集流桶底面积(m}^2\text{)}
\end{aligned} \tag{2-13}
$$

对于人工观测来说，将上述公式所列各项按表 2-4 分别计算，不仅大大简化计算过程，而且便于检查计算是否有误。

表 2-4　　径流小区径流与土壤流失量计算表

观测日期：　　计算人：　　审核人：　　第　页，共　页

小区号	1级分水箱							2级分水箱							集流桶						总径流量/m³	小区面积/m²	径流深/mm	泥沙总量/kg	土壤流失量/(t/hm²)
	平均水深/cm	盒重/g	烘干泥沙重/g	含沙量/(g/L)	平均含沙量/(g/L)	径流量/m³	孔数	平均水深/cm	盒重/g	烘干泥沙重/g	含沙量/(g/L)	平均含沙量/(g/L)	径流量/m³	孔数	平均水深/cm	盒重/g	烘干泥沙重/g	含沙量/(g/L)	平均含沙量/(g/L)	径流量/m³					

2.1.3.3　植被郁闭度或盖度

植被郁闭度或盖度主要针对农地、林地和灌草地的径流小区。其中，盖度分为灌草绿色植被盖度以及枯枝落叶或砾石覆盖等影响土壤流失量的地面盖度。有林地（郁闭度>0.2）、其他林地（郁闭度介于0.1～0.2）和乔木果园都应观测郁闭度、绿色盖度和地表盖度。农地、灌草地和非乔木园地应观测绿色盖度和地表盖度。对观测期郁闭度或盖度发生变化的小区，观测结果有助于分析覆盖对产流产沙的影响；对观测期要求小区郁闭度或盖度保持不变时，观测结果有助于分析是否确保郁闭度或盖度不变，以实现监测目标。郁闭度或盖度一般每月观测2次即可，径流小区发生产流后应加测一次。如连续降雨，应在雨停后观测。

郁闭度或盖度观测有照相法、目估法和样线针刺法3种。建议优先选用照相法，如果采用目估法，需要不定期用样线针刺法进行校正。

照相法采用人工或自动照相，分别垂直向地面（植被盖度）或天空（郁闭度）方向拍照，然后通过专门的图像处理软件获得植被郁闭度或盖度。

目估法依靠人的经验目视判定郁闭度、植被盖度和地面盖度。一般选择3个点目估，如果小区植被差异较大，可选择多点，取平均值。

样线针刺法主要用于观测盖度，在小区内选择一条样线，每隔一定间距用探针垂直向下刺，针与草或地面覆盖物相接触即有盖度，不接触则算无盖度。有盖度点数占总点数的比值即为盖度。样线多为小区对角线或小区内一条斜线，根据小区规格将总点数控制在20～50个，根据总点数和样线长度确定采样间距，实施针刺进行测量。应隔一段时间采用该方法测量结果校正目估法。

2.1.3.4　土壤水分

土壤水分主要针对裸地、农地小区、采取水土保持措施及相应的对比小区。观测结果有助于分析土壤前期含水量对土壤可蚀性、小区产流产沙和水土保持措施保水效益分析。土壤水分一般每个月观测2次，如果发生产流应在雨后加测一次。如连续降雨，则雨停后观测。

为了不破坏小区，应尽量安装自动土壤水分监测仪器，或便携式土壤水分速测仪器，

如时域反射仪（TDR，Time Domain Reflectometry）、频域反射仪（FDR，Frequency Domain Reflectometry）和等速测仪器。每个小区选 1 个代表点，并在该点附近测量 3 个重复值。采用土壤水分速测仪时，应在使用前采用传统的烘干法对仪器进行率定。如果无速测仪器，采用打钻取土烘干法。此时，应减少观测频次，且在小区保护带打钻，取 0～20cm混合样。采样后的土孔应用小区外与保护带相同深度的土壤填实。

TDR 或 FDR 等速测法测定的是土壤体积含水量，需要测量土壤容重将其转换为重量含水量。具体公式为

$$\text{土壤重量含水量}(\%)=\text{土壤体积含水量}(\%)\times\text{土壤干容重}(g/cm^3) \tag{2-14}$$

式中，土壤体积含水量是用速测仪器测定的土壤水分 3 个读数的算术平均值。土壤干容重或土壤密度是被测土壤的干容重或密度，径流小区启用之前不再扰动之后，用环刀在 10cm 深度采 3 个重复样，烘干法测定干土重后计算得到。如果径流小区土壤变化不大，就不必再次测定；如果径流小区因不断侵蚀导致土壤特性发生改变，需在观测季开始时测定一次。

如果采用烘干法，利用下式直接计算土壤重量含水量：

$$\text{土壤重量含水量}(\%)=\frac{(\text{铝盒}+\text{湿土重})-(\text{铝盒}+\text{干土重})}{(\text{铝盒}+\text{干土重})-\text{铝盒重}}\times100\% \tag{2-15}$$

2.1.3.5　作物测产

作物测产主要针对农地小区，观测结果有助于分析不同控制因素对农地小区产量的影响。通过有无水土保持措施农地产量对比，可作为分析水土保持措施效益的指标之一。当小区 90%以上作物进入成熟期，即可确定测产日期。如果小区水平投影坡长大于 20m，分别在上、中、坡均匀选择 3 个点分别确定测产样方；如果小区水平投影坡长介于 10～20m，以小区中线为界，距离其上、下 5m 处各选择 1 个点分别确定测产样方；如果小区水平投影坡长小于 10m，在坡中选择一个点确定测产样方。测产样方根据不同作物类型选定规格，如行播作物取 2～3 行，每行取 2～3m 或按每行采集株数测量长度，每行长度要保持一致。样方面积一般 1～4m²，视作物种类而定，密植作物采样范围小，撒播作物可直接取一定面积样方。所取样方边界应距离小区边墙 0.5～1m 以上，防止作物生长的边界效应。采集样方内所有植株，先称鲜重，然后将样本置于晾晒场自然风干，也可用烘箱烘干。烘箱烘干的方法一般为：先在 105℃时烘 1～2h，然后调至 80℃烘干至恒重，一般需要 24h。烘干后，应进行秸秆和籽粒分离，称量籽粒干重。最后计算作物产量和收获指数。具体计算方法如下：小区作物平均经济产量是各测点籽粒干重除以样方面积后的算术平均值；小区作物平均秸秆产量是各测点样本干重减去籽粒干重后、再除以样方面积的算术平均值；小区作物收获指数是平均粮食产量除以平均秸秆产量。

2.1.3.6　径流泥沙污染物测定

径流泥沙污染物是指土壤中各类物质因侵蚀而溶解在径流中或被侵蚀泥沙所吸附，最终进入河流、湖泊、水库等，导致水体污染，主要分为营养物质、重金属和农药三大类。营养物质主要包括有机质（OM）、总氮（TN）、硝态氮（$NO_3^- - N$）、氨态氮（$NH_4^+ - N$）、总磷（TP）、可溶性磷（P）和化学需氧量（COD）。氮、磷等营养物质含量过高可造成水体中藻类等浮游植物过度繁殖，大量消耗水中溶解氧，威胁水生动物的生存，并使水质

恶化。重金属主要包括总铁（Fe）、总锰（Mn）、总铅（Pb）、总铬（Cr）、总镉（Cd）、总汞（Hg）、总砷（As）等。农药是指施用于农作物的各种农药，如乐果、除虫菊酯、有机磷、阿特拉津等。大多数重金属元素和农药具有生物毒性作用，且不易被降解为无害物质；存在于大气、土壤或水体中的重金属和农药还可通过吸附、迁移和释放进入食物链，危害人体健康。而铁、锰等元素则会促进藻类对氮和磷的吸收，可加快水体富营养化进程。因此，径流泥沙污染物测定目的主要包括两个方面：一是测定某种化肥、农药施用水平下的径流泥沙污染物浓度及泥沙污染物富集率；二是比较不同化肥、农药施用种类或施用水平下的径流泥沙污染物浓度及泥沙污染物富集率差异，分析化肥农药施用影响。后者需要布设进行比较的径流小区，且确保径流小区除拟比较内容不同外，其他条件一致。

径流中的污染物分别来自大气降水和土壤，泥沙污染物来自土壤。土壤中的这些元素既有本身产生过程中所携带的，又有诸如施用化肥、喷洒农药、灌溉、填土等人类活动添加的。径流泥沙污染物监测主要是监测因人类活动导致的污染物，需要将来自大气降水或非人类活动的部分扣除。因此，径流泥沙污染物测定对象包括大气降水污染物、径流小区土壤污染物、集流设备收集的径流泥沙污染物等 3 个方面。测定指标是各类污染物浓度，即单位体积对象所含的污染物质量。小区径流中的污染物既来自土壤，又来自大气降水。为了反映施用化肥农药的影响，应将径流污染物浓度减去大气降水污染物浓度。侵蚀下来的泥沙污染物同时包括了来自大气降水、土壤和施用化肥农药的。与土壤相比，来自大气降水的部分很小，予以忽略。与污染物在大气降水和小区径流浓度均一不同，污染物在不同粒径的土壤颗粒的含量可能存在显著差异；而侵蚀产生的泥沙粒径级配与土壤中亦可能存在显著差异，因此，坡面土壤颗粒和侵蚀泥沙中污染物浓度有一定的差异。为了反映土壤和侵蚀泥沙中粒径级配差异对污染物整体浓度的影响，除观测泥沙污染物浓度外，还要测定泥沙污染物富集率，是侵蚀泥沙污染物浓度与坡面表层土壤污染物浓度的比值。如果需反映施用化肥农药对泥沙污染物浓度的影响，则需采用施用化肥农药和不施用化肥农药、其他条件一致的径流小区对比。

综上所述，径流泥沙污染物测定需要分别采集大气降水、径流小区土壤和产流后径流泥沙样品，根据当地施用化肥、农药或其他污染物特点，选择拟监测的污染物类型，按相应的方法测定污染物浓度见表 2-5，计算泥沙富集率。

表 2-5　　样品采集测定法

样品种类	测定项目	规范建议的测定方法	采集样品数量
大气降雨样品、地表径流样品	总氮（TN）	碱性过硫酸钾消解紫外分光光度法	50mL
	硝态氮（NO_3^--N）	紫外分光光度法	50mL
	氨态氮（NH_4^+-N）	水杨酸—次氯酸盐光度法	50mL
	总磷（TP）、可溶磷性（P）	钼酸铵分光光度法	100mL
	化学需氧量（COD）	重铬酸钾法	100mL
	总铁（Fe）	邻菲啰啉分光光度法	100mL
	总锰（Mn）、总铅（Pb）、总铬（Cr）、总镉（Cd）、总砷（As）	电感耦合等离子发射光谱法	100mL

续表

样品种类	测定项目	规范建议的测定方法	采集样品数量
大气降雨样品、地表径流样品	总汞（Hg）	冷原子吸收法	50mL
	农药	气相色谱法或液相色谱法	500mL
泥沙样品土壤样品	有机质（OM）	重铬酸钾氧化—外加热法	5g（土壤样品 30g）
	全氮（TN）	半微量开氏法	5g（土壤样品 30g）
	全磷（TP）	氢氟酸—硝酸—高氯酸消解—钼酸铵分光光度法	5g（土壤样品 30g）
	碱解氮（A-N）	碱解扩散法	5g（土壤样品 30g）
	有效磷（A-P）	碳酸氢钠浸提—钼酸铵分光光度法	5g（土壤样品 30g）
	总铁（Fe）、总锰（Mn）	氢氟酸—硝酸—高氯酸消煮—原子吸收分光光度法	10g（土壤样品 50g）
	总铅（Pb）、总镉（Cd）	石墨炉原子吸收分光光度法	10g（土壤样品 50g）
	总汞（Hg）、总砷（As）	原子荧光光谱法	10g（土壤样品 50g）
	总铬（Cr）	火焰原子吸收分光光度法	10g（土壤样品 50g）

（1）样品采集与分析。大气降雨样品用雨量器采集。如某次降雨导致径流小区产流，应将本次降雨收入采样瓶，送回实验室测定。降雨收集的数量应根据表 2-5 测定项目数量要求结合拟测定项目估算。

径流小区土壤样品分别在雨季开始之前和雨季结束之后采集，分别在小区坡上、坡中、坡下用采样铲各采集 1 个土样，采样深度为 0～20cm。

径流泥沙样品通过人工或半自动监测方法采集，不能用全自动监测方法。同时需要注意以下问题：①根据表 2-5 测定项目数量要求，确定合适的采样数量。如果二级分水箱或集流桶中泥沙含量很低，则在一级分水箱中增加采样数量。②采集径流泥沙样品时，需在分水箱和集流桶中分别采样，采样数量相同。③样品经静置沉淀后，用中速定量滤纸过滤，用得到的上清液分析径流污染物。若未能及时分析，应置于冰柜冷冻保存，不得超过 10 天。④所有样品全部烘干，用烘干后的泥沙样分析污染物。

（2）污染物浓度和泥沙富集率计算。污染物浓度包括一次降雨及其产流的污染物浓度，以及监测期的平均污染物浓度。

1）降雨污染物浓度。一次降雨污染物浓度为采集的大气降水样品中污染物浓度（g/m^3）。监测期内大气降雨污染物平均浓度由下式计算

$$\frac{\sum_{k=1}^{m} \text{第 } k \text{ 次产流降雨的降雨量(mm)} \times \text{该次降雨中某种污染物浓度}(g/m^3)}{\text{监测期内 } m \text{ 次产流降雨量之和(mm)}} \tag{2-16}$$

2）小区径流污染物浓度。计算公式如下

一次产流过程小区径流中污染物浓度
=[一级分水箱径流量(m^3)×一级分水箱径流中污染物浓度(g/m^3)
+二级分水箱径流量(m^3)×一级分流孔数×二级分水箱径流中污染物浓度(g/m^3)
+集流桶径流量(m^3)×一级分流孔数×二级分流孔数
×集流桶径流中污染物浓度(g/m^3)]/小区径流总量(m^3)　　(2-17)

监测期内小区径流中污染物平均浓度由下式计算

$$\frac{\sum_{k=1}^{m} \text{第 } k \text{ 次产流的径流量}(m^3) \times \text{该次径流中某种污染物浓度}(g/m^3)}{\text{监测期内 } m \text{ 次径流量之和}(m^3)} \tag{2-18}$$

3）小区泥沙污染物浓度。

一次产流过程小区泥沙中污染物浓度
=[一级分水箱径流量(m^3)×一级分水箱平均含沙量(kg/m^3)
×一级分水箱中泥沙污染物浓度(mg/kg)+二级分水箱径流量(m^3)
×一级分流孔数×二级分水箱平均含沙量(kg/m^3)
×二级分水箱中泥沙污染物浓度(mg/kg)+集流桶径流量(m^3)
×一级分流孔数×二级分流孔数×集流桶平均含沙量(kg/m^3)
×集流桶中泥沙污染物浓度(mg/kg)]/小区泥沙总量(kg)　　(2-19)

监测期内小区泥沙中污染物平均浓度由下式计算

$$\frac{\sum_{k=1}^{m} \text{第 } k \text{ 次产流的泥沙量}(kg) \times \text{该次小区泥沙中某种污染物浓度}(mg/kg)}{\text{监测期内 } m \text{ 次小区泥沙总量}(kg)} \tag{2-20}$$

4）泥沙富集率。

$$\text{一次产流过程泥沙富集率} = \frac{\text{某种污染物在泥沙样品中的浓度}}{\text{该污染物在监测期开始前采集的土壤样品中浓度}}$$

监测期内小区泥沙富集率平均值由下式计算

$$\frac{\sum_{k=1}^{m} \text{第 } k \text{ 次产流的泥沙量}(kg) \times \text{该次产流过程泥沙富集率}}{\text{监测期内 } m \text{ 次小区泥沙总量}(kg)} \tag{2-21}$$

5）土壤样品污染物浓度。某一小区土壤样品中某种污染物浓度为坡上、坡中、坡下3个样品中污染物浓度的平均值。

2.1.3.7 径流小区观测资料整编

径流小区的观测资料是围绕每次降雨及其产流事件，分不同小区观测的各个指标项数据。为便于数据分析和应用，观测资料不仅包括每次降雨及其产流、产沙数据，还应提供背景资料，如小区布设情况、资料说明等，以便将每次降雨、产流、产沙与其他侵蚀影响因素联系起来。按日期整理所有观测项目，最终汇总全年状况，这个过程就是资料整编。如果观测年限长，还应每5～10年进行资料的合并整编。

径流小区每年观测资料整编的主要内容如下：

(1) 各雨量观测点全年观测期逐日降水量表（见表2-1）。

(2) 各雨量站按日期排列的全年所有侵蚀性降雨的降雨过程摘录表（见表2-2）。

(3) 所有径流小区基本情况表。农地、林地和灌草地径流小区的基本信息有所不同（见表2-6～表2-8）。

表 2-6 农地径流小区基本情况表

小区号	试验目的	坡度/(°)	坡长/m	坡宽/m	面积/m²	坡向/(°)	坡位	土壤类型	土层厚度/cm	水保措施	整地方法	作物	播种方法	施肥纯量/(kg/hm²)	垄距/cm	株×行距/cm	密度/(株/hm²)	播种日期	中耕时间	收割日期	产量/(kg/hm²)		测流设备
																					粮食	秸秆	

表 2-7 林地径流小区基本情况表

小区号	试验目的	坡度/(°)	坡长/m	坡宽/m	面积/m²	坡向/(°)	坡位	土壤类型	土层厚度/cm	水保措施	树种	造林方法	株×行距/cm	林龄/年	平均树高/cm	平均胸径/cm	平均树冠直径/cm	郁闭度	林下植被类型	林下植被主要种类	盖度	林下植被平均高度/cm	测流设备

表 2-8 灌草地径流小区基本情况表

小区号	试验目的	坡度/(°)	坡长/m	坡宽/m	面积/m²	坡向/(°)	坡位	土壤类型	土层厚度/cm	灌草种类	播种日期	播种方法	收割时间	生物量/(kg/hm²)	牧草产量/(kg/hm²)	盖度/%	平均高度/cm	测流设备

（4）每个径流小区按时间排序的田间管理表（见表 2-9）。

（5）每个径流小区按时间排序的逐次径流泥沙表（见表 2-10）。

（6）每个径流小区的年径流泥沙表（见表 2-11）。

（7）每个径流小区按时间排序的土壤含水量和植被盖度（见表 2-12）。

表 2-9　田间管理表

小区号	试验目的	日期	田间操作	工具	土壤耕作深度/cm	备注	小区号	试验目的	日期	田间操作	工具	土壤耕作深度/cm	备注

表 2-10　逐次径流泥沙表

小区号	降雨起			降雨止		历时/min	雨量/mm	平均雨强/(mm/h)	I_{30}/(mm/h)	降雨侵蚀力/[MJ·mm/(ha·h)]	径流深/mm	径流系数	含沙量/(g/L)	土壤流失量/(t/hm²)	雨前土壤含水量/%	雨后土壤含水量/%	植被盖度/%	平均高度/m	备注
	月	日	时:分	日	时:分														

表 2-11　年径流泥沙表

小区号	坡度/(°)	坡长/m	坡宽/m	土地利用	水土保持措施	降水量/mm	降雨侵蚀力/[MJ·mm/(ha·h)]	径流深/mm	径流系数	土壤流失量/(t/hm²)	备注

表 2-12　土壤含水量和植被盖度表

小区号	测次	年	月	日	土壤深度/cm	土壤含水量/%	两测次间降水/mm	植被盖度/%	植被平均高度/m	备注	小区号	测次	年	月	日	土壤深度/cm	土壤含水量/%	两测次间降水/mm	植被盖度/%	植被平均高度/m	备注

2.1.4 常见问题

径流小区监测存在的主要问题包括以下几个方面。

（1）监测内容不全，缺少降雨过程资料、植被覆盖和土壤水分观测。降雨过程是计算降雨侵蚀力的基础资料，土壤侵蚀主要受降雨过程影响；如果只有降雨量资料，会大大影响土壤侵蚀观测资料的精度，影响土壤侵蚀过程的分析。植被覆盖和土壤水分直接影响径流与土壤流失量的大小。缺少这些观测，不仅无法分析径流泥沙产生的原因和规律，也给资料的使用带来不便，甚至误用。

（2）记录不规范或记录不全，无法进行不同地区、不同时段的监测数据对比，无法判断数据异常的原因。如某次降雨过程中径流小区边墙倒塌或集流设备漏水会导致观测值偏小，超过小区设计标准的降水会导致溢流、设备没有放置水平会导致分流不均等，这些观测过程中出现的问题需要详细如实记录，以便分析数据时参考；否则，错误判断和分析会得出错误结论。

（3）未及时处理和分析观测数据，导致未能及时发现和解决问题，使本可以立刻解决的问题拖至观测期结束后，甚者影响整个观测期的数据精度。及时处理和分析每次观测数据，不仅是为了尽快得出计算结果，更重要的是为了及时发现问题以便解决。

（4）径流小区设计和建设不规范，如图2-6所示。比较典型的有：径流小区保护带宽度不够，或保护带处理方式与小区内不一致，致使小区受外界影响。小区保护带宽度一般0.5～1m，且处理方法应与小区一致。如果保护带两侧是不同类型的小区，保护带应按其中的裸露或植被低矮径流小区的方式处理。布设的水土保持措施与当地大田采用的规格不一致，或典型小区已无法反映该措施的作用，或布设的措施高度超出小区挡墙。径流小区汇流槽面积过大，影响观测精度。或汇流槽底部没有从两侧向中间导水管倾斜的坡降，致使汇流槽每次产流会有泥沙淤积，或排水不畅，甚至形成回水，严重影响观测精度。

(a) 径流小区保护带为石板

(b) 径流小区汇流槽为水泥砌面

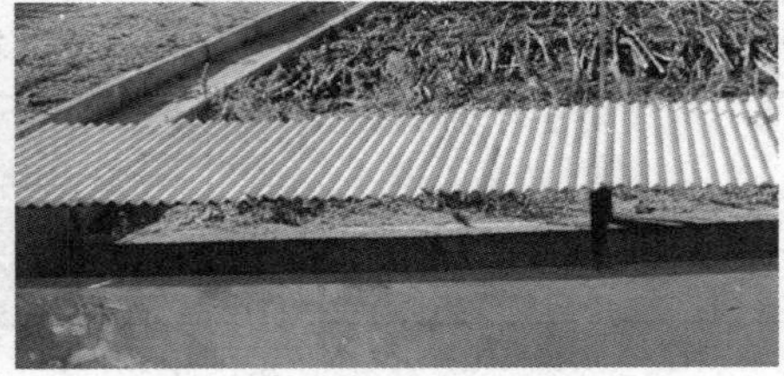

(c) 遮雨板太宽

(d) 小区内土埂高于小区挡墙

(e) 植物篱不应采用典型小区，且植物篱之间的田地宽度太窄，不符合大田规格

图2-6　径流小区建设中的一些问题

（5）径流小区管理不规范如图2-7所示。比较典型的有：标准小区未严格按要求管理，导致小区监测的土壤流失量很小，主要是除草或消除结皮不及时，导致植被覆盖超过5%或有大面积结皮；或由于侵蚀严重，导致土壤粗化现象十分突出，未重新布设；或没

有按当地大田作物耕作和管理方式操作。随着侵蚀的不断发生，小区下部堆积，改变了原始坡面的坡度，在汇流槽上部形成陡坡。

(a) 标准小区严重结皮，且植被覆盖度大于5%

(b) 小区内土壤表面情形(放大图片)

(c) 标准小区严重结皮且右侧小区植被冠层已被其影响

(d) 小区下部，形成局部陡坡

图 2-7　径流小区管理中的一些问题

2.2 小流域侵蚀监测

小流域土壤侵蚀监测目的包括以下几个方面：一是监测代表性流域的产流与产沙，了解小流域土壤侵蚀特征及其与产沙的关系。代表性往往是指当地广泛分布的典型地形、土壤和土地利用。二是监测实施和不实施水土保持措施流域的产流产沙，评价水土保持措施及其配置的效益。三是监测径流泥沙污染物特征，评价土壤侵蚀导致的面源污染。监测内容包括调查流域内土壤侵蚀影响因素，如土壤、地形、土地利用与水土保持措施等，在流域出口布设量水堰或测流槽观测产流产沙。前者是为了分析流域径流泥沙的形成原因、侵蚀泥沙沉积与输移特征及其对下游面源污染的影响等；后者是为了直接监测降雨及其形成的径流和产沙特征。

2.2.1 小流域水土流失调查

小流域水土流失调查是对流域内土壤侵蚀影响因素进行调查，主要包括地形、土壤、土地利用、植被与水土保持措施等。然后根据调查结果，结合坡面土壤侵蚀监测结果获得的模型参数，计算流域土壤流失量，为分析流域侵蚀与产沙关系、计算流域输移比、进行流域水土保持措施规划和效益评价等提供基础数据。调查的基本步骤包括室内资料准备、

野外调查、调查数据室内整理和土壤流失量计算等[6]。

2.2.1.1　室内资料准备

室内资料准备包括收集流域基础图件和准备野外调查底图两部分。基础图件包括：1∶10000 纸质或电子地形图、流域土壤图以及与调查期一致的高时空分辨率遥感影像、调查期土地利用图。地形图是为了计算流域内的坡度和坡长，如果是纸质地形图，需要数字化流域边界及其范围内的等高线。土壤图是为了获得流域内土壤类型分布状况，同时需要收集相应的土壤理化性质资料，应详细到土属。土壤理化性质包括土壤颗粒级组成（砂粒、粉粒和黏粒）、有机质和结构。如果收集的资料与调查期相比时间太久，可考虑采集土壤样本进行分析，每个土属在不同地貌类型应至少采集 3 个土壤剖面，每个剖面分淋溶层、淀积层和母质层各采集 3 个样品。高空间分辨率遥感影像与土地利用图用于制作野外调查底图。野外调查调查底图是指有流域边界、等高线以及道路、居民点等相关信息的野外工作底图，一般包括两种：一种是原始调查底图，如图 2-8（a）所示；另一种是将原始调查底图与遥感影像或土地利用进行套和，用于辅助野外调查，如图 2-8（b）所示。野外调查底图应包括以下要素：小流域名称、流域边界、等高线、比例尺、制图人、填图人、复核人及其日期等。如果收集到的地形图是纸质图件，需要用 GIS 软件对流域边界和等高线进行数字化。如果收集到的地形图已经数字化，直接进行流域边界的勾绘和数字化。

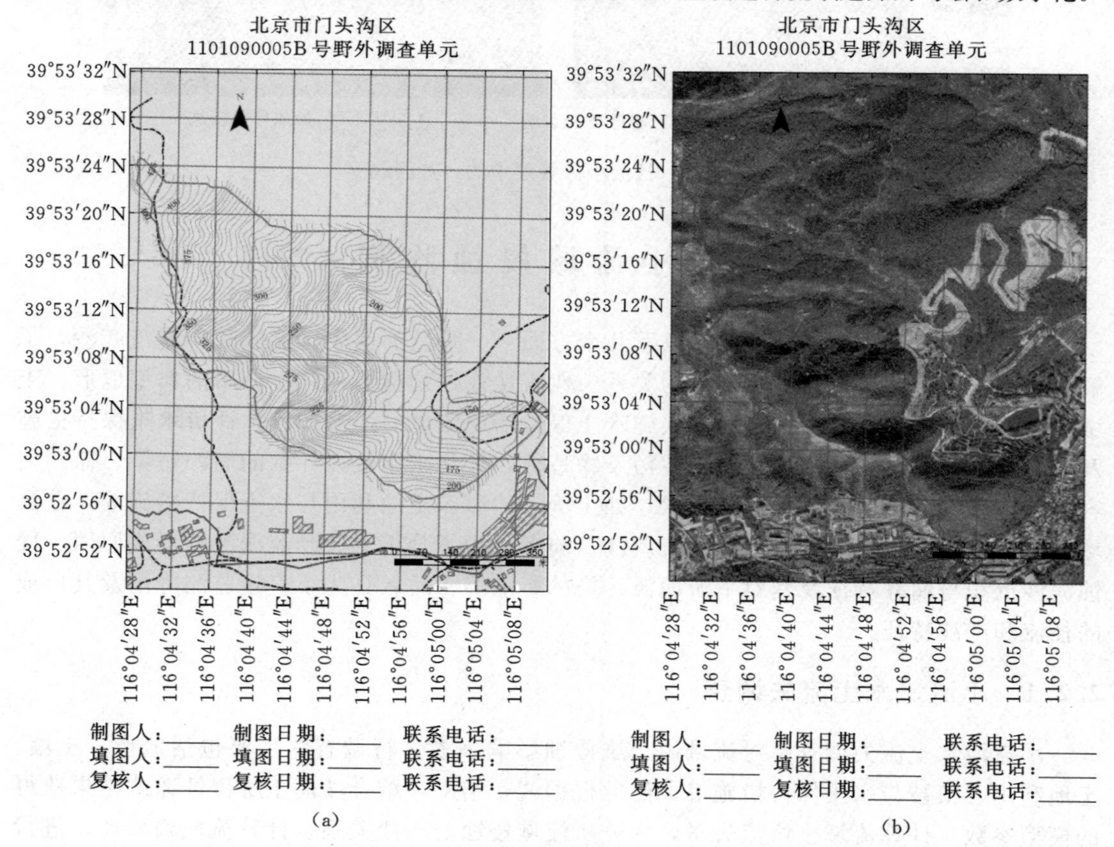

北京市门头沟区
1101090005B 号野外调查单元

39°53′32″N
39°53′28″N
39°53′24″N
39°53′20″N
39°53′16″N
39°53′12″N
39°53′08″N
39°53′04″N
39°53′00″N
39°52′56″N
39°52′52″N

116°04′28″E　116°04′32″E　116°04′36″E　116°04′40″E　116°04′44″E　116°04′48″E　116°04′52″E　116°04′56″E　116°05′00″E　116°05′04″E　116°05′08″E

制图人：＿＿＿　制图日期：＿＿＿　联系电话：＿＿＿
填图人：＿＿＿　填图日期：＿＿＿　联系电话：＿＿＿
复核人：＿＿＿　复核日期：＿＿＿　联系电话：＿＿＿

（a）

北京市门头沟区
1101090005B 号野外调查单元

39°53′32″N
39°53′28″N
39°53′24″N
39°53′20″N
39°53′16″N
39°53′12″N
39°53′08″N
39°53′04″N
39°53′00″N
39°52′56″N
39°52′52″N

116°04′28″E　116°04′32″E　116°04′36″E　116°04′40″E　116°04′44″E　116°04′48″E　116°04′52″E　116°04′56″E　116°05′00″E　116°05′04″E　116°05′08″E

制图人：＿＿＿　制图日期：＿＿＿　联系电话：＿＿＿
填图人：＿＿＿　填图日期：＿＿＿　联系电话：＿＿＿
复核人：＿＿＿　复核日期：＿＿＿　联系电话：＿＿＿

（b）

图 2-8　野外调查底图

需要注意的是，我国地形图一般采用两种大地坐标格式：西安 80 或北京 54，一些特殊地区还会采用当地坐标，因此制作野外调查底图前先了解采用的地形图大地坐标，并将大地坐标转换为手持 GPS 采用的 WGS84 坐标，以便野外精确定位。

2.2.1.2 野外调查与室内数据整理

在野外调查之前，应按照表 2-13 准备野外所需相关用品，同时要携带以下调查材料，供调查时使用：①野外调查表及填表说明；②野外调查底图（打印为 A4 纸的野外调查图）；③土地利用分类表（附录 1）；④水土保持措施分类表（附录 2）；⑤植被郁闭度和盖度参考图片（附录 3）。

表 2-13 小流域野外调查所需用品清单

名　称	用　途	要　求
手持 GPS 及数据线	定位和导航	小巧，存储点的操作简单
数码相机及数据线	景观拍照	小巧，分辨率高于 300 万像素
罗盘	方向确定、垄向确定、坡度测量	小巧
笔记本电脑	数据下载	安装 Arcgis 软件及 GPS 数据下载软件
电池	为 GPS 和数码相机供电	容量越大越好
夹板	辅助野外调查图勾绘和调查表记录	A4 幅面
铅笔、橡皮	勾绘调查图、填写调查表	HB 铅笔 2 支
签字笔	清绘调查图	红色、黑色各 2 支
伸缩杆	测量沟深时使用	质量轻，可伸缩，伸缩长度 5m 左右
皮卷尺、钢卷尺	测量沟深和沟宽时使用	50m 规格皮卷尺，5m 规格钢卷尺
摄影背心	装各种野外调查用品	口袋多

在野外调查过程中，需要在调查底图上勾绘地块边界，标注地块编号，给地块拍照，然后在调查表上填写该地块的信息。地块是指流域内土地利用类型（附录 2 的二级分类）相同、水土保持措施类型（附录 3 的二级分类）相同、植被郁闭度（盖度）相同（相差小于 10%）的空间连续范围。

到达小流域后，野外调查的基本步骤如下：先拍摄标志照片和小流域远景照片，然后规划调查路线。按规划线路行走，勾绘地块边界，按顺序给地块编号，标注在调查底图上，给该地块拍照，照片编号也同时标注在调查底图对应的地块上，且编号书写方向或箭头标志方向即为拍摄方向。如果地块有水土保持措施，照片应体现水土保持措施近景，最后将地块信息填写至调查表。具体填表说明见附录 1。

（1）拍摄照片。照片既是重要的影像档案，也是检验调查质量的重要参照物。调查时，拍摄的照片包括三类：一是标志照片，显示流域名称编号的野外调查底图和 GPS 显示的“经纬度”；二是反映小流域宏观状况的远景照片；三是反映地块土地利用和水土保持措施的近景照片，如图 2-9 所示。使用数码相机的分辨率为 1600×1200 像素，尽量一个地块一张照片，不易太多，按调查的空间顺序拍摄。照片编号可直接采用相机照片编号的后 4 位，位数不宜太多。景观照片和地块、水土保持措施照片要标注在调查底图上，按拍摄方向将照片编号标注在被拍摄位置，或用箭头表示拍摄方向。

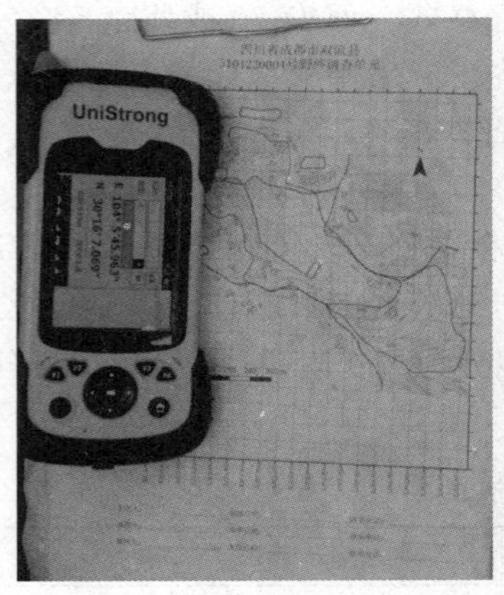

(a) 标识照片

(b) 远景照片

(c) 地块照片

(d) 水土保持措施照片

图 2-9　小流域调查照片

(2) 勾绘地块边界与填写调查表。如果有遥感影像或土地利用图，主要检查其地块边界是否与实际相符，并填写地块信息。如果没有遥感影像或土地利用图，则利用野外调查底图的等高线、地貌特征以及地形图上的标志性地物，通过 GPS 定位和实地目估勾绘地块边界，如图 2-10 所示。

每勾绘一个地块边界，就要在调查表上填写相应地块信息。严格按附录 1 的填表说明填写，除备注栏外，每个地块对应栏目都不得为空，以防止漏填。相关说明如下：

土地利用名称和代码参见附录 2 的土地利用分类，填写到二级分类名称和代码。该分类系统参考了 GB/T 21010—2007《土地利用现状分类》，将城市用地归并，将对土壤侵蚀影响较大的在建生产建设用地与裸土单独分为二级类。

水土保持措施类型和代码参见附录 3 的水土保持措施分类，填写到二级分类名称和代码。郁闭度和盖度主要针对园地、林地和草地。乔木果园、有林地和其他林地应同时观测郁闭度和盖度，且其他林地郁闭度不得超过 0.2、不得低于 0.1；茶园、灌木林地和草地只观测盖度，郁闭度填写为“无”，代码为“0”。郁闭度和盖度采用目估法和照相法估计，前者可参看附录 4 训练，后者需要有图像处理软件计算郁闭度和盖度值。农地盖度填写方法参见附录 1 填表说明，其他用地一律名称填写为“无”，代码为“0”。水土保持工程措施应标注质量好坏，分为“好”“中”“差”三级，具体参见附录 1 填表说明。如果是农

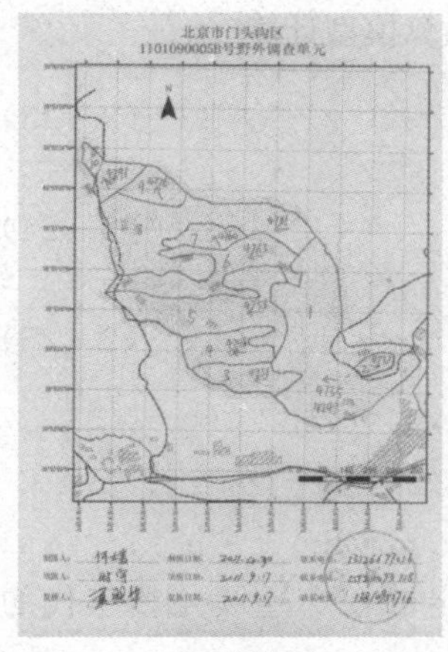

(a) 调查图

1. 行政区：1.1 名称：北京省（自治区、直辖市）门头沟地区（市、州、盟）县（区、市、旗）

2. 小流域基本信息：2.1小流域名称及编号 1101090005B 2.2位置描述永定镇万佛华侨陵园西 2.3经度116° 05′02″2.4纬度39° 53′01″

3. 地块编号	4. 土地利用		5. 植被覆盖与生物措施				6. 工程措施				7. 耕作措施		8. 备注
	4.1 类型	4.2 代码	5.1 类型	5.2 代码	5.3/% 郁闭度	5.3/% 盖度	6.1 类型	6.2 代码	6.3 完成时间	6.4 质量	7.1 类型	7.2 代码	
1	特殊用地	055	无	0	无	无	排水沟	020302	2000年后	好	无	0	陵园,排水沟一条
2	水域及水利设施用地	07	无	0	无	无	无	0	无	无	无	0	
3	有林地	031	人工乔木林	010101	85	60	无	0	无	无	无	0	侧柏
4	其他林地	033	生态恢复乔木林	010304	15	85	无	0	无	无	无	0	山桃,杨树
5	有林地	031	人工乔木林	010101	75	75	无	0	无	无	无	0	侧柏
6	有林地	031	生态恢复乔木林	010304	35	80	无	0	无	无	无	0	侧柏,山桃,杨树
7	有林地	031	生态恢复乔木林	010304	75	70	无	0	无	无	无	0	侧柏,山桃,杨树
8	有林地	031	生态恢复乔木林	010304	45	85	无	0	无	无	无	0	侧柏,山桃,杨树
9	有林地	031	生态恢复乔木林	010304	30	85	无	0	无	无	无	0	侧柏,山桃,杨树
10	有林地	031	生态恢复乔木林	010304	55	75	无	0	无	无	无	0	侧柏,山桃

（第 1 页 / 共 1 页）

填表人：　　联系电话：　　调查日期：2011年 9 月 17日
复核人：　　联系电话：　　复核日期：2011年 9 月 17日
审查人：　　联系电话：　　审查日期：2011年 9 月 20日

(b) 调查表

图 2-10　清绘后小流域调查图和调查表

地，应注意是否有耕作措施，同时一律填写轮作措施名称和代码，具体按照附录 3 水土保持措施分类中的《全国轮作制度区划及轮作措施三级分类》填写轮作区代码和作物轮作顺序，或按当地实际轮作顺序填写。

(3) 室内数据整理。室内数据整理包括：清绘调查图，录入水力侵蚀野外调查信息，下载拍摄的景观照片。其中，清绘野外调查图的做法是：用红色签字笔清楚地描绘调查单元边界线；用黑色签字笔清楚地描绘地块边界线；用黑色签字笔清楚地标注每个地块的编号，并检查与水力侵蚀野外调查表记录的地块编号是否一致；用黑色签字笔清楚地标注照片编号。录入野外调查信息就是基于清绘调查图，逐一录入地块信息，并建立"小流域野外调查登记表.xls"文件，确保录入的地块信息与成果清绘图所标信息一致。信息录入后，检查标志照片、远景照片和每一个地块照片是否正确，是否与成果清绘图所标信息一致，将不必要的照片删除。

2.2.1.3　土壤流失量计算

土壤流失量采用中国土壤流失方程 CSLE（Chinese Soil Loss Equation）计算[7]

$$M = R \cdot K \cdot L \cdot S \cdot B \cdot E \cdot T \tag{2-22}$$

式中　M——土壤水力侵蚀模数，$t \cdot hm^{-2} \cdot a^{-1}$；

R——降雨侵蚀力因子，$MJ \cdot mm \cdot hm^{-2} \cdot h^{-1} \cdot a^{-1}$；

K——土壤可蚀性因子，$t \cdot hm^2 \cdot h \cdot hm^{-2} \cdot MJ^{-1} \cdot mm^{-1}$；

L、S——坡长和坡度因子，无量纲，水土保持措施类型根据我国特点划分[8]；

B——植被覆盖与生物措施因子，无量纲，反映林草植被覆盖和地表枯落物覆盖的影响；

E——工程措施因子，无量纲，反映工程措施的影响；

T——耕作措施因子，无量纲，反映耕作措施的影响。

降雨侵蚀力因子 R 是指降雨导致土壤侵蚀的潜在能力，指标是 EI_{30}，用降雨过程资料计算（见式 2-1）。降雨侵蚀力因子计算包括三项内容：多年平均年降雨侵蚀力，多年平均一年 24 个半月降雨侵蚀力，多年平均一年 24 个半月降雨侵蚀力占年降雨侵蚀力比例，作为计算植被覆盖与生物因子 B 的权重系数。如果降雨过程资料难以获得，可用常规降雨资料估算。所用的

降雨常规资料时间分辨率越高，估算精度越高。多用下面的日雨量估算模型计算[9]

$$\overline{R} = \sum_{k=1}^{24} \overline{R}_{半月k} \tag{2-23}$$

$$\overline{R}_{半月k} = \frac{1}{N}\sum_{i=1}^{N}\sum_{j=0}^{m}(\alpha P_{i,j,k}^{1.7265}) \tag{2-24}$$

$$\overline{WR}_{半月k} = \frac{\overline{R}_{半月k}}{\overline{R}} \tag{2-25}$$

式中　$\overline{R}$——多年平均年降雨侵蚀力，$MJ \cdot mm \cdot hm^{-2} \cdot h^{-1} \cdot a^{-1}$；

k——指将一年划分为 24 个半月，$k=1$，2，…，24；

$\overline{R}_{半月k}$——多年平均第 k 个半月的降雨侵蚀力，$MJ \cdot mm \cdot hm^{-2} \cdot h^{-1}$；

i——降雨资料的时间序列，一般采用气候上规定的 3 个连续完整年代的 30 年序列长度，$i=1$，2，…，N；

j——第 i 年第 k 个半月内侵蚀性降雨日的数量（侵蚀性降雨日指日雨量大于等于 12mm），$j=0$，…，m；

$P_{i,j,k}$——第 i 年第 k 个半月第 j 个侵蚀性日雨量，mm，如果某年某个半月内没有侵蚀性降雨量，即 $j=0$，则令 $P_{i,j,k}=0$；

α——参数，暖季（5—9 月），$\alpha=0.3937$；冷季（10—12 月，1—4 月），$\alpha=0.3101$；

$\overline{WR}_{半月k}$——第 k 个半月平均降雨侵蚀力$\overline{R}_{半月k}$占多年平均年降雨侵蚀力$\overline{R}$的比例。

土壤可蚀性因子 K 是指土壤是否容易遭受侵蚀的能力，值越大，表示越容易遭受侵蚀。一般采用两种方式获得 K 值：

一是以通用土壤流失方程 USLE 定义的标准小区为基础，K 值被定义为标准小区单位降雨侵蚀力导致的土壤流失量[10]。标准小区是指坡度为 5.14°、水平投影坡长为 22.13m、顺坡耕作的连续清耕小区。计算公式为

$$K = \frac{A}{R} \tag{2-26}$$

如果坡度或坡长为非定义的标准，应用坡度或坡长公式修订，但小区管理需严格按顺坡、连续清耕，即按当地方式整地，保持植被盖度小于 5%、无结皮。计算公式为

$$K = \frac{A}{RLS} \tag{2-27}$$

坡度因子[11]和坡长因子[12]根据我国陡坡耕作特点进行了修订，计算公式为

$$S = \begin{cases} 10.8\sin\theta + 0.03 & \theta < 5^\circ \\ 16.8\sin\theta - 0.5 & 5^\circ \leqslant \theta < 10^\circ \\ 21.9\sin\theta - 0.96 & \theta \geqslant 10^\circ \end{cases} \tag{2-28}$$

$$L = \left(\frac{\lambda}{22.13}\right)^m \tag{2-29}$$

$$m = \begin{cases} 0.2 & \theta \leqslant 1^\circ \\ 0.3 & 1^\circ < \theta \leqslant 3^\circ \\ 0.4 & 3^\circ < \theta \leqslant 5^\circ \\ 0.5 & \theta > 5^\circ \end{cases} \tag{2-30}$$

式中 S——坡度因子，无量纲；

θ——坡度值，(°)；

L——坡长因子，无量纲；

λ——坡长，m。

如果没有标准小区观测资料，可根据土壤理化性质资料，利用 Wischmeier 提出的公式计算[13]

$$K=\frac{2.1\times10^{-4}\times(12-OM)M^{1.14}+3.25\times(S-2)+2.5\times(P-3)}{759} \tag{2-31}$$

$$M=N_1(100-N_2)\text{或}M=N_1(N_3+N_4)$$

式中 K——土壤可蚀性因子，759 为单位转换系数，将 K 由原来的美制单位转换为国际单位制，$t\cdot hm^2\cdot h\cdot hm^{-2}\cdot MJ^{-1}\cdot mm^{-1}$；

N_1——粒径在 0.002～0.1mm 之间的土壤颗粒含量百分比，%；

N_2——表示粒径小于 0.002mm 的土壤黏粒含量百分比，%；

N_3——表示粒径 0.002～0.05mm 的土壤粉砂含量百分比，%；

N_4——表示粒径 0.05～2mm 的土壤颗粒含量百分比，%；

OM——土壤有机质含量，%；

S——土壤结构等级，查表 2-14 获取；

P——土壤渗透性等级，查表 2-15 和表 2-16 获取。

该公式要求土壤粉粒含量不应超过 70%，有机质含量不应超过 4%。如果不满足上述条件，可采用 Williams 等提出的计算公式[14]

$$K=[0.2+0.3e^{-0.0256Sa(1-Si/100)}]\times\left(\frac{Si}{Cl+Si}\right)^{0.3}\times\left(1.0-\frac{0.25C}{C+e^{3.72-2.95C}}\right)$$
$$\times\frac{1.0-\dfrac{0.7Sn}{Sn+e^{(-5.51+22.9Sn)}}}{7.59} \tag{2-32}$$

$$Sn=\frac{1-Sa}{100}$$

式中 Sa——砂粒（0.05～2mm）含量百分比，%；

Si——粉砂（0.002～0.05mm）含量百分比，%；

Cl——黏粒（<0.002mm）含量百分比，%；

C——有机碳含量百分比，%。

表 2-14　　土壤结构系数查对表

土壤结构		土壤结构等级 S
团粒结构	<1mm 特细团粒	1
	1～2mm 细团粒	2
	2～10mm 中粗团粒	3
	>10mm 片状、块状或大块状	4

表 2-15　　土壤质地分类标准

质地分类		各粒级/mm，含量百分比/%		
类别	名称	黏粒（Clay）<0.002	粉砂粒（Silt）0.05～0.002	砂粒（Sand）2～0.05
砂土类	砂土（Sand，S）	0～10	0～15	85～100
	壤砂土（Loamy Sand，LS）	0～15	0～30	70～90
	粉砂土（Silt Sand，SiS）	0～12	80～100	0～20
壤土类	砂壤土（Sandy loam，SL）	0～20	0～50	43～100
	壤土（loam，L）	8～28	28～50	23～52
	粉壤土（Silt loam，SL）	0～28	50～88	0～50
黏壤土类	砂黏壤土（Sand clay loam，SCL）	20～35	0～28	45～80
	黏壤土（Clay loam，CL）	28～40	15～53	20～45
	粉砂黏壤土（Silt clay loam，SiCL）	28～40	40～72	0～20
黏土类	砂黏土（Sandy clay，SC）	35～55	0～20	45～65
	粉砂黏土（Silt clay，SiC）	40～60	40～60	0～20
	黏土（clay，C）	40～100	0～40	0～45

表 2-16　　土壤质地对应的土壤渗透等级查对表

土壤质地	土壤渗透等级 P	饱和导水率/(mm/hr)
SiC，C	6	<1.02
SiCL，SC	5	1.02～2.04
SCL，CL	4	2.04～5.08
L，SiL	3	5.08～20.32
LS，SiS，SL	2	20.32～60.96
S	1	>60.96

坡长因子反映坡长对土壤侵蚀的影响。坡度因子反映坡度对土壤侵蚀的影响。由于计算是基于GIS软件，按栅格计算，因此，坡度因子与前述一致，坡长因子则是在前面基础上用分段坡公式计算[15]

$$L_i=\frac{\lambda_i^{m+1}-\lambda_{i-1}^{m+1}}{(\lambda_i-\lambda_{i-1})\times(22.13)^m} \tag{2-33}$$

坡长和坡度因子（LS）均利用数字高程模型（Digital Elevation Model，DEM）计算。如果是数字等高线数据，可先利用GIS软件中的相关功能生成DEM，然后用土壤侵蚀模型地形因子计算工具计算输出LS值。

植被覆盖与生物措施因子同时反映植被的冠层覆盖和地表覆盖的作用，遥感影像资料只能反映植被冠层覆盖状况，无法获得冠层下面的地表覆盖状况，因此应将遥感影像和地面调查的方法结合起来。此外，还要考虑植被覆盖季节变化对土壤侵蚀的影响。具体步骤包括：首先用遥感影像资料计算1～24个半月的植被覆盖度，然后观测不同植被类型冠层

下 1～24 个半月地表植被盖度，根据冠层覆盖和地表覆盖计算出 24 个半月土壤流失比率 B_i，最后以 1～24 个半月降雨侵蚀力比例为权重对 24 个半月 B_i 加权平均，得到年平均植被覆盖与生物措施因子 B 值。在计算 B_i 时，需要注意 3 个问题：一是遥感影像空间分辨率越高越好，建议不要超过 30m。但随着空间分辨率提高，时间分辨率会降低，无法直接获得 24 个半月的影像资料，需要通过 2～3 期（分别代表春、夏、秋，如果只有 1 期，应为夏季）高空间分辨率遥感影像与 24 个半月低空间分辨率遥感影像的融合计算间接获得，一般用 MODIS（中分辨率成像光谱仪，Moderate - resolution Imaging Spectroradiometer）的 NDVI（Normalized Difference Vegetation Index，归一化差分植被指数）数据。二是冠层下的地表覆盖季节变化曲线主要针对乔木林，若是针对果园、有林地或其他林地，需要根据小流域内乔木林特点，选择代表性林地，通过不同降雨年景的全年监测获得相应曲线。三是考虑到遥感影像和获得的林下盖度季节变化曲线的时滞性，应在评价时间段内进行野外调查，获得该时间的植被冠层覆盖度和林下植被盖度，分别对遥感影像计算的 24 个半月植被冠层覆盖度和林下盖度季节变化曲线进行修订。

水土保持工程措施和耕作措施因子值根据相应措施下的径流小区观测资料得到。如无观测资料，可利用已有研究成果查因子值[16-17]（见表 2 - 17）。在 GIS 支持下，对小流域调查的每个地块进行工程措施和耕作措施因子赋值，然后转换为栅格图层。

表 2 - 17　水土保持工程措施因子（E）和耕作措施因子（T）赋值表

一级分类	二级分类	三级分类	因子值
名称	名称	名称	
工程措施	梯田	土坎水平梯田	0.084
		石坎水平梯田	0.121
		坡式梯田	0.414
		隔坡梯田	0.347
	软埝		0.414
	水平阶（反坡梯田）		0.151
	水平沟		0.335
	鱼鳞坑		0.249
	大型果树坑		0.160
耕作措施	等高耕作		0.431
	等高沟垅种植		0.425
	垄作区田		0.152
	掏钵（穴状）种植		0.499
	抗旱丰产沟		0.213
	休闲地水平犁沟		0.425
	中耕培垄		0.499
	草田轮作		0.225
	横坡带状间作		0.225
	休闲地绿肥		0.225
	留茬少耕		0.212
	免耕		0.136

在 GIS 软件下，对 R、K、L、S、B、E、T 因子栅格图层进行乘积，即得到流域每个栅格的土壤侵蚀模数，然后依据《土壤侵蚀分类分级标准》（SL 190—2007）或各地方标准判断土壤水力侵蚀强度（见表 2-18），轻度以上（含）面积即为水土流失面积。

表 2-18　　土壤侵蚀强度分级标准表

级别	平均土壤侵蚀模数/[t/(km² · a)]	级别	平均土壤侵蚀模数/[t/(km² · a)]
微度	<200，500，1000*	强烈	5000～8000
轻度	200，500，100～2500	极强烈	8000～15000
中度	2500～5000	剧烈	>15000

注　西北黄土高原区为 1000t/(km² · a)，东北黑土区和北方土石山区为 200t/(km² · a)，南方红壤丘陵区和西南土石山区为 500t/(km² · a)。

2.2.2　小流域监测点布设

用来作为综合观测站的小流域应具有典型性，即能代表当地的自然地理特征和土地利用特征。如果要开展水土保持措施防治效益评价，可选择两个分别采取和未采取水土保持措施的小流域，进行对比监测。为了评价大型水土保持措施效益，可尽量选择单一土地利用或水土保持措施的小流域。确定了拟开展监测的小流域后，要确定雨量站数量与位置、小流域出口径流泥沙观测点的位置及其设施。

2.2.2.1　雨量站布设

雨量观测仪器采用数字翻斗式雨量计，配以太阳能供电。记录的时间间隔设为 2min 或 5min，根据数据容量，确定下载数据间隔。雨量站具体安装位置和要求见 2.1.3 小节。

小流域内雨量站的布设密度一般为山区大于平原区：流域面积小于 5km² 时，密度为 1 个/km²；随着流域面积增加，站点密度逐渐减小，见表 2-19。雨量站位置应具有代表性，避开地形影响。如果流域面积较小，只安装一个雨量站，应位于小流域中心。如果布设两个以上，应结合地形或雨量站控制面积确定雨量站位置。

表 2-19　　雨量站个数与流域面积的关系

流域面积/km²	<0.2	0.2～0.5	0.5～2	2～5	5～10	10～20	20～50	50～100
雨量站个数	1	1～3	2～4	3～5	4～6	5～7	6～8	7～9

2.2.2.2　测流位置与设施选择

小流域出口处测流设施所在位置的河槽（沟道）应有足够长度的顺直段，保证产生正常的流速分布，水流呈缓流状态，弗劳德数（Froude number）不应大于 0.5。顺直段满足下列规定：①行近河槽（沟道）水头观测断面以上的顺直长度不应小于最大水面宽的 5 倍。当上游入口以上是弯道或有支流汇入时，河槽（沟道）的顺直段还应适当延长。当用导流板或导流墙时，导流板墙与堰顶的距离不应小于设计最大水头的 10 倍。②当行近河槽（沟道）上游坡度较陡有可能发生水跃时，水跃至堰项的距离不应小于设计最大水头的 30 倍。③行近河槽（沟道）上游进口收缩段应对称于河槽（沟道）中心线建成弧形翼墙。翼墙的曲率半径不宜小于设计最大水头的 2 倍，翼墙下游的切点与水头测量断面的距离不

宜小于设计最大水头。④堰槽下游的扩散段除另有具体要求者外可采用扩散比不小于1∶4～1∶3（垂直于流向与平行于流向的长度比）的渐变扩散形式。在保证自由出流的条件下，下游扩散段也可在允许范围内截短。

测流设施选择及尺寸设计依据小流域洪峰流量。设计步骤是：①选定设计暴雨重现期。利用小流域或邻近雨量站20年左右的日（或次）降雨量资料，用水文适线法确定频率曲线，并根据设计重现期计算出相应的日降雨量。如果无多年日降雨量观测资料，可查阅地方水文手册获取设计暴雨重现期的降雨量。②计算径流系数。查询相关降雨、径流资料，分析不同土地利用下的径流系数，并用加权平均的方法计算小流域的径流系数。③计算径流深。利用设计重现期下的降雨量和径流系数计算径流深。④计算洪峰流量。选择适合于监测流域的洪峰流量计算公式，根据降雨量、径流深等参数计算洪峰流量。如黄土高原地区，可用以下公式计算

$$Q=6.69A^{0.44}R^{1.15A^{0.06}}P^{-0.72} \tag{2-34}$$

式中 Q——洪峰流量，m^3/s；

R——径流深，mm；

A——流域面积，km^2；

P——降雨量，mm。

小流域测流设施主要有测流槽和量水堰两种类型。测流槽适用于任何含沙量的情形。量水堰多适用于含沙量较低的情形。根据计算的小流域洪峰流量和含沙量情况，选择不同的测流槽或量水堰。

（1）测流槽。测流槽主要有H-测流槽、三角形测流槽和巴歇尔槽等。

H-测流槽是19世纪30年代美国农业研究局设计开发的，适用于最大流量小于$3.2m^3/s$的小流域，如图2-11（a）所示。H-水槽流量计算公式为

$$\log Q=A+B\log h+C(\log h)^2 \tag{2-35}$$

式中 Q——流量，m^3/s；

h——水深，m；

A、B、C——参数。

当小流域设计流量大于$3.2m^3/s$时，可选择三角形测流槽，如图2-11（b）所示。三角形测流槽测流变幅大，其水位面积曲线单一，水位流量关系曲线连续，水面宽是水位的函数。在低水位、中水位、高水位时都能取得较好的测验精度，且槽底不容易出现淤积。因此，三角形测流槽适合高含沙水流测验。20世纪50年代，黄河水利委员会西峰水土保持试验站安装了三角形测流槽，并经黄河水利委员会室内模型率定，得出了水深与流量的关系。熊运享和加生荣利用桥沟和韭园沟的三角形测流槽（底坡为2%，边坡比为1∶1.5，水泥抹面）率定了如下流量公式[18]

$$Q=\frac{1182}{88+220h^{(2/3-h/10)}}h^{8/3} \tag{2-36}$$

式中 Q——流量，m^3/s；

h——水深，m。

当含沙量较小，设计流量较大时，可采用巴歇尔槽，如图2-11（c）所示。《水工建

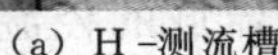
(a) H -测流槽

(b) 三角形测流槽

(c) 巴歇尔槽

图 2-11　测流槽形式

筑物与堰槽测流规范》(SL 537—2011) 提供了 23 个不同尺寸的标准巴歇尔槽，可根据设计洪峰流量选择所需巴歇尔槽的尺寸（见表 2-20）。

表 2-20　　　　巴歇尔槽流量范围

槽型号	喉道宽 b /m	水头范围 h/m		流量范围 Q/(m³/s)		非淹没限 h_L/h^*	淹没流量修正系数 KQ
		最小	最大	最小	最大		
1	0.152	0.03	0.45	0.0015	0.10	0.7	—
2	0.250	0.03	0.6	0.003	0.25	0.7	—
3	0.300	0.03	0.75	0.0035	0.40	0.7	—
4	0.450	0.03	0.75	0.0045	0.63	0.7	—
5	0.600	0.05	0.75	0.0125	0.85	0.7	—
6	0.750	0.06	0.75	0.025	1.10	0.7	—
7	0.900	0.06	0.75	0.03	1.25	0.7	—
8	1.000	0.06	0.8	0.03	1.50	0.7	—
9	1.200	0.06	0.8	0.035	2.00	0.7	—
10	1.500	0.06	0.8	0.045	2.50	0.7	—
11	1.800	0.08	0.8	0.08	3.00	0.7	—
12	2.100	0.08	0.8	0.095	3.60	0.7	—
13	2.400	0.08	0.8	0.1	4.00	0.7	—
14	3.050	0.09	1.07	0.16	8.28	0.8	1.0
15	3.660	0.09	1.37	0.19	14.68	0.8	1.2
16	4.570	0.09	1.67	0.23	25.04	0.8	1.5
17	6.100	0.09	1.83	0.31	37.97	0.8	2.0
18	7.620	0.09	1.83	0.38	47.16	0.8	2.5
19	9.140	0.09	1.83	0.46	56.33	0.8	3.0
20	12.190	0.09	1.83	0.6	74.7	0.8	4.0
21	15.240	0.09	1.83	0.75	93.04	0.8	5.0
22	18	0.2	1.828	3.21	109.8	0.65	—
23	23	0.2	2.24	3.91	186.7	0.65	—

注　h_L 为巴歇尔槽喉道断面水头；h 为上游观测水头（自由流下用于计算流量的观测水头）。

(2) 量水堰。按堰顶厚度与水头比值的大小，量水堰分为薄壁堰、实用堰和宽顶堰，如图 2-12 所示。其中薄壁堰适用测量小流量，按堰壁的切口形状，又可细分为三角形堰、矩形堰和梯形堰。各类堰槽基本性能、适用条件和设计规范等参见《水工建筑物与堰槽测流规范》(SL 537—2011)。

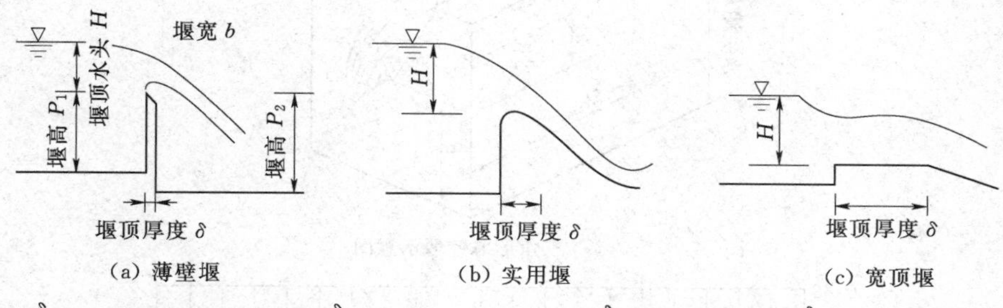

$\frac{\delta}{H}<0.67$ 为薄壁堰；$0.67\leqslant\frac{\delta}{H}<2.5$ 为实用堰；$2.5<\frac{\delta}{H}<10$ 为宽顶堰；$\frac{\delta}{H}>10$ 为明渠水流

图 2-12 不同类型量水堰及其适用情况示意图
摘自：《水工建筑物与堰槽测流规范》(SL 537—2011)

三角形薄壁堰形状，如图 2-13 (a) 所示，根据《水工建筑物与堰槽测流规范》(SL 537—2011)，流量计算公式为

$$Q=C_D\frac{8}{15}\mathrm{tg}\frac{\theta}{2}\sqrt{2g}h^{5/2} \tag{2-37}$$

式中 Q——流量，m^3/s；

θ——三角形流量堰堰口角，(°)；

h——有效水头，m；

C_D——流量系数，取值因堰口角 θ 不同有所差异，当 θ 为直角时，C_D 取值根据图 2-13 查取，需知道 h/P（水深与堰底高度的比值）和 P/B（堰底高度与堰宽的比值）；当 θ 变化范围为 20°～120°（直角除外）时，C_D 取值查图 2-13 (b)。此时，忽略 h/P 和 P/B 对 C_D 参数的影响。该公式的应用范围为：当 θ 为直角时，h/P 和 P/B 应限制在如图 2-13 (b) 的取值范围；θ 为其他值时，P/B 不大于 0.35，h/P 变化于 0.1～1.5；$h>0.06$m。$P>0.09$m。测流范围列于表 2-21。

表 2-21 常用三角形薄壁堰测流范围

堰口角	堰宽/m	液位范围/m	流量范围/(m^3/s)
90°	$B>10$	0.06～0.38	0.001～0.123
90°	$B=0.6$	0.07～0.20	0.002～0.025
90°	$B=0.8$	0.07～0.26	0.002～0.048
60°	$B=0.45$	0.04～0.12	0.0003～0.0043
53.8°	$B>1.0$	0.06～0.38	0.0006～0.0620
28.4°	$B>1.0$	0.06～0.38	0.00033～0.0313

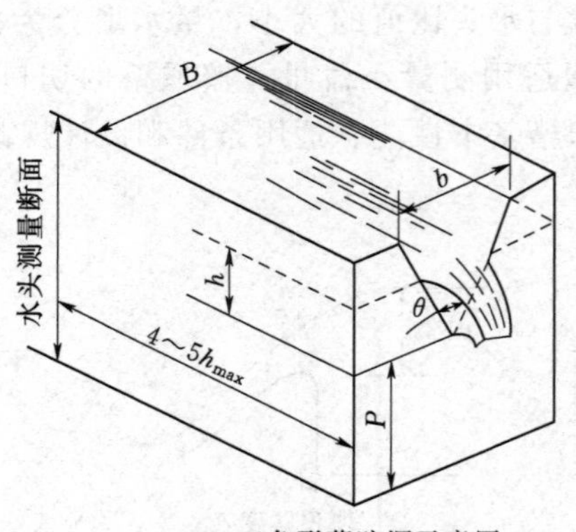

(a) 三角形薄壁堰示意图

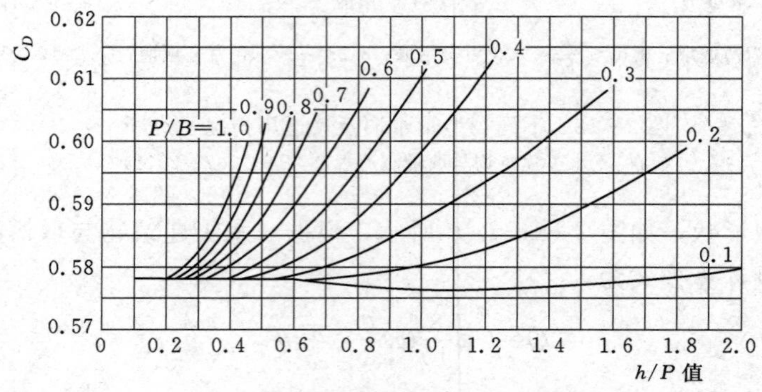

(b) 堰口角为直角时流量系数 C_D 取值

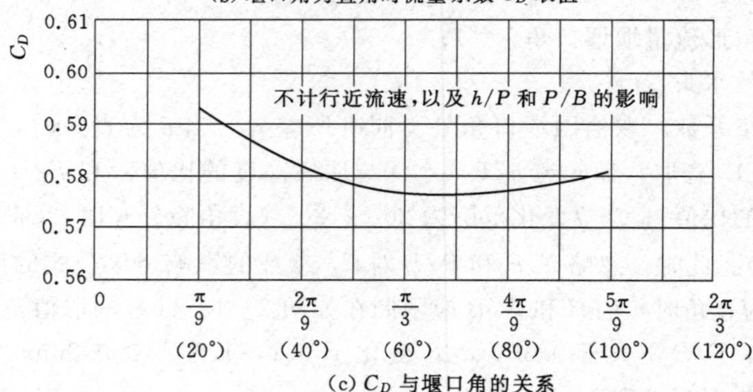

(c) C_D 与堰口角的关系

图 2-13　三角形薄壁堰示意图、堰口角为直角时流量系数 C_D 取值及 C_D 与堰口角的关系

矩形薄壁堰形状如图 2-14 所示。根据《水工建筑物与堰槽测流规范》(SL 537—2011)，流量计算公式为

$$Q=C_D\frac{2}{3}B\sqrt{2g}h^{3/2} \tag{2-38}$$

式中　Q——流量，m^3/s；

B——堰宽，m；

h——有效水头，m；

C_D——流量系数，取值根据 b/B（矩形宽度与堰宽度比值）而不同，如图 2-14（b）所示；

P——堰高。

该公式应用范围为：$h/P<2.5$，$P>0.10$m，$b>0.15$m，$h>0.03$m。测流范围列于表 2-22。

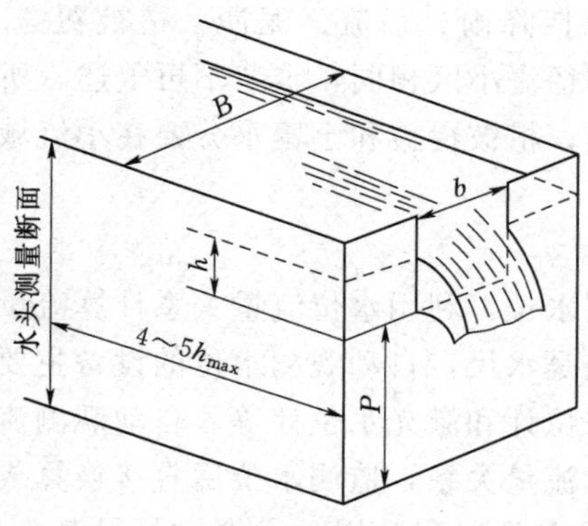

(a) 矩形薄壁堰示意图

b/B	C_D	b/B	C_D
1.0	$0.602+0.075h/P$	0.6	$0.593+0.018h/P$
0.9	$0.598+0.064h/P$	0.4	$0.591+0.0058h/P$
0.8	$0.596+0.045h/P$	0.2	$0.589-0.0018h/P$
0.7	$0.594+0.030h/P$	0	$0.587-0.0023h/P$

(b) 流量系数 C_D 取值

图 2-14 矩形薄壁堰示意图及流量系数 C_D 取值

表 2-22　　常用矩形薄壁堰测流范围

堰宽/m	液位范围/m	流量范围/(m^3/s)
$B\times b=0.9\times0.36$	0.03～0.27	0.0035～0.0917
$B\times b=1.2\times0.48$	0.03～0.312	0.0047～0.150
$B\times b=2.0\times2.0$	0.03～0.50	0.02～1.433
$b>0.15$，$b/B>0.15$，$P>0.1$	0.03～2.5P	>0.0013

梯形薄壁堰形状，如图 2-15 所示。根据《水工建筑物与堰槽测流规范》(SL 537—2011)，流量公式为

$$Q=1.856Bh^{3/2} \qquad (2-39)$$

式中 Q——流量，m^3/s；

B——堰顶宽，m；

h——有效水头，m。

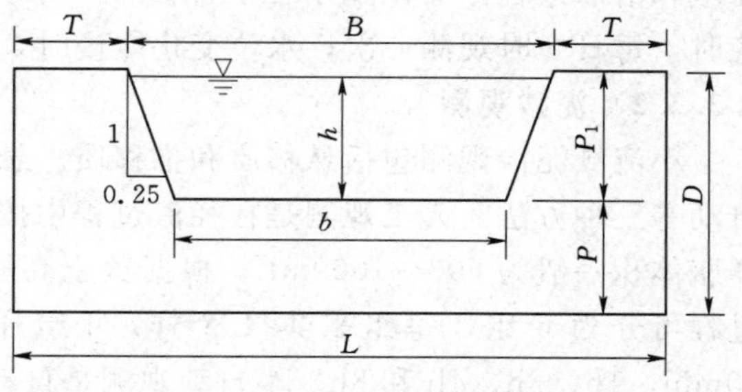

图 2-15 梯形薄壁堰示意图（单位：m）

该公式适用条件为：0.25m ≤ b ≤

1.5m、0.083m≤h≤0.50m 和 0.083≤P≤0.5m。

当流量变幅较大时，可安设多个槽、堰，或者将不同的堰进行组合，如下面为三角堰、上面为矩形堰，能够兼顾测量小流量和较大流量。

2.2.3　主要监测指标及监测方法

小流域的主要监测指标包括降雨、径流、泥沙、植被覆盖、土壤水分等。其中，降雨、植被覆盖和土壤水分等与径流小区相同，本节不再赘述。所不同的是：需要分别记录每个雨量站的数据并进行整理；植被覆盖和土壤水分要在小流域内选取代表性地块，尽量采用自动监测设备监测。

2.2.3.1　流量观测

流量观测一般是通过监测水位，利用水位流量关系计算流量。观测方法包括人工和自动方法。人工观测的主要设施是水尺，自动观测水位的设备主要有浮子水位计、压力式水位计、超声波水位计、雷达水位计和激光水位计等。自动观测流量的设备主要是有超声波流量计，厂家已经率定好水位流量关系，监测水位后直接换算成流量。这些流量观测设施设备各有优势和劣势，应根据需要配套使用：①水尺是最基本的水位测量设施，设备简单，运行费用低；但在某些测站会存在观测不便的缺点。②浮子水位计水位测量准确度高、可靠性高，使用维护要求不高。但要配套建设水位测井和相应设备材料，增加建设成本。③所有压力式水位计中，气泡式水位计为较好的选择，节省了建设测井所涉及的费用，大大缩短工程建设周期。④超声波水位计以水为测量介质，在流速大、流态较乱或含沙量较大的情况下，超声波不能正常传播。而且水温对声速影响很大，且难以修正。因此，这种水位计的使用受到很大限制。⑤雷达水位计和激光水位计的测量介质是雷达和激光，测量准确度优于超声波水位计，更多被用于大量程、高精度要求的水位测量。但激光水位计对水面反射区要求较高，不适合于一般水文站。雷达水位计应用范围相对广泛。

由于小流域水位变化较大，实际观测时应尽量缩短观测时间间隔，避免遗漏洪水过程。如果是人工观测水位，汛期应每日关注天气预报。当预报有中雨、大雨和暴雨时，应提前准备和检查观测设施设备。非汛期“无常流水”的小流域，一旦产流就开始观测；非汛期“有长流水”的小流域，水位一旦上涨就开始观测。产流开始或水位起涨后，按一定间隔观测并记录水位，直至产流停止或水位回落至起涨前水位。自动监测设备的监测时间间隔建议设置为 5min。如果是人工观测，时间间隔可根据水位变化设置，但要涵盖整个涨水和落水过程。非汛期水位观测参照《水位观测标准》（GBJ 138—90）进行：水位平稳时，每日 8 时观测一次；水位变化缓慢时，每日 8 时、20 时观测两次。

2.2.3.2　泥沙观测

小流域泥沙观测包括悬移质和推移质。悬移质泥沙观测目前主要有人工、半自动和全自动等三种方法。人工观测是在径流过程中按一定时间间隔，用采样瓶人工取浑水样。采样瓶体积一般为 500～1000mL。根据黄土高原小流域流量过程资料分析结果，人工采样过程可分为 6 组，每组采集 4 个样。6 组样品中，每组采集时间间隔依次为 15min、30min、1h、2h、4h 和 8h。半自动观测是自动采集浑水样，然后人工测量浑水样含沙量，结合小流域径流量计算流域产沙量。应用较广的自动采样设备是美国生产的 ISCO 采样器，如图 2-16 所示，共有 24 个采样瓶，每个采样瓶体积为 1000mL。根据小流域流量过程和含沙量变化，可通过采样器自带的程序设定采样间隔。采样器同时配有自动雨量器或自动水位计，一旦有降雨或水位达到某个设定高度，将触发采样器开始采样，并按照设定的时间间隔连续采样。全自动观测是利用仪器自动观测含沙量，进而计算产沙量。

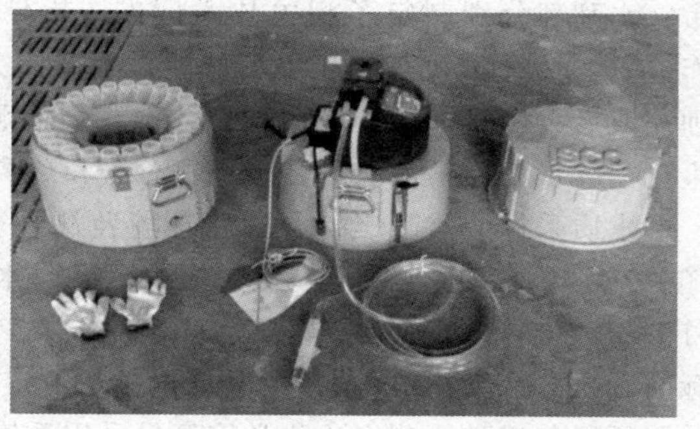

图 2-16 ISCO 泥沙采样器

推移质泥沙观测可采用坑测法和推移质采样器法。坑测法是在断面上埋设测坑，用砖、混凝土做成槽形，上沿与沟床齐平，坑长与测流断面宽度一致，坑宽约为最大粒径的 100～200 倍，容积要能容纳一次观测期的全部推移质。上面加盖，留有一定器口，使推移质能够进入坑内，又不影响坑底水流。一次洪水过后，挖掘出沙样。采样器法是用采样器采集河道推移质。我国河流推移质泥沙采样器已基本定型，形成了较完整的系列。小流域上推移质泥沙采样可采用河流推移质泥沙采样器。根据沟道物质组成、采样器性能和适用范围等条件选用采样器。采样器有拖斗式、横管式、钳式、钻管式、转轴式等。卵（砾）石推移质可选用的采样器有挖斗式、犁式、沉筒式等。具体的设备型号可参考《河流推移质泥沙及床沙测验规程》（SL 43—92）。

人工或半自动方法取回泥沙样品后，采用烘干法、置换法或过滤法等测量样品含沙量。

烘干法是将采样瓶带回室内后，先测定浑水的体积，然后静置一段时间至采样瓶上部为清水，倒掉清水，将其余浑水倒入铝盒，移至烘箱中烘干。称重记录泥沙的重量，将其除以浑水体积，即为含沙量。

置换法是将采样瓶带回室内后，量水样容积，沉淀浓缩水样，将浓缩水样倒入比重瓶，测定比重瓶装满浓缩水样后的质量（即瓶加浑水质量 W_{ws}）及浑水温度，根据式（2-40）计算泥沙质量 W_s

$$W_s=\frac{\rho_s}{\rho_s-\rho_w}(W_{ws}-W_w) \tag{2-40}$$

式中 ρ_s——泥沙密度，g/cm³；

ρ_w——清水密度，g/cm³；

W_w——同温度下瓶加清水质量，g。

根据泥沙质量和水样容积计算含沙量，用此方法测量含沙量所用设备较为简单，测量方法较为快速，但是置换法在含沙量较小时比烘干法测量精度低。

过滤法是将采样瓶带回室内后，先进行浑水体积测量，然后将浑水通过滤纸进行过滤。过滤结束后，烘干滤纸上的泥沙，并进行称重。将烘干后的滤纸与泥沙混合重减去滤纸的重量即为泥沙重，再除以浑水体积即为含沙量。

2.2.3.3 清洁小流域水体水质监测

生态清洁小流域建设是近年来小流域水土保持综合治理的一个新的发展方向。北京

市、水利部分别制定了相关技术标准，指导和规范生态清洁小流域的建设与管理等工作[19-20]。为评价生态清洁小流域建设与管理效果，一般需要在治理前一年、治理中、治理完成后第一年，对流域水体的水质进行监测。监测主要内容包括pH值、溶解氧、五日生化需氧量、化学需氧量、氨氮、总氮和总磷等。

水质采样、监测应符合《水环境监测规范》（SL 219—2013）的相关规定。在汛期（6—9月）每月中旬采样一次，大雨（日降水量25mm以上）后加采一次。在非汛期，5月中旬和10月中旬各采样一次。每次采样1000mL。采完水样应在24h内送检。监测指标的分析方法为：pH值采用玻璃电极法测定，溶解氧采用碘量法测定，五日生化需氧量采用稀释与接种法测定，化学需氧量采用重铬酸钾法测定、氨氮采用靛酚蓝比色法，总氮采用碱性过硫酸钾消解——紫外分光光度法测定，总磷采用钼酸铵分光光度法测定。

2.2.3.4 小流域径流泥沙计算

小流域径流泥沙计算包括逐次、逐日和全年径流泥沙计算。

（1）逐次径流泥沙计算。

1）时段径流量，利用人工读取的水位或自动记录水位，根据测流槽或量水堰的流量公式计算时段径流量，计算公式为

$$V=\frac{Q_i+Q_{i+1}}{2}\Delta t \tag{2-41}$$

式中 V——时段径流量，m^3；

Q_i——某观测时刻径流的流量，$m^3 \cdot s^{-1}$，用相应的测流槽或量水堰的流量公式计算；

Δt——两次观测之间的时间间隔，s。

2）时段含沙量，根据采集的样品测定各采样时间对应的径流含沙量，$g \cdot l^{-1}$。

3）时段产沙量，根据时段径流量和时段含沙量计算，公式为

$$A=\frac{Q_i a_i+Q_{i+1}a_{i+1}}{2}\frac{\Delta t}{1000} \tag{2-42}$$

式中 A——时段产沙量，t；

Q_i——某观测时刻径流的流量，$m^3 \cdot s^{-1}$；

a——某采样时刻的含沙量，$g \cdot L^{-1}$；

Δt——两次观测之间的时间间隔，s。

4）次径流量，本次洪水各时段径流量之和。

5）次产沙量，本次洪水各时段径流量之和。

6）次径流深，本次径流量除以流域面积。

7）次径流系数，本次径流深除以本次降雨量。

8）次径流平均含沙量，本次产沙量除以次径流量。

9）次产沙模数，本次产沙量除以流域面积。

（2）逐日径流泥沙（悬移质）计算。逐日径流泥沙分两种情况计算。

第一种情况是非洪水径流，水位和含沙量变化不大，根据水位观测和径流泥沙取样间隔计算平均值。日平均流量是指当日一次或两次的平均流量。如果不是每日观测，观测期

间的逐日平均流量均为相邻两次观测的平均值。日平均含沙量是指当日一次或两次径流泥沙取样的平均含沙量。如果不是每日观测，观测期间逐日平均含沙量均为相邻两次观测的平均值。日径流总量是日平均流量乘以一日的时间。日产沙总量是指日平均含沙量乘以日径流总量。

第二种情况是洪水径流，根据洪水过程观测和取样间隔计算逐日径流泥沙。日径流总量是当日各时段径流量之和。日产沙总量是当日各时段产沙量累加之和。日平均流量是当日各时段径流量之和（或日径流总量）除以日长。日平均含沙量是日产沙量总量除以日径流总量。

小流域日产沙模数是日产沙总量除以流域面积。

（3）基流量计算。南方地区小流域会有常年流水，表明径流中含有基流量。为了区分基流量和地表径流量，需要进行基流分割。下面主要介绍进行基流分隔的基流指数法（Base Flow Index，BFI）和 HYSEP 法。

基流指数法又称最小滑动法，由英国水文所（Hydrology Institute of England）1980 年提出。该方法以基流指数，即基流量与总径流量的比值为权重系数计算基流量。通常情况下，主要由地下水补给的河流 BFI 值接近 1，而季节性河流的 BFI 值趋近 0。BFI 法主要有标准 BFI(f) 法和改进 BFI(k) 法两种，其拐点检验因子 f 和 k 一般取经验值 0.9 和 0.97915。其计算原理是：以 N 天为一个时间单位，将每年划分成 $365/N$ 个时段，相邻 3 个时段内的最小流量值分别为 Q_{n-1}、Q_n、Q_{n+1}。如果某时段内的最小流量值与拐点检验因子 f（或 k）的积小于相邻左右时段内的最小流量值，即 $Q_n<fQ_{n-1}$ 且 $Q_n<fQ_{n+1}$（或 $Q_n<kQ_{n-1}$ 且 $Q_n<kQ_{n+1}$），则将中间点确定为拐点。在年内日流量过程线图上确定出所有拐点，并将所有拐点用直线连接，即可得到基流过程线，过程线以下的面积即为该年的基流量。

HYSEP 法由 Pettyjohn 和 Henning 于 1979 年提出。该方法首先利用经验公式 $N=(2.59A)^{0.2}$ 计算退水时间，N 为地表径流过程停滞后的退水时间（天），A 为流域面积（km^2）。用于基流分割的步长 d 取介于 3～11 之间、与 $2N$ 最为接近的奇数，然后利用步长 d 进行基流计算。HYSEP 法有固定步长法、滑动步长法和局部最小值法 3 种方式。固定步长法是在上述所选取的时间间隔内，将该时间间隔内的最小流量作为该时段内任意一天的基流；滑动步长法是将某天前后 $(2N-1)/2$ 内的最小流量作为该天的基流，由此计算出每一天的基流；局部最小值法是首先计算相邻时间步长内中心点的基流值，步长中心点之外时段的基流通过线性内插得到。时间步长内中心点的基流计算方法为：选择某一天前后 $(2N-1)/2$ 的时间范围内的最小值，并将其赋值为该天的基流，然后以本次计算的终点为下次时间的起点计算下一个时间步长中心点的基流。3 种方法均以本次计算的终点作为下次时间的起点，重复以上过程便可计算出基流分割过程。HYSEP 程序具有易操作、计算速度快、可重复使用、可计算长期的径流资料等优点，现已成为美国地质调查局使用的主要基流计算方法。

2.2.3.5 小流域观测资料整编

小流域观测资料是围绕每次或每日降雨和产流事件进行观测所得相关指标项的资料。为便于数据分析和应用，需要提供相关背景资料，如小流域基本情况，观测设施小区布设

情况，资料说明等，还应将每次降雨及产流按日期分逐次或逐日整理，并汇总为全年状况，这个过程就是资料整编。如果观测年限长，还应每5～10年进行资料的合并整编。

每年观测资料整编的主要内容包括以下几点。

（1）逐日降水量，格式同表2-1。

（2）降水过程摘录，格式同表2-2。

（3）流域控制站逐日平均流量，见表2-23。

表2-23　　流域控制站逐日平均流量

日	1月	2月	3月	4月	5月	6月	7月	8月	9月	10月	11月	12月
1												
2												
⋮												
31												
平均												
最大												
日期												
最小												
日期												
年统计	最大流量		日期		最小流量		日期		平均流量			
	径流量				径流模数				径流深			
备注												

（4）流域控制站逐日平均含沙量（悬移质），见表2-24。

表2-24　　流域控制站逐日平均含沙量

日	1月	2月	3月	4月	5月	6月	7月	8月	9月	10月	11月	12月
1												
2												
⋮												
31												
平均												
最大												
日期												
最小												
日期												
年统计	最大含沙量		日期		最小含沙量		日期		平均含沙量			
备注	含沙量：g/L											

(5) 流域逐日产沙模数(悬移质),见表 2-25。

表 2-25　　流域逐日产沙模数

日	1月	2月	3月	4月	5月	6月	7月	8月	9月	10月	11月	12月
1												
2												
⋮												
31												
平均												
最大												
日期												
年统计	最大产沙模数			日期		最小产沙模数				日期		平均
备注	产沙模数:t/ha											

(6) 流域径流泥沙过程(悬移质),见表 2-26。

表 2-26　　流域径流泥沙过程

降水次序	径流次序	月	日	时	分	水位/cm	流量/(m^3/s)	含沙量/(g/L)	时段/min	累积径流深/mm	累积产沙/(t/hm^2)	降水次序	径流次序	月	日	时	分	水位/cm	流量/(m^3/s)	含沙量/(g/L)	时段/min	累积径流深/mm	累积产沙/(t/hm^2)

(7) 流域逐次洪水径流泥沙(悬移质),见表 2-27。

表 2-27　　流域逐次洪水径流泥沙

径流次序	降雨起				降雨止			历时/min	雨量/mm	平均雨强/(mm/h)	I_{30}/(mm/h)	降雨侵蚀力/[MJ·mm/(ha·h)]	产流起			产流止			产流历时/min	洪峰流量/(m^3/s)	径流深/mm	径流系数	含沙量/(g/L)	产沙模数/(t/hm^2)	备注
	月	日	时	分	日	时	分						日	时	分	日	时	分							

(8) 流域年径流泥沙(悬移质),见表 2-28。

表 2-28　　流域年径流泥沙

年份	流域名称	流域面积/km^2	降雨量/mm	降雨侵蚀力/[MJ·mm/(ha·h)]	径流深/mm	径流系数	产沙模数/(t/hm^2)	备注

2.3 区域侵蚀监测

区域水力侵蚀监测是指对较大空间范围的水力侵蚀状况进行评价，包括水力侵蚀的面积、强度、分布和变化趋势，水土保持措施现状、变化与效益等。这里所说的“区域”可以是自然区域，如面积 $10^3\sim10^6\text{km}^2$ 以上的中流域或大流域，西北黄土高原区、东北黑土区等自然地理单元；也可以是县、市、省、国家等行政区域。由于空间范围大，难以直接监测径流泥沙，只能用间接方法对相关指标进行估算。

2.3.1 监测方法概述

目前，区域土壤流失监测主要有四类：一是土壤侵蚀强度制图。通过对区域土壤侵蚀影响因子的调查，分析土壤侵蚀强度及其影响因子的定量或半定量关系，划分不同的土壤侵蚀强度。二是抽样调查。按一定原则和比例在监测范围内抽样，调查抽样单元或地块的侵蚀因子状况，再利用土壤侵蚀预报模型估算土壤流失量，进而根据不同目的进行各层次管理区域或自然单元的土壤流失量汇总。三是遥感调查。基于一定的空间分辨率遥感影像和 GIS 技术，利用全数字作业的人机交互判读方法，通过分析地形、土地利用、植被覆盖等因子，确定土壤侵蚀类型及其强度与分布。四是网格估算。按一定空间分辨率将区域划分网格，网格大小取决于可获得数据的空间分辨率。基于 GIS 技术，利用土壤侵蚀预报模型估算各网格土壤流失量。

2.3.2 区域土壤侵蚀强度制图

区域土壤侵蚀制图是将土壤侵蚀强度空间分布以制图形式表达，多通过对影响土壤侵蚀的各种因素及其组合特征进行调查和综合评价得到。

Stocking 和 Elwell 进行津巴布韦土壤侵蚀强度制图时，基于 1∶1000000 地图，将全国划分为面积 184km^2 的网格系统[21]。根据土壤侵蚀影响因素综合评价，将每个网格的土壤侵蚀强度用 1（很低）～7（很高）级。所考虑的土壤侵蚀影响因素包括降雨侵蚀力、土壤类型决定的土壤可蚀性、坡度、植被覆盖度和人类活动强度（用人口密度及其类型表示）。给出每种影响因素的权重赋值（表 2-29），合计后依据土壤侵蚀强度标准（表 2-30）判断强度级别。

表 2-29　不同土壤侵蚀影响因子的权重赋值

分级	权重	降雨侵蚀力 /[J·mm/(m²·h)]	土壤可蚀性	降雨量/mm 和覆盖度/%	坡度 /(°)	人类活动
低	1	<5000	正铁铝土（Orthoferralit） 疏松岩性土（Icregosoils）	>1000， 70～100	0～2	大型商业住宅和国家公园或保护区
中低	2	5000～7000	c 准铁铝土（Paraferraliti）	800～1000， 50～80	2～4	大型商业农场
中	3	7000～9000	硅铝土（Fersiallitic）	600～800， 30～60	4～6	低密度居民点 <5 人/km^2

续表

分级	权重	降雨侵蚀力/[J·mm/(m²·h)]	土壤可蚀性	降雨量/mm和覆盖度/%	坡度/(°)	人类活动
中高	4	9000～11000	硅铝变性土（Siallitic vertisoils） 石质土（Lithosoils）	400～600，10～40	6～8	中密度居民点5～30人/km²
高	5	>11000	非钙质性土（Non-calcic hydro-morphic） 苏打土（Sodic）	<400，0～20	>8	高密度居民点>30人/km²

表2-30　土壤侵蚀强度分级

土壤侵蚀强度级别	很低	低	中低	中	中高	高	很高
综合得分	9～10	11～12	13～14	15～16	17～18	19～20	21

黄秉维通过对黄河中游流域土壤侵蚀影响因素及强度的调查，编制了黄河中游流域土壤侵蚀分区图[22]。该图不仅给出土壤侵蚀类型、影响因素的空间特征，而且评估了每个区域的水力侵蚀强度和风力侵蚀强度，至今仍是指导黄土高原水土流失治理的重要依据。该分区图依据植被茂密程度、地形特征和地面组成物质，将黄河中游的黄土高原分为3级共14个区。第一级按植被茂密程度分为二个大区：一是有完密植被区域；二是缺乏植被完密区域。前者包括高地草原、石质山岭林区和黄土丘陵林区等3个二级区，由于植被覆盖好，土壤侵蚀微弱，不再继续分为三级区；后者包括冲积平原、石质山岭、干燥草原、风沙区、黄土阶地、黄土高原和黄土丘陵区等7个二级区。其中，黄土阶地、黄土高原和黄土丘陵区等三个区域均有水力侵蚀和风力侵蚀的发生，由于前二者面积较小，黄土丘陵区面积大，因此只对黄土丘陵区进一步划分为三级区，由东北向西南再到西北分别为一副区、二副区、三副区、四副区和五副区。将该地区水力侵蚀强度分为五级：第一级异常强烈，土壤侵蚀模数大于10000t/km²；第二级甚强烈，为5000～10000t/km²；第三级强烈，为2000～5000t/km²；第四级中度，为1000～2000t/km²；第五级微弱，小于1000t/km²。根据这一标准，第一副区的水力侵蚀强度主要为一级异常强烈，第二、三副区的水力侵蚀强度主要为二级甚强烈，第四副区的水力侵蚀强度主要为四级中度，第五副区的水力侵蚀强度以二级甚强烈为主，兼有四级中度。

2.3.3 抽样调查

2.3.3.1 美国土壤侵蚀抽样调查

美国的土壤侵蚀抽样调查最早可追溯至1958年（1958Conservation Needs Inventory，1958CNI）[23]。为了维护和改善农业生产力角度，评估实施水土保持措施的重要性和紧迫性，以县为单位，采用1%～8%的抽样密度，布设了0.16～2.59km²（40～640英亩）的网格作为调查区域，称为抽样单元（Sample Unit），调查降雨、土壤和土地利用等。1977年，依据土壤与水资源保护法，水土保持局组织实施了全国资源调查NRI（National Resources Inventory），在全国布设了70000个基本抽样单元（Primary Sample Unit，PSU），并在每个抽样单元内布设1～3个采样点，调查通用土壤流失方程USLE和土壤风力侵蚀方程WEQ（Wind Erosion Equation）所需的相关参数，从而基于这两个模型对

土壤侵蚀进行定量评价。随后每隔 5 年，分别在 1982 年、1987 年、1992 年和 1997 年开展了同样的调查，每次调查的抽样单元和采样点数量有所不同[24]，最多达到 321000 个 PSU 和 800000 个采样点。1998—1999 年开始研究进行每年连续调查的技术方法，并尝试采用修订版通用土壤流失方程 RUSLE（Revised Universal Soil Loss Equation）以替代 USLE。2000 年正式启动了每年进行调查的方案。以 15 年序列的全国 300000 多个 PSU 和 800000 多个采样点形成的数据库为基础，每年调查其中约 42000 个核心 PSU 及其采样点，再选取约 30000 个 PSU 及其采样点进行轮换或补充调查，经过 8 年左右使所有单元都调查过一次。调查方法主要采用高分辨率航片，只有当无法获得当年航片或航片不清时，辅以实地调查。

抽样方法采用分层两阶段不等概空间抽样[25]。在全国按县、镇、层分为三级，每县面积 1490km^2，包括 16 个镇；每镇面积 94km^2，含三层；每层含 48 个基本抽样单元 PSU，每个抽样单元面积 64hm^2。第一阶段在每层 48 个基本抽样单元中随机抽 1～4 个，抽样密度为 1/48～4/48＝2%～8%。全国主体抽样密度为 4%，即每层抽 2 个 PSU。第二阶段在抽取的 PSU 内随机确定 1～3 个采样点，全国主体为 3 个采样点。按 1982 年的 321000 个 PSU 和 800000 个采样点的最大规模计算，全美约 3100 个县，平均每县约 104 个 PSU 和 258 个样点。北美连片大陆 48 个州，平均每个州有 6688 个 PSU 和 16667 个样点。

数据采集包括县级基础数据、抽样单元数据和样点数据[26]。县级基础数据用于数据处理与汇总时的质量控制；抽样单元数据除基本信息外，主要确定 PSU 范围内农场、建设用地（城镇和农村居民点）、交通用地和水域等四种土地利用类型的面积。样点数据是土壤侵蚀影响因子指标，包括：①土地覆盖/利用类型；②水土保持类型及其实施时间；③USLE 参数：降雨侵蚀力因子 R、土壤可蚀性因子 K、坡长因子 L、坡度因子 S、管理与覆盖因子 C、水土保持措施因子 P 和容许土壤流失量 T；④WEQ 参数：风力侵蚀气候因子 C、土壤可蚀性因子 I、微地形起伏糙度因子 K、盛行风向无防护农田距离 L 和植被盖度 V。数据处理是在 GIS 软件支持下，将所有采集的数据转化为样点数据，计算每个样点权重，即该样点代表的土地利用面积，然后进行不同自然区域或行政区域的汇总统计[27]。

土壤侵蚀调查一直由农业部前水土保持局 SCS（Soil ConservationService）、1994 年改名为自然资源保护局 NRCS（Natural Resources Conservation Service）组织实施。在全国成立了 21 个数据采集与合作片区 ICCS（Inventory Collection and Coordination Sites），基本职责是负责对辖区调查员培训、提供技术和设备支持，进行调查数据质量控制。数据质量控制包括调查前的人员培训、调查过程中的咨询指导和调查数据质量审核。其中，调查前的培训既有国家级培训，又有州级培训，并开发了计算机辅助调查信息系统 CASIC（Computer Assisted Survey Information Collection）。国家级技术支撑单位一直是爱荷华州立大学的统计实验室。从 1958 年的抽样设计，到目前的质量控制、数据成果分析、开发的系列调查与数据分析软件等，均由其负责。主要内容有：①利用土壤普查数据库采集抽样单元样点的土壤信息；②审核抽样单元和样点数据的有效性、完整性和一致性；③利用地统计学方法插补未调查点的数据；④建立样点数据库并计算样点权重；⑤计算土壤流

失总量、流失速率、不同侵蚀强度面积等，评估侵蚀现状；⑥分析土壤侵蚀动态变化；⑦更新和完善数据库。

调查成果采用统计表、变化图和分布图等形式发布，评价州、大区和全国尺度的土壤侵蚀现状和动态。如2009年发布的2007年调查成果表明[27]：1982—2007年的25年，来自耕地的土壤侵蚀量减少了43%，其中，水力侵蚀量由1982年的15.24亿t/a减少到2007年的8.71亿t/a，风力侵蚀量由12.52亿t/a减少到6.99亿t/a。耕地水力侵蚀模数从1982年的896.7t/(km^2·a）降到2007年的605.3t/(km^2·a)，风力侵蚀模数从739.8t/(km^2·a）降到470.8t/(km^2·a)。虽然1997年以后侵蚀模数降低速度放缓，但一直呈下降趋势。受气候、土壤、地形和耕作的影响，土壤侵蚀主要集中在中部地区。全国10个农业产区中，玉米带和北部平原两个区集中了54%的水力侵蚀，北部平原、南部平原、山区和湖区4个区域集中了93%的风力侵蚀。侵蚀模数下降的趋势在10个区均得到反映，其中阿巴拉契亚区的水力侵蚀模数减幅最大，从1982年的1524.3tt/(km^2·a）降至2007年的717.3t/(km^2·a)，减少53%；南部平原区的风力侵蚀模数减幅最大，从2219.3t/(km^2·a）减至1389.8t/(km^2·a)，减少37%。2007年土壤侵蚀模数（包括风力侵蚀和水力侵蚀）最小的区是东北地区，为605.3t/(km^2·a)；最大的区是南部平原区，为1972.7t/(km^2·a)。1982年有68.4万km^{2}耕地的土壤侵蚀模数大于容许土壤流失量，占耕地面积的40%；到2007年已减少到40.1万km^2，仅占耕地面积的28%。

2.3.3.2 中国土壤侵蚀抽样调查

2010—2013年第一次全国水利普查中，首次进行了土壤侵蚀抽样调查[28]。首先采用分层不等概系统抽样方法确定野外调查单元，是指实地进行水土保持措施类型及其分布调查的空间范围：平原区一般为1km×1km的网格，丘陵区和山区为0.2～3km^{2}的小流域。将全国统一划分四级分层网格，第一层为40km×40km网格，第二层为10km×10km网格，第三层为5km×5km网格，第四层为1km×1km网格，称为基本调查单元。在每个5km×5km网格中心抽取1个1km×1km网格，因此将5km×5km网格称为控制区，被抽取的野外调查单元称为抽样单元，抽样密度为4%。可根据土壤侵蚀发生与否，人力和财力资源等，以4%密度为基础降低抽样密度，如1%、0.25%和0.0625%等。本次普查在扣除冰川、永久雪地、沙漠、戈壁、沼泽、大型湖泊、水库等区域后，普遍采用1%抽样密度，在平原、城区、深山林区等采用0.0625%～0.25%抽样密度。共计布设32364个水力侵蚀野外调查单元。然后根据抽取的1km×1km网格中心点经纬度，计算其所在1∶10000地形图图幅号，在该地形图上确定调查单元的具体位置和范围，并利用GIS软件对调查单元边界及其范围内的等高线进行数字化，输出供野外调查用的A4版面的野外调查底图。

野外调查内容与方法与前述小流域水土流失调查内容与方法相同（参见2.2.1小节）。利用式（2-22）的C、S、L、E计算所有野外调查单元的土壤水力侵蚀模数，然后依据水利部颁布的《土壤侵蚀分类分级标准》(SL 190—2007)（表2-18）判断土壤水力侵蚀强度。轻度及以上（包括轻度、中度、强烈、极强烈和剧烈等五级）的面积属于水力侵蚀面积。最后进行省级行政区空间插值和汇总统计。降雨侵蚀力因子R收集全国范围气象站和水文站1981—2010年共计30年的逐日侵蚀性日雨量（日雨量大于等于12mm）资料，利用式（2-23）～式（2-25）计算。土壤可蚀性因子 K 收集全国各省（自治区、直辖市）的土种志资料和土壤类型图（纸质），经数字化和建立属性表后，利用式（2-31）计算。坡长因子 L 和坡度因子 S 根据调查单元数字化等高线，利用式（2-28）～式（2-30）计算。植被覆盖与生物措施因子 B 利用遥感影像估算的植被覆盖度及调查的林下盖度计算。工程措施因子 E、耕作措施因子 T 利用调查单元地块信息表，查表 2-16 获得。

2012 年 3 月，水利部和国家统计局公告了土壤侵蚀调查结果[29]。全国水力侵蚀总面积 129.32 万 km^2，其中轻度、中度、强烈、极强烈和剧烈侵蚀的面积分别为 66.76 万 km^2、35.14 万 km^2、16.87 万 km^2、7.63 万 km^2 和 2.92 万 km^2，所占比例分别为 51.62%、27.18%、13.04%、5.90%和 2.26%。水力侵蚀强度等级构成中，轻度侵蚀面积最大，中度侵蚀面积次之，两项合计占 78.43%；中度以上面积占 21.57%。全国各省份都存在不同程度的水力侵蚀。侵蚀面积较大的四川、云南、内蒙古、新疆、甘肃、黑龙江、陕西、山西、西藏和贵州等 10 个省（自治区），侵蚀面积占全国侵蚀总面积的 63.51%。从水力侵蚀面积占辖区国土面积比例看，超过 25%的有 7 个省（自治区、直辖市），包括山西、重庆、陕西、贵州、辽宁、云南和宁夏等，主要集中在西北黄土高原区和西南地区。

2.3.4　遥感调查

我国从 20 世纪 80 年代开始，利用遥感与计算机相结合的技术，先后进行了三次土壤侵蚀遥感调查[4]。不仅全面查清了不同时期全国水力和风力侵蚀面积及其空间分布，而且为全国水土保持生态建设规划提供了重要依据。

土壤侵蚀遥感调查的基本过程包括：①统一购置遥感信息源和相关资料；②按照相应的技术标准与实施方案进行遥感影像解译；③采用规定的标准判读土壤侵蚀侵蚀强度；④进行水土流失面积汇总。在此过程中，通过技术培训、调查过程中的质量检查和野外复核、调查后的成果验收等方式进行数据质量控制。

第一次土壤侵蚀遥感调查于 1985 进行，采用美国陆地资源卫星 MSS（Multi Spectral Scanner，多光谱扫描仪）假彩色图像，1 个像元代表的实际面积为 79m×79m，进行人工目视解译和手工勾绘成图。制图比例尺全国为 1∶50 万，各流域（片）制图比例尺不小于 1∶50 万，全国拼成后缩成 1∶250 万。要求的最小图斑面积≥3.5mm×3.5mm，最短流水线≥3.5mm。土壤侵蚀强度标准按照《应用遥感技术调查全国土壤侵蚀现状与编制全国土壤侵蚀图技术工作细则》（水利部遥感中心，1986 年 4 月）划分的土壤侵蚀分类分级（表 2-31）。成果由国务院于 1991 年发布[30]，全国水土流失面积 367 万 km^2，其中水力侵蚀面积 179 万 km^2，风力侵蚀面积 188 万 km^2。

第二次土壤侵蚀遥感调查于 1999 年进行[31]，采用美国 1995—1996 年 TM（Thematic Mapper，专题制图仪）遥感影像，1 个像元代表的实际面积为 30m×30m，利用 GIS 软件，通过人机交互勾绘、直接生成图斑并统计其面积的全数字化作业方式。既省去手工勾绘量算图斑面积这一耗费人力、花费时间的工作环节，加快了调查速度，提高了精度，又建立了可查询的数据库，保证了数据、图斑和影像的一致性，为后续应用奠定了基础。制图比例尺为 1∶100000，各省（自治区、直辖市）完成数字图后，经省际数字图接边和全国数据集成形成全国 1∶100000 数字图。图斑定位偏差＜0.6mm（相当于 TM 的 2 个像元），成图最小图斑≥6×6个像元，条状地物图斑短边长度≥4个像元。土壤侵蚀强度标准依据部颁标准《土壤侵蚀分类分级标准》（SL 190—96）。成果由国务院于2002年发布[32]，全国水土流失面积356万km^2，其中水力侵蚀面积165万km^2，风力侵蚀面积191万km^2；在水力侵蚀和风力侵蚀面积中，水蚀风蚀交错区面积26万km^2。

第三次土壤侵蚀遥感调查于2001年进行[31]，资料与方法与第二次遥感调查相同，只是采用的TM影像年代不同，本次采用的是2000年TM遥感影像。三次遥感调查的土壤侵蚀强度分级标准见表2-31。

表2-31　三次土壤侵蚀遥感调查采用的土壤侵蚀强度分级标准

强度	侵蚀强度分级		面蚀相关指标分级			
	侵蚀模数		坡度/(°)		植被覆盖度/%	
	第一次	第二、第三次	第一次	第二、第三次	第一次	第二、第三次
微度	<200，500，1000	<200，500，1000	<3	<5	>90	>75
轻度	200，500，1000～2500	200，500，1000～2500	3～5	5～8	70～90	60～75
中度	2500～7000	2500～5000	5～8	8～15	50～70	45～60
强度	7000～8000	5000～8000	8～15	15～25	30～50	30～45
极强度	8000～15000	8000～15000	15～25	25～35	10～30	<30
剧烈	>15000	>15000	>25	>35	<10	

2.3.5 网格估算

网格估算是在区域范围内收集与土壤侵蚀模型参数相关的资料，通过空间插值生成覆盖全区域的网格数据，最终利用土壤侵蚀模型评价土壤侵蚀状况。网格大小即空间分辨率取决于收集资料的精度。该方法以澳大利亚[33]和欧洲各国[34]为代表。

1997—2001年，澳大利亚开展了国家土地与水资源调查（The National Land and Water Resources Audit），旨在了解全国土地和水资源现状及其变化，为经济可持续发展、资源管理和可持续利用提供决策依据。项目分7个专题实施，第五个专题是农业生产力与可持续能力，包含了土壤侵蚀调查。土壤侵蚀调查采用网格估算方法：依据不同数据源精度，在全国范围内划分网格，利用土壤侵蚀模型计算土壤侵蚀模数。采用的模型是修订版通用土壤流失方程RUSLE，但受资料限制，对模型参数进行了简化处理：降雨侵蚀力采用全国120个雨量站20年日雨量计算，插值生成0.050×0.050网格（经度×纬度）；土壤可蚀性基于全国土壤类型图的土壤属性性质计算，插值生成0.00250×0.00250网格；坡度和坡长因子采用全国数字高程模型DEM计算，分辨率为0.00250×0.00250；覆盖与管理因子采用NOAA气象卫星（National Oceanic and Atmospheric Administration），AVHRR（Advanced Very High Resolution Radiometer）影像的13年归一化植被指数（NDVI）计算，插值生成0.010×0.010网格；因无资料，水土保持措施因子取值为1，不考虑其影响。此外，还采用了1997年分辨率为1km的全国土地利用图。在GIS软件支持下，以月为单位计算各月土壤侵蚀速率，然后累加得到全年土壤侵蚀模数，分辨率为0.00250×0.0250（经度×纬度）。虽然实现了无缝隙计算，但仍存在两个问题：一是受数据源空间精度限制，估算误差大。地形因子 0.0025°的空间分辨率会使坡度平滑，失去了采用模型的意义。二是没有考虑水土保持措施的影响。属于危险性评价，而非实际现状评价。

20 世纪 90 年代到 21 世纪初，欧盟联合研究中心欧洲土壤局网络实施了土壤侵蚀危险性评价项目，旨在识别土壤侵蚀易发生区域，为欧盟国家制定土壤保护和退化防治政策提供信息。先后在整个欧洲、欧洲内不同区域或国家采用不同方法进行了侵蚀危险性评价，评价方法概括为专家法和模型法。模型法采用 USLE 模型计算土壤侵蚀模数，评价潜在危险性和实际危险性。前者是指气候、地形和土壤条件下决定的土壤流失量，不考虑植被覆盖 C 与水土保持措施 P 作用（或 $C=1$，$P=1$）。后者增加了当前植被覆盖的影响（即 $P=1$）。降雨侵蚀力利用欧洲大陆 578 个气象站 1989—1998 年日雨量资料计算各月和年值，插值为空间分辨率 1km 的网格。土壤可蚀性采用欧洲 1∶1000000 土壤地理数据库中的每种土壤类型表土机械组成和有机质含量计算其因子值，每个图斑包括一种或多种土壤类型，通过面积加权平均得到图斑因子值。坡度和坡长因子采用分辨率 1km 的数字高程模型 DEM 计算；覆盖与管理因子采用 NOAA（AVHRR）归一化植被指数（NDVI）计算，水土保持措施因子取值为 1，不考虑其影响。专家法用因子分级打分法评价。考虑的因子包括：①坡度，分为 8 级；②土壤，分为理化性质、结皮和土壤可蚀性等 3 种指标；③气候，分为降雨量、大于等于 40mm 日雨量的频率和降雨侵蚀力等 3 种指标。对不同土地利用类型按上述因子的侵蚀敏感性打分，利用层次分析法得到侵蚀危险性等级。

总体来看，网格估算方法无法考虑水土保持措施，只能算作是侵蚀发生的危险性评价。

2.4　本　章　附　录

附录 1　　　　**小流域调查表填表说明**

<table>
<tr><td colspan="14">1. 行政区：1.1 名称：省（自治区、直辖市）地区（市、州、盟）县（区、市、旗）</td></tr>
<tr><td colspan="14">2. 基本信息：2.1 小流域名称和代码　2.2 位置描述　2.3 经度□□□°□□′□□″　2.4 纬度□□°□□′□□″</td></tr>
<tr><td rowspan="3">3. 地块编号</td><td colspan="2">4. 土地利用</td><td colspan="4">5. 植被覆盖与生物措施</td><td colspan="4">6. 工程措施</td><td colspan="2">7. 耕作措施</td><td rowspan="3">8. 备注</td></tr>
<tr><td rowspan="2">4.1 类型</td><td rowspan="2">4.2 代码</td><td rowspan="2">5.1 类型</td><td rowspan="2">5.2 代码</td><td colspan="2">5.3</td><td rowspan="2">6.1 类型</td><td rowspan="2">6.2 代码</td><td rowspan="2">6.3 建设时间</td><td rowspan="2">6.4 质量</td><td rowspan="2">7.1 类型</td><td rowspan="2">7.2 代码</td></tr>
<tr><td>郁闭度 /%</td><td>盖度 /%</td></tr>
<tr><td></td><td></td><td></td><td></td><td></td><td></td><td></td><td></td><td></td><td></td><td></td><td></td><td></td><td></td></tr>
<tr><td></td><td></td><td></td><td></td><td></td><td></td><td></td><td></td><td></td><td></td><td></td><td></td><td></td><td></td></tr>
<tr><td></td><td></td><td></td><td></td><td></td><td></td><td></td><td></td><td></td><td></td><td></td><td></td><td></td><td></td></tr>
<tr><td></td><td></td><td></td><td></td><td></td><td></td><td></td><td></td><td></td><td></td><td></td><td></td><td></td><td></td></tr>
<tr><td></td><td></td><td></td><td></td><td></td><td></td><td></td><td></td><td></td><td></td><td></td><td></td><td></td><td></td></tr>
<tr><td></td><td></td><td></td><td></td><td></td><td></td><td></td><td></td><td></td><td></td><td></td><td></td><td></td><td></td></tr>
</table>

（第　页/共　页）

填表人：　　　　联系电话：　　　　填表日期：　　　　年　　月　　日
复核人：　　　　联系电话：　　　　填表日期：　　　　年　　月　　日
审查人：　　　　联系电话：　　　　填表日期：　　　　年　　月　　日

一、填表要求

1. 本表按小流域填写，每个小流域填写一份。

2. 本表由小流域调查人员填写。

3. 普查表必须用钢笔或签字笔（中性笔）填写。需要用文字表述的，必须用汉字工整、清晰地填写；需要填写数字的，一律用阿拉伯数字表示。填写数据时，应按给定单位和规定保留位数；表中各项指标是指调查期地块的现状。

4. 填表人、复核人、审查人需在表下方相应位置签名，填写时间，并加盖单位公章。

5. 小流域内地块数量如一页不够填写，可续表填写，标注页码。

二、指标解释及填表说明

【1. 行政区】填写普查所在的行政区名称和全国统一规定的行政区代码。

【2. 基本信息】填写野外调查单元的编号和位置描述。

【2.1 小流域名称和代码】填写野外调查底图上小流域名称，如有代码也填写。

【2.2 位置描述】选用野外调查单元内部或邻近一个显著地标名称（如村名）填写。

【2.3 经度】填写野外调查单元内一点的经度，单位°、′、″，保留整数位。

【2.4 纬度】填写野外调查单元内一点的纬度，单位°、′、″，保留整数位。

【3. 地块编号】地块是指野外调查单元内，土地利用类型相同、郁闭度/盖度相同、水土保持措施相同、空间连续的范围。按照野外调查顺序填写编号：第一个调查地块编号为“1”，第二个调查地块编号为“2”，以此类推，不得重复。表中地块编号要与现场勾绘的野外调查图上的地块编号一致。

【4. 土地利用】按《野外调查单元土地利用现状分类表》填写。

【4.1 类型】按《野外调查单元土地利用现状分类表》，填写到二级类名称。其中园地、林地和草地如果是单一种类，在“8. 备注”栏填写具体的林种或草种名称，如“柑橘”“刺槐林”“柠条”“苜蓿”分别表示单一种类的园地、林地、灌木林和草地。如果是混交种类，按优势种最多填写三个种类。

【4.2 代码】按《野外调查单元土地利用现状分类表》，填写到相应二级类的代码。

【5. 植被覆盖与生物措施】按《野外调查单元水土保持措施分类表》查表填写。《野外调查单元水土保持措施分类》参照《水土保持综合治理技术规范——坡耕地治理技术》（GB/T 16453.1—1996）、《水土保持综合治理技术规范——荒地治理技术》（GB/T 16453.2—1996）等编写。

【5.1 类型】按《野外调查单元水土保持措施分类表》查表填写到二级类或三级类。如果是“草水路（草皮泄水道）”“农田防护林”等条带型措施，在备注栏中填其长度。如果属于“其他措施”，填写当地名称，并另起一行填写规格、用途等。

【5.2 代码】按《野外调查单元水土保持措施分类表》查表填写【5.1 类型】对应的二级或三级代码。如果属于“其他措施”，代码填写“99”。无生物措施，代码填写“0”。

【5.3 郁闭度】郁闭度是指乔木在单位面积内其垂直投影面积所占百分比（%），保留整数位。

【5.4 盖度】盖度是指灌木或草本植物在单位面积内其垂直投影面积所占百分比，单位%，保留整数位。郁闭度和盖度采用人工目视判别，参照《野外目估郁闭度/盖度参考

图》确定。

乔木林填写格式为：在“郁闭度”栏填写郁闭度如“60”，在“盖度”栏填写其下灌木和草地的盖度。如“50”，表示乔木林郁闭度为60%，其下灌木和草地盖度为50%。注意：盖度包括覆盖在地表的枯枝落叶。

灌木林（和草地）填写格式为：在郁闭度栏填写“0”，在“盖度”栏填写盖度，如“60”，表示灌木林（和草地）盖度为60%。注意：盖度包括覆盖在地表的枯枝落叶。

农地填写格式为：在“5.1类型”栏填写“无”，在“5.2代码”栏填写“0”，在“5.3郁闭度/盖度”栏均填写“无”，在“8. 备注”栏内填写“作物名称加盖度”，如“玉米60”，表示玉米地，盖度为60%。如果是套种或间作，在备注栏内填写格式为“作物1加作物2加盖度”；如果是几种作物地相连，最多填写面积最大的三种作物，填写格式为“作物1加盖度，作物2加盖度，作物3加盖度”，如“小麦60，玉米30，大豆10”。

【6. 工程措施】按《野外调查单元水土保持措施分类表》查表填写。

【6.1类型】按《野外调查单元水土保持措施分类表》查表填写到二级类或三级类。如果是“坡面小型蓄排工程”，仅填写到二级类名称。如果是“路旁沟底小型蓄引工程”“沟头防护”“谷坊”“淤地坝”“引洪漫地”“崩岗治理工程”“引水拉沙造地”“沙障固沙”等措施，在“8. 备注”栏中填写调查地块内包含的工程个数。如果属于“其他措施”，填写当地名称，并另起一行详细填写其规格、用途等；无工程措施，填写“无”。

【6.2代码】按《野外调查单元水土保持措施分类表》查表填写【6.1类型】对应的二级类或三级类代码。如果属于“其他措施”，代码填写“99”。无工程措施，代码填写“0”。

【6.3完成时间】填写工程措施建成完工的年份，如具体年份不详，可填写建设的年代。

【6.4质量】填写目前工程措施的好坏程度，分为“好”“中”“差”三级，按照标准选择填写。水平沟、鱼鳞坑、大型果树坑、谷坊、淤地坝、沟头防护工程、坡面小型蓄排工程等淤积型措施按其淤积程度划分，淤积程度在25%以下认定其质量为“好”，淤积程度在25%～50%认定其质量为“中”，淤积程度在50%以上认定其质量为“差”。

梯田、窄梯田、水平阶等有较高土埂的措施，按其土埂冲垮破坏程度划分质量等级。土埂保持完好，破坏程度在25%以下认定其质量为“好”，土埂破坏程度在25%～50%认定其质量为“中”，土埂破坏程度在50%以上认定其质量为“差”。

【7. 耕作措施】按《野外调查单元水土保持措施分类表》查表填写。

【7.1类型】按《野外调查单元水土保持措施分类表》查表填写到二级类或三级类。其中“轮作”措施的三级类名称查《全国轮作制度区划及轮作措施三级分类名称和代码表》。如果属于“其他措施”，填写当地名称，并另起一行详细其规格、用途等。无耕作措施，填写“无”。

【7.2代码】按《土壤侵蚀野外调查单元水土保持措施分类表》查表填写【7.1类型】对应的二级类或三级类代码，其中“轮作”措施的三级类代码查《全国轮作制度区划及轮作措施三级分类名称和代码表》。如果轮作的作物种类与表中作物不一致，填写三级代码的前6位，并在备注栏中填写现在轮作作物种类。如果属于“其他措施”，代码填写

“99”。无耕作措施，代码填写“0”。有多种耕作措施，续行填写。

【8. 备注】填写前述各项中要求在备注栏填写的内容，如园地、林地、草地的种类名称，农地的作物名称与盖度等。

三、审核关系

主要进行普查指标完整性审核及普查数据有效性、逻辑性、相关性审核。各指标项不得为空，“经度”中“°”范围为72°～136°、“′”范围为0′～59′、“″”范围为0～59″，“纬度”中“°”范围为16～54°、“′”范围为0～59′，“″”范围为0～59″。

附录2　　　　小流域调查土地利用现状分类

一级类		二级类		含　义
代码	名称	代码	名称	
01	耕地			指种植农作物的土地，包括熟地，新开发、复垦、整理地，休闲地（含轮歇地、轮作地）；以种植农作物（含蔬菜）为主，间有零星果树、桑树或其他树木的土地；平均每年能保证收获一季的已垦滩地和海涂。耕地中包括南方宽度小于1.0m、北方宽度＜2.0m固定的沟、渠、路和地坎（埂）；临时种植药材、草皮、花卉、苗木等的耕地，以及其他临时改变用途的耕地
		011	水田	指用于种植水稻、莲藕等水生农作物的耕地。包括实行水生、旱生农作物轮种的耕地
		012	水浇地	指有水源保证和灌溉设施，在一般年景能正常灌溉，种植旱生农作物的耕地。包括种植蔬菜等的非工厂化的大棚用地
		013	旱地	指无灌溉设施，主要靠天然降水种植旱生农作物的耕地，包括没有灌溉设施，仅靠引洪淤灌的耕地
02	园地			指种植以采集果、叶、根、茎、汁等为主的集约经营的多年生木本和草本作物，覆盖度大于50%或每亩株数大于合理株数70%的土地。包括用于育苗的土地
		021	果园	指种植果树的园地
		022	茶园	指种植茶树的园地
		023	其他园地	指种植桑树、橡胶、可可、咖啡、油棕、胡椒、药材等其他多年生作物的园地
03	林地			指生长乔木、竹类、灌木的土地，及沿海生长红树林的土地。包括迹地，不包括居民点内部的绿化林木用地，铁路、公路征地范围内的林木，以及河流、沟渠的护堤林
		031	有林地	指树木郁闭度≥0.2的乔木林地，包括红树林地和竹林地
		032	灌木林地	指灌木覆盖度≥40%的林地
		033	其他林地	包括疏林地（指树木郁闭度≥0.1、＜0.2的林地）、未成林地、迹地、苗圃等林地
04	草地			指生长草本植物为主的土地
		041	天然牧草地	指以天然草本植物为主，用于放牧或割草的草地
		042	人工牧草地	指人工种植牧草的草地
		043	其他草地	指树木郁闭度＜0.1，表层为土质，生长草本植物为主，不用于畜牧业的草地

续表

一级类		二级类		含　义
代码	名称	代码	名称	
05	居民点及工矿用地	051	城镇居民点	指城镇用于生活居住的各类房屋用地及其附属设施用地。包括普通住宅、公寓、别墅等用地
		052	农村居民点	指农村用于生活居住的宅基地
		053	独立工矿用地	指主要用于工业生产、物资存放场所的土地
		054	商服及公共用地	指主要用于商业、服务业以及机关团体、新闻出版、科教文卫、风景名胜、公共设施等的土地
		055	特殊用地	指用于军事设施、涉外、宗教、监教、殡葬等的土地
		056	在建生产项目用地	指正在进行建设活动的生产用地，包括公路、铁路、电力、水利工程、非金属矿、煤炭、石油天然气、城建、加工制造业等行业类型的土地
06	交通运输用地			指用于运输通行的地面线路、场站等的土地。包括民用机场、港口、码头、地面运输管道和各种道路用地
07	水域及水利设施用地			指河流水面、湖泊水面、水库水面、坑塘水面、沿海滩涂、内陆滩涂、沟渠、水工建筑用地、冰川及永久积雪等用地。不包括滞洪区和已垦滩涂中的耕地、园地、林地、居民点、道路等用地
08	其他土地			指上述地类以外的其他类型的土地，包括盐碱地、沼泽地、沙地、裸地等
		081	盐碱地	指土壤里面所含的盐分影响到作物的正常生长的土地
		082	沼泽地	指长期受积水浸泡，水草茂密的土地
		083	沙地	指表层为沙覆盖、基本无植被的土地，包括沙漠，不包括水系中的沙滩
		084	裸土	表层为土壤，且地表植被盖度小于 5% 的土地；或砾石覆盖小于 70% 的土地
		085	裸岩石（砾）地	表层为岩石或石砾，其覆盖面积大于 70% 的土地

注　本表参考《土地利用现状分类》(GB/T 21010—2007) 和 1984 年制定的《土地利用现状调查技术规程》，以《土地利用现状分类》(GB/T 21010—2007) 为主制作完成。

附录 3　小流域调查水土保持措施分类

一级分类		二级分类		三级分类		含义描述
代码	名称	代码	名称	代码	名称	
01	生物措施	0101	造林	010101	人工乔木林	采取人工种植乔木林措施，以防治水土流失
				010102	人工灌木林	采取人工种植灌木林措施，以防治水土流失
				010103	人工混交林	采取人工种植两个或两个以上树种组成的森林的措施，以防治水土流失
				010104	飞播乔木林	采取飞机播种方式种植乔木林措施，以防治水土流失
				010105	飞播灌木林	采取飞机播种方式种植灌木林措施，以防治水土流失
				010106	飞播混交林	采取飞机播种方式种植两个或两个以上树种组成的森林措施，以防治水土流失
				010107	经果林	采取人工种植经济果树林措施，以防治水土流失

续表

一级分类		二级分类		三级分类		含义描述
代码	名称	代码	名称	代码	名称	
01	生物措施	0101	造林	010108	农田防护林	主林带走向应垂直与主风向，或呈不大于30°～45°的偏角。主林带与副林带垂直；如因地形地物限制，主、副林带可以有一定交角。主带宽8～12m，副带宽4～6m，地少人多地区，主带宽5～6m，副带宽3～4m。林带的间距应按乔木主要树种壮龄时期平均高度的15～20倍计算。主林带和副林带交叉处只在一侧留出20m宽缺口，便于交通
				010109	四旁林	指在非林地中村旁、宅旁、路旁、水旁栽植的树木
		0102	种草	010201	人工种草	采取人工种草措施，以防治水土流失
				010202	飞播种草	采取飞机播种种草措施，以防治水土流失
				010203	草水路	为防止沿坡面的沟道冲刷而采用的种草护沟措施。草水路用于沟道改道或阶地沟道出口，沿坡面向下，处理径流进入水系或其他出口。可以利用天然的排水沟或草间水沟。一般用在坡度小于11°的坡面
		0103	封育	010301	封山育乔木林	原始植被遭到破坏后，通过围栏封禁，严禁人畜进入，经长期恢复为乔木林
				010302	封山育灌木林	原始植被遭到破坏后，通过围栏封禁，严禁人畜进入，经长期恢复为灌木林
				010303	封坡育草	由于过度放牧等导致草场退化，通过围栏封禁，严禁牲畜进入和采取改良措施
				010304	生态恢复乔木林	原始植被遭到破坏后，通过政策、法规及其他管理办法等，限制人畜进入，经长期恢复为乔木林
				010305	生态恢复灌木林	原始植被遭到破坏后，通过政策、法规及其他管理办法等，限制人畜进入，经长期恢复为灌木林
				010306	生态恢复草地	由于过度放牧等导致草场退化，通过政策、法规及其他管理办法等，限制牲畜进入，经长期恢复为草地
		0104	轮牧			不同年份或不同季节进行轮流放牧，使草场恢复的措施
02	工程措施	0201	梯田	020101	土坎水平梯田	田面宽度，陡坡区一般为5～15m，缓坡区一般为20～40m；田边蓄水埂高0.3～0.5m，顶宽0.3～0.5m，内外坡比约1∶1。黄土高原水平梯田的修建多为就地取材，以黄土修建地埂
				020102	石坎水平梯田	长江流域以南地区，多为土石山区或石质山区，坡耕地土层中多夹石砾、石块。修筑梯田时就地取材修筑石坎梯田。修筑石坎的材料可分为条石、块石、卵石、片石、土石混合。石坎外坡坡度一般为1∶0.75；内坡接近垂直，顶宽0.3～0.5m
				020103	坡式梯田	在较为平缓的坡地上沿等高线构筑挡水拦泥土埂，埂间仍维持原有坡面不动，借雨水冲刷和逐年翻耕，使埂间坡面渐渐变平，最终成为水平梯田。埂顶宽30～40cm。埂高50～60cm，外坡1∶0.5，内坡1∶1。根据地面坡度情况，一般是地面坡度越陡，沟埂间距越小；地面坡度越缓，沟埂间距越大。根据地区降雨情况，一般雨量和强度大的地区沟埂间距小些，雨量和强度小的地区沟埂间距应大些

续表

一级分类		二级分类		三级分类		含义描述
代码	名称	代码	名称	代码	名称	
02	工程措施	0201	梯田	020104	隔坡梯田	根据拦蓄利用径流的要求，在坡面上修建的每一台水平梯田，其上方都留出一定面积的原坡面不修，坡面产生的径流拦蓄于下方的水平田面上，这种平、坡相间的复式梯田布置形式，叫做隔坡梯田。隔坡梯田适应的地面坡度（15°～25°），水平田宽一般5～10m，坡度缓的可宽些，坡度陡的可窄些。以水平田面宽度为1，则斜坡部分的宽度比例可为1：1～1：3（或者更大）
		0202	软埝			在小于8°的缓坡上，横坡每隔一定距离，做一条埂子，埂的两坡坡度很缓。时间久了，通过软埝，可以把坡地变成梯田
		0203	坡面小型蓄排工程			指防治坡面水土流失的截水沟、排水沟、蓄水池、沉沙池等工程
				020301	截水沟	当坡面下部是梯田或林草，上部是坡耕地或荒坡时，应在其交界处布设截水沟
				020302	排水沟	一般布设在坡面截水沟的两端，用以排除截水沟不能容纳的地表径流。排水沟的终端连接蓄水池或天然排水道
				020303	蓄水池	一般布设在坡脚或坡面局部低凹处，与排水沟的终端相连，以容蓄坡面排水
				020304	沉沙池	一般布设在蓄水池进水口的上游附近。排水沟排出的水量，先进入沉沙池，泥沙沉淀后，再将清水排入池中
		0204	水平阶（反坡梯田）			适用于15°～25°的陡坡，阶面宽1.0～1.5m，具有3°～5°反坡，也称反坡梯田。上下两阶间的水平距离，以设计的造林行距为准。要求在暴雨中各台水平阶间斜坡径流，在阶面上能全部或大部容纳入渗，以此确定阶面宽度、反坡坡度，调整阶间距离
		0205	水平沟			适用于15°～25°的陡坡。沟口上宽0.6～1.0m，沟底宽0.3～0.5m，沟深0.4～0.6m，沟由半挖半填做成，内侧挖出的生土用在外侧作梗。树苗植于沟底外侧。根据设计的造林行距和坡面暴雨径流情况，确定上下两沟的间距和沟的具体尺寸
		0206	鱼鳞坑			坑平面呈半圆形，长径0.8～1.5m，短径0.5～0.8m；坑深0.3～0.5m，坑内取土在下沿作成弧状土埂，高0.2～0.3m（中部较高，两端较低）。各坑在坡面基本上沿等高线布设，上下两行坑口呈“品”字形错开排列。坑的两端，开挖宽深各约0.2～0.3m、倒“八”字形的截水沟
		0207	大型果树坑			在土层极薄的土石山区或丘陵区种植果树时，需在坡面开挖大型果树坑，深0.8～1.0m，圆形直径0.8～1.0m，方形各边长0.8～1.0m，取出坑内石砾或生土，将附近表土填入坑内

续表

一级分类		二级分类		三级分类		含义描述
代码	名称	代码	名称	代码	名称	
02	工程措施	0208	路旁、沟底小型蓄引工程	020801	水窖	一种地下埋藏式蓄水工程。主要设在村旁、路旁、有足够地表径流来源的地方。窖址应有深厚坚实的土层，距沟头、沟边 20m 以上，距大树根 10m 以上。在土质地区和岩石地区都有应用。在土质地区的水窖多为圆形断面，可分为圆柱形、瓶形、烧杯形、坛形等，其防渗材料可采用水泥砂浆抹面、黏土或现浇混凝土；岩石地区水窖一般为矩形宽浅式，多采用浆砌石砌筑
				020802	涝池	主要修于路旁，用于拦蓄道路径流，防止道路冲刷与沟头前进；同时可供饮牲口和洗涤之用
		0209	沟头防护	020901	蓄水型沟头防护	主要是用来制止坡面暴雨径流由沟头进入沟道或使之有控制的进入沟道，制止沟头前进。当沟头以上坡面来水量不大，沟头防护工程可以全部拦蓄时，采用蓄水型
				020902	排水型沟头防护	主要是用来制止坡面暴雨径流由沟头进入沟道或使之有控制的进入沟道，制止沟头前进。当沟头以上坡面来水量较大，蓄水型防护工程不能完全拦蓄，或由于地形、土质限制、不能采用蓄水型时，应采用排水型沟头防护
		0210	谷坊			主要修建在沟底比降较大（5%～10%或更大）、沟底下切剧烈发展的沟段。其主要任务是巩固并抬高沟床，制止沟底下切，稳定沟坡，制止沟岸扩张（沟坡崩塌、滑塌、泻溜等）。谷坊分土谷坊、石谷坊、植物谷坊三类
				021001	土谷坊	由填土夯实筑成，适宜于土质丘陵区。土谷坊一般高 3～5m
				021002	石谷坊	由浆砌或干砌石块建成，适于石质山区或土石山区。干砌石谷坊一般高 1.5m 左右，浆砌石谷坊一般高 3.5m 左右
				021003	植物谷坊	多由柳桩打入沟底，织梢编篱，内填石块而成，统称柳谷坊。柳谷坊一般高 1.0m 左右
		0211	淤地坝			指在沟壑中筑坝拦泥，巩固并抬高侵蚀基准面，减轻沟蚀，减少入河泥沙，变害为利，充分利用水沙资源的一项水土保持治沟工程措施
				021101	小型淤地坝	一般坝高 5～15m，库容 1 万～10 万 m^3，淤地面积 0.2～2hm^2，修在小支沟或较大支沟的中上游，单坝集水面积 1km^2 以下，建筑物一般为土坝与溢洪道或土坝与泄水洞"两大件"
				021102	中型淤地坝	一般坝高 15～25m，库容 10 万～50 万 m^3，淤地面积 2～7hm^2，修在较大支沟下游或主沟的中上游，单坝集水面积 1～3km^2，建筑物少数为土坝、溢洪道、泄水洞"三大件"，多数为土坝与溢洪道或土坝与泄水洞"两大件"
				021103	大型淤地坝	一般坝高 25m 以上，库容 50 万～500 万 m^3，淤地面积 7hm^2 以上，修在主沟的中、下游或较大支沟下游，单坝集水面积 3～5km^2 或更多，建筑物一般是土坝、溢洪道、泄水洞"三大件"齐全

续表

一级分类		二级分类		三级分类		含 义 描 述
代码	名称	代码	名称	代码	名称	
02	工程措施	0212	引洪漫地			指在暴雨期间引用坡面、道路、沟壑与河流的洪水、淤漫耕地或荒滩的工程
		0213	崩岗治理工程	021301	截水沟	应布设在崩口顶部外沿 5m 左右，从崩口顶部正中向两侧延伸。截水沟长度以能防止坡面径流进入崩口为准，一般 10～20m，特殊情况下可延伸到 40～50m
				021302	崩壁小台阶	一般宽 0.5～1.0m，高 0.8～1.0m，外坡：实土 1∶0.5，松土 1∶0.7～1∶1.0；阶面向内呈 5°～10°反坡
				021303	土谷坊	坝体断面一般为梯形。坝高 1～5m，顶宽 0.5～3m，底宽 2～25.5m，上游坡比 1∶05～1∶2，下游坡比 1∶1.0～1∶2.5
				021304	拦沙坝	与土谷坊相似
		0214	引水拉沙造地			有水源条件的风沙区采用引水或抽水拉沙造地
				021401	引水渠	比降为 0.5%～1.0%，梯形断面，断面尺寸随引水量大小而定。边坡 1∶0.5～1∶1
				021402	蓄水池	池水高程应高于拉沙造地的沙丘高程，可利用沙湾蓄水或人工围埂修成，形状不限
				021403	冲沙壕	比降应在 1%以上，开壕位置和形式有多种
				021404	围埂	平面形状应为规整的矩形或正方形，初修时高 0.5～0.8m，随地面淤沙升高而加高；梯形断面顶宽 0.3～0.5m，内外坡比 1∶1
				021405	排水口	高程与位置应随着围埂内地面的升高而变动，保持排水口略高于淤泥面而低于围埂
		0215	沙障固沙			沙障是用柴草、活性沙生植物的枝茎或其他材料平铺或直立于风力侵蚀沙丘地面，以增加地面糙度，削弱近地层风速，固定地面沙粒，减缓和制止沙丘流动
				021501	带状沙障	沙障在地面呈带状分布，带的走向垂直于主风向
				021502	网状沙障	沙障在地面呈方格状（或网状）分布，主要用于风向不稳定，除主风向外，还有较强测向风的地方
03	耕作措施	0301	等高耕作			在坡耕地上顺等高线（或与等高线呈 1%～2%的比降）进行耕作
		0302	等高沟垅种植			在坡耕地上顺等高线（或与等高线呈 1%～2%的比降）进行耕作，形成沟垅相间的地面，以容蓄雨水，减轻水土流失。播种时起垅，由牲畜带犁完成。在地块下边空一犁宽地面不犁，从第二犁位置开始，顺等高线犁出第一条犁沟，向下翻土，形成第一道垅，垅顶至沟底深约 20～30cm，将种子、肥料撒在犁沟内
		0303	垄作区田			在传统垄作基础上，按一定距离在垄沟内修筑小土挡，成为区田

续表

一级分类		二级分类		三级分类		含义描述
代码	名称	代码	名称	代码	名称	
03	耕作措施	0304	掏钵（穴状）种植			适用于干旱、半干旱地区。在坡耕地上沿等高线用锄挖穴（掏钵），穴距30～50cm，以作物行距为上下两行穴间行距（一般为60～80cm），穴的直径20～50cm，深约20～40cm，上下两行穴的位置呈“品”字形错开。挖穴取出的生土在穴下方做成小土埂，再将穴底挖松，从第二穴位置上取出10cm表土至于第一穴，施入底肥，播下种子
		0305	抗旱丰产沟			适用于土层深厚的干旱、半干旱地区。顺等高线方向开挖宽、深、间距均为30cm，沟内保留熟土，地埂由生土培成
		0306	休闲地水平犁沟			在坡耕地内，从上到下，每隔2～3m，沿等高线或与等高线保持1%～2%的比降，做一道水平犁沟。犁时向下方翻土，使犁沟下方形成一道土垅，以拦蓄雨水。为了加大沟垅容蓄能力，可在同一位置翻犁两次，加大沟深和垅高
		0307	中耕培垄			中耕时，在每棵作物根部培土堆，高10cm左右，并把这些土堆子串联起来，形成一个一个的小土堆，以拦蓄雨水
		0308	草田轮作			适用于人多地少的农区或半农半牧区。特别是对原来有轮歇、撂荒习惯的地区。主要指作物与牧草的轮作
		0309	间作与套种			要求两种（或两种以上）不同作物同时或先后种植在同一地块内，增加对地面的覆盖程度和延长对地面的覆盖时间，减少水土流失。间作，两种不同作物同时播种。套种，在同一地块内，前季作物生长的后期，在其行间或株间播种或移栽后季作物
		0310	横坡带状间作			基本上沿等高线，或与等高线保持1%～2%的比降，条带宽度一般5～10m，两种作物可取等宽或分别采取不同宽度，陡坡地条带宽度小些，缓坡地条带宽度大些
		0311	休闲地绿肥			指作物收获前，在作物行间顺等高线地面播种绿肥植物，作物收获后，绿肥植物加快生长，迅速覆盖地面
		0312	留茬少耕			指在传统耕作基础上，尽量减少整地次数和减少土层翻动，和将作物秸秆残差覆盖在地表的措施，作物种植之后残差覆盖度至少达到30%
		0313	免耕			指作物播种前不单独进行耕作，直接在前茬地上播种，在作物生育期间不使用农机具进行中耕松土的耕作方法。一般留茬在50%～100%就认定为免耕
		0314	轮作			指在同一块田地上，有顺序地在季节间或年间轮换种植不同的作物或复种组合的一种种植方式

注 1. 本表参照《水土保持综合治理技术规范》（GB/T 16453.1—1996）等编写。

2. “轮作”措施三级分类名称和代码详见《全国轮作制度区划及轮作措施三级分类》。

附录4

小流域调查水土保持措施分类
(全国轮作制度区划及轮作措施的三级分类)

一级区	一级区名称	二级区	二级区名称	代码	名 称
Ⅰ	青藏高原喜凉作物一熟轮歇区	Ⅰ1	藏东南川西河谷地喜凉一熟区	031401A	春小麦→春小麦→春小麦→休闲或撂荒
				031401B	小麦→豌豆
				031401C	冬小麦→冬小麦→冬小麦→休闲
		Ⅰ2	海北甘南高原喜凉一熟轮歇区	031402A	春小麦→春小麦→春小麦→休闲或撂荒
				031402B	小麦→豌豆
				031402C	冬小麦→冬小麦→冬小麦→休闲
Ⅱ	北部中高原半干旱喜凉作物一熟区	Ⅱ1	后山坝上晋北高原山地半干旱喜凉一熟区	031403A	大豆→谷子→糜子
		Ⅱ2	陇中青东宁中南黄土丘陵半干旱喜凉一熟区	031404A	春小麦→荞麦→休闲
				031404B	豌豆(扁豆)→春小麦→马铃薯
				031404C	豌豆(扁豆)→春小麦→谷麻
Ⅲ	北部低高原易旱喜温一熟区	Ⅲ1	辽吉西蒙东南冀北半干旱喜温一熟区	031405A	大豆→谷子→马铃薯→糜子
		Ⅲ2	黄土高原东部易旱喜温一熟区	031406A	小麦→马铃薯→豆类
				031406B	豆类→谷→高粱→马铃薯
				031406C	豌豆(扁豆)→小麦→小麦→糜
				031406D	大豆→谷→马铃薯→糜
		Ⅲ3	晋东半湿润易旱一熟填闲区	031407A	玉米‖大豆→谷子
		Ⅲ4	渭北陇东半湿润易旱冬麦一熟填闲区	031408A	豌豆→冬小麦→冬小麦→冬小麦→谷糜
				031408B	油菜→冬小麦→冬小麦→冬小麦→谷糜
Ⅳ	东北平原丘陵半湿润喜温作物一熟区	Ⅳ1	大小兴安岭山麓岗地喜凉一熟区	031409A	春小麦→春小麦→大豆
				031409B	春小麦→马铃薯→大豆
		Ⅳ2	三江平原长白山地凉温一熟区	031410A	春小麦→谷子→大豆
				031410B	春小麦→玉米→大豆
				031410C	春小麦→春小麦→大豆→玉米
		Ⅳ3	松嫩平原喜温一熟区	031411A	大豆→玉米→高粱→玉米
		Ⅳ4	辽河平原丘陵温暖一熟填闲区	031412A	大豆→高粱→谷子→玉米
				031412B	大豆→玉米→玉米→高粱
				031412C	大豆→玉米→高粱→玉米
Ⅴ	西北干旱灌溉一熟兼二熟区	Ⅴ1	河套河西灌溉一熟填闲区	031413A	春小麦→春小麦→玉米→马铃薯
				031413B	春小麦→春小麦→玉米(糜子)
				031413C	小麦→小麦→谷糜→豌豆
		Ⅴ2	北疆灌溉一熟填闲区	031414A	冬小麦→冬小麦→玉米

续表

一级区	一级区名称	二级区	二级区名称	代码	名称
Ⅴ	西北干旱灌溉一熟兼二熟区	Ⅴ3	南疆东疆绿洲二熟一熟区	031415A	冬小麦-玉米
				031415B	棉→棉→棉→高粱→瓜类
				031415C	冬小麦→玉米→棉花→油菜/草木樨
Ⅵ	黄淮海平原丘陵水浇地二熟旱地二熟一熟区	Ⅵ1	燕山太行山山前平原水浇地套复二熟旱地一熟区	031416A	小麦-夏玉米
				031416B	小麦-大豆
				031416C	小麦/花生
				031416D	小麦/玉米
		Ⅵ2	黑龙港缺水低平原水浇地二熟旱地一熟区	031417A	麦-玉米
				031417B	麦-谷
		Ⅵ3	鲁西北豫北低平原水浇地粮棉二熟一熟区	031418A	小麦-玉米
		Ⅵ4	山东丘陵水浇地二熟旱坡地花生棉花一熟区	031419A	甘薯→花生→谷子
				031419B	棉花→花生
				031419C	麦-玉米→麦-玉米
				031419D	小麦-玉米
		Ⅵ5	黄淮平原南阳盆地旱地水浇地二熟区	031420A	小麦-大豆
				031420B	小麦-玉米
				031420C	小麦-甘薯
		Ⅵ6	汾渭谷地水浇地二熟旱地一熟二熟区	031421A	麦-玉米
				031421B	麦-甘薯
		Ⅵ7	豫西丘陵山地旱地坡地一熟水浇地二熟区	031422A	马铃薯/玉米
				031422B	小麦-夏玉米→春玉米
				031422C	小麦-谷子→春玉米
Ⅶ	西南中高原山地旱地二熟一熟水田二熟区	Ⅶ1	秦巴山区旱地二熟一熟兼水田二熟区	031423A	麦/玉米
				031423B	油菜-玉米
				031423C	麦-甘薯
		Ⅶ2	川鄂湘黔低高原山地水田旱地二熟兼一熟区	031424A	油菜-甘薯
				031424B	小麦-甘薯
				031424C	油菜-花生
				031424D	麦-玉米
		Ⅶ3	贵州高原水田旱地二熟一熟区	031425A	小麦-甘薯
				031425B	油菜-甘薯
				031425C	麦-玉米
		Ⅶ4	云南高原水田旱地二熟一熟区	031426A	小麦-玉米
				031426B	冬闲-春玉米‖豆
				031426C	冬闲-夏玉米‖豆

续表

一级区	一级区名称	二级区	二级区名称	代码	名　称
Ⅶ	西南中高原山地旱地二熟一熟水田二熟区	Ⅶ5	滇黔边境高原山地河谷旱地一熟二熟水田二熟区	031427A	马铃薯/玉米两熟
				031427B	马铃薯/大豆
				031427C	小麦/玉米
Ⅷ	江淮平原丘陵麦稻二熟区	Ⅷ1	江淮平原麦稻二熟兼旱三熟区	031428A	小麦-玉米
				031428B	小麦-甘薯
				031428C	小麦-大豆
		Ⅷ2	鄂豫皖丘陵平原水田旱地二熟兼旱三熟区	031429A	麦-玉米
				031429B	麦-花生
				031429C	麦-甘薯
				031429D	麦-豆类
Ⅸ	四川盆地水旱二熟兼三熟区	Ⅸ1	盆西平原水田麦稻二熟填闲区	031430A	小麦-玉米
				031430B	小麦-甘薯
				031430C	油菜-玉米
				031430D	油菜-甘薯
		Ⅸ2	盆东丘陵低山水田旱地二熟三熟区	031431A	麦-玉米
				031431B	麦-甘薯
				031431C	油菜-玉米
				031431D	油菜-甘薯
Ⅹ	长江中下游平原丘陵水田三熟二熟区	Ⅹ1	沿江平原丘陵水田旱三熟二熟区	031432A	麦-甘薯
				031432B	麦-玉米
				031432C	麦-棉
				031432D	油菜-甘薯
		Ⅹ2	两湖平原丘陵水田中三熟二熟区	031433A	麦-甘薯
				031433B	麦-玉米
				031433C	麦-棉
				031433D	油菜-甘薯
Ⅺ	东南丘陵山地水田旱地二熟三熟区	Ⅺ1	浙闽丘陵山地水田旱地三熟二熟区	031434A	甘薯-小麦
				031434B	甘薯-马铃薯
				031434C	玉米-小麦
				031434D	玉米-马铃薯
		Ⅺ2	南岭丘陵山地水田旱地二熟三熟区	031435A	春花生-秋甘薯
				031435B	春玉米-秋甘薯
		Ⅺ3	滇南山地旱地水田二熟兼三熟区	031436A	低山玉米‖豆一年一熟
Ⅻ	华南丘陵沿海平原晚三熟热三熟区	Ⅻ1	华南低丘平原晚三熟区	031437A	花生（大豆）-甘薯
				031437B	玉米-油菜
				031437C	玉米/黄豆
				031437D	玉米-甘薯
		Ⅻ2	华南沿海西双版纳台南二熟三熟与热作区	031438A	玉米-甘薯

注 1. 表中“名称”栏符号意义：“一”表示年内作物的轮作顺序；“→”表示年际或多年的轮作顺序；“/”表示套作；“‖”表示间作。

2. 本表依据刘巽浩，韩湘玲等（1987）编著的《中国耕作制度区划》制定。

附录 5　　植被郁闭度（盖度）参考图片

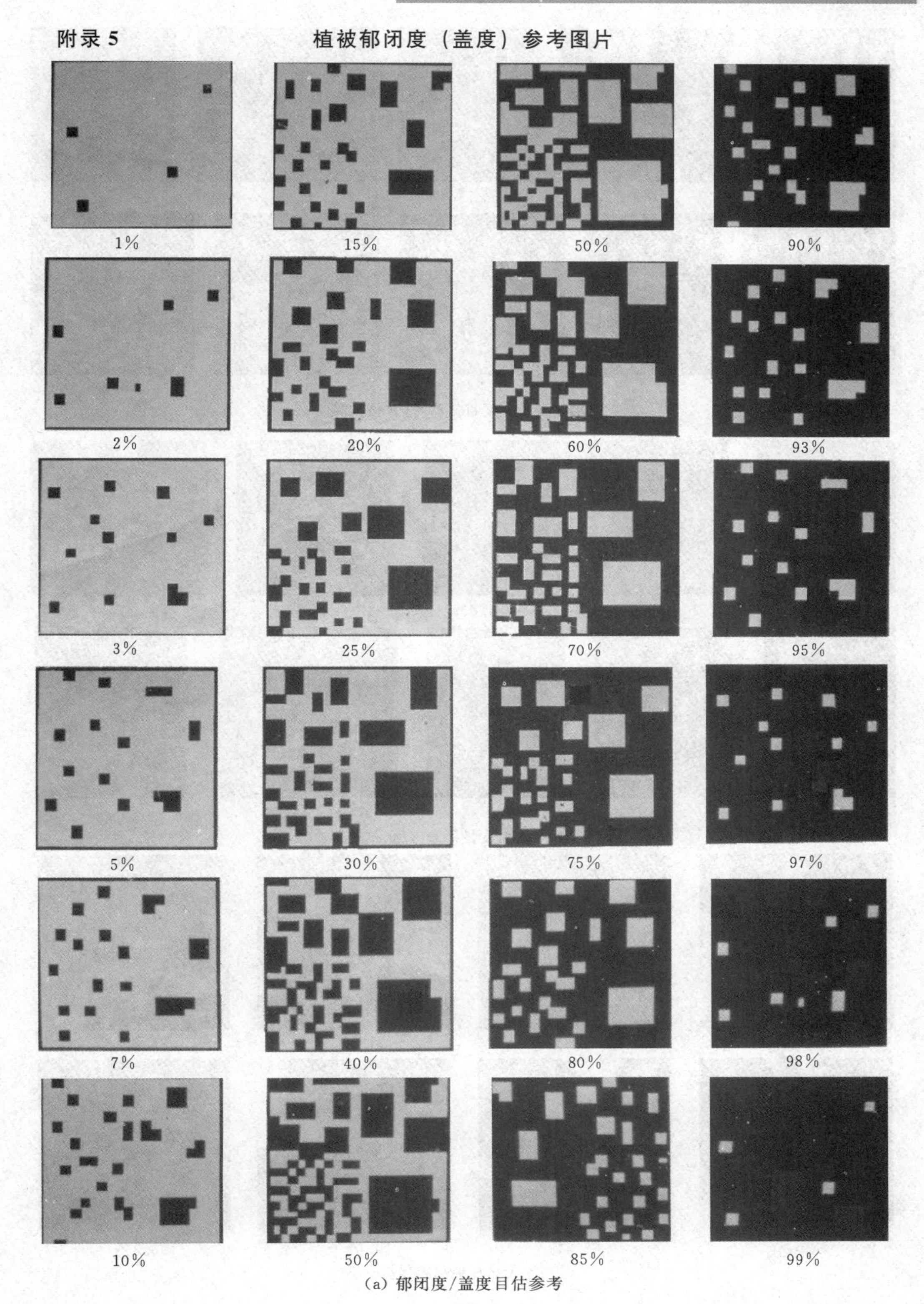

1%　15%　50%　90%

2%　20%　60%　93%

3%　25%　70%　95%

5%　30%　75%　97%

7%　40%　80%　98%

10%　50%　85%　99%

(a) 郁闭度/盖度目估参考

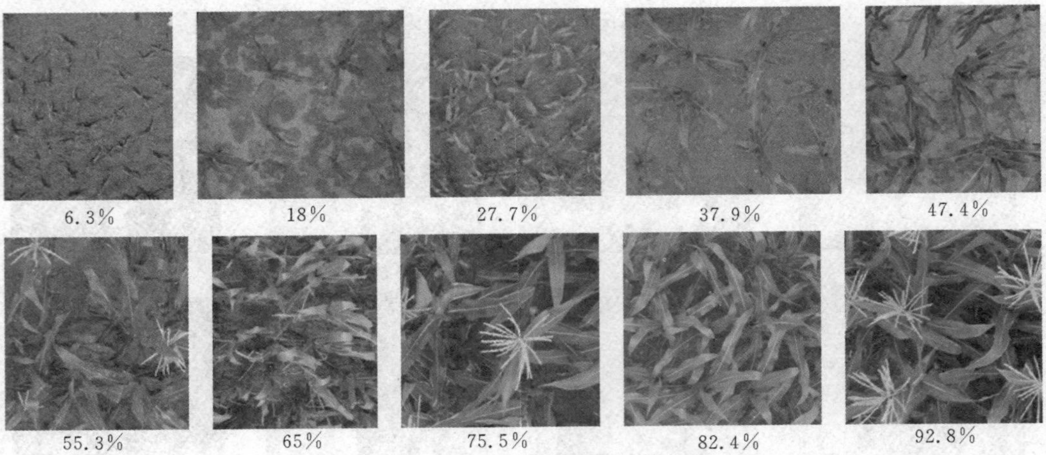

6.3%　18%　27.7%　37.9%　47.4%

55.3%　65%　75.5%　82.4%　92.8%

(b) 玉米盖度目估参考(含枯枝落叶)

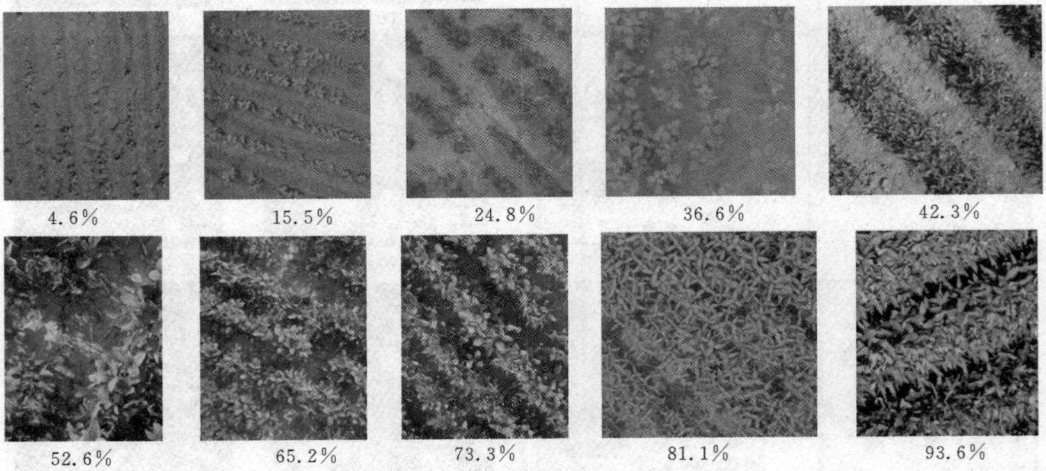

4.6%　15.5%　24.8%　36.6%　42.3%

52.6%　65.2%　73.3%　81.1%　93.6%

(c) 大豆盖度目估参考(含枯枝落叶)

23.6%　31.2%　38.1%　39.6%

55.3%　58.3%　74.5%　90.3%

(d) 天然林地郁闭度目估参考

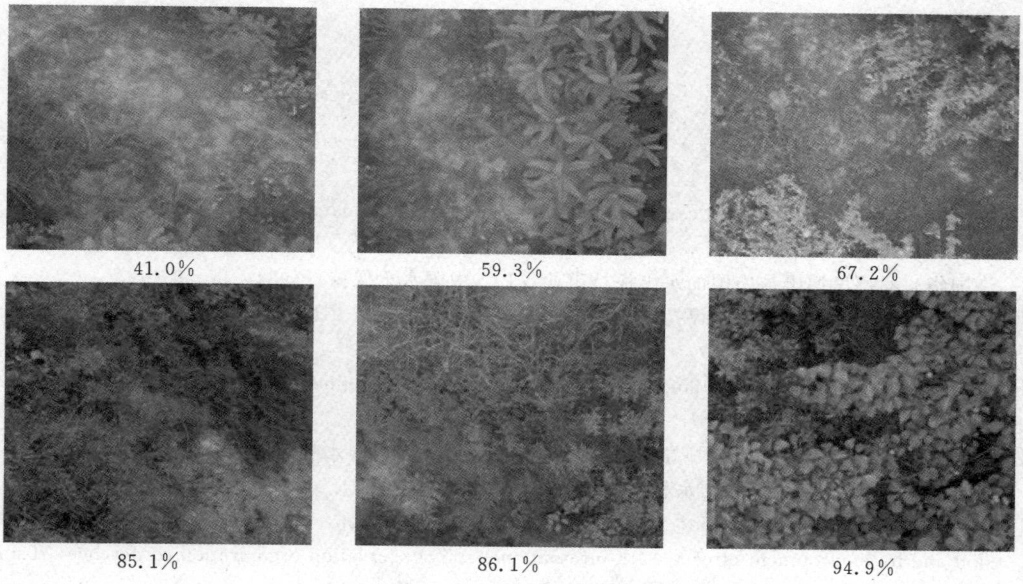

41.0% 59.3% 67.2%

85.1% 86.1% 94.9%

(e) 灌木林地盖度目估参考(含枯枝落叶)

6.3% 19.5% 26.1% 36.3% 56.6%

67.7% 74.9% 87.8% 96.3% 96.7%

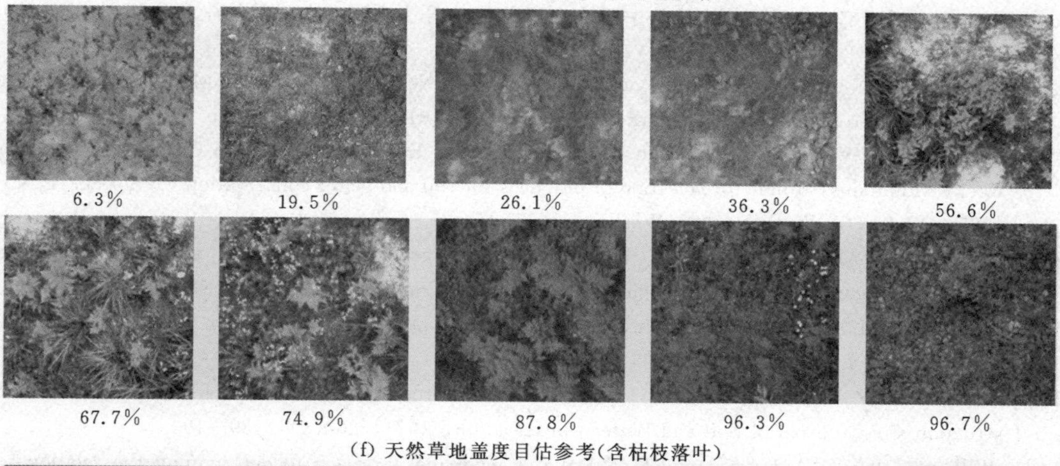

(f) 天然草地盖度目估参考(含枯枝落叶)

8.5% 17.5% 25% 32.7% 48%

54.1% 64.3% 74.7% 88.5% 92.5%

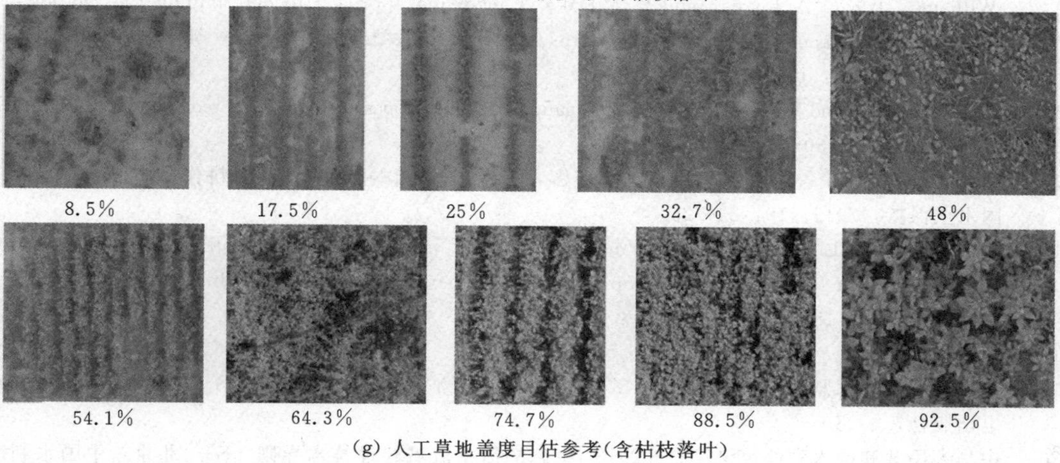

(g) 人工草地盖度目估参考(含枯枝落叶)

本章参考文献

[1] Baver，L. D. Ewald Wollny—A pioneer in soil and water conservation research. Soil Science Soceity Proceedings，1938，330－333.

[2] Wischmeier，W. H. Punched cards record runoff and soil－loss data. Agricultural Engineering. 1955，36：664－666.

[3] 许国华. 罗德民博士与中国的水土保持事业 [J]. 中国水土保持，1984，1：39－42.

[4] 郭索彦，李智广. 我国水土保持监测的发展历程和成就 [J]. 中国水土保持科学，2009，7 (5)：19－24.

[5] Ellison，W. D. Studies of raindrop erosion. Agricultural Engineering，1944，25：131－136，181－182.

[6] 国务院第一次全国水利普查领导小组办公室编著. 第一次全国水利普查培训教材之六：水土保持情况普查 [M]. 北京：中国水利水电出版社，2010，206－214.

[7] Liu B. Y.，Zhang K. L.，Xie Y.. An empirical soil loss equation//Proceedings－Process of soil erosion and its environment effect，12th international soil conservation organization conference，Tsinghua University Press，Beijing，2002，21－25.

[8] 刘宝元，刘瑛娜，张科利，谢云. 中国水土保持措施分类 [J]. 水土保持学报，2013，27 (1)：1－6.

[9] Yun Xie，Shui－qing Yin，Bao－yuan Liu，Mark A. Nearing，Ying Zhao. Models for estimating daily rainfall erosivity in China. Journal of Hydrology，2016，535：547－558.

[10] Wischmeier，W. H. and D. D. Smith. Predicting Rainfall Erosion Losses from Cropland East of the Rocky Mountains：Guide for selection of practices for soil and water conservation. U. S. Dep. Agric.，1965，Agric. Handbook No. 282. Washington，D. C.

[11] Liu，B. Y.，M. A. Nearing，and L. M. Risse. Slope gradient effects on soil loss for steep slopes. Transaction of American Society of Agriculture Engineers. 1994，37 (6)：1835－1840.

[12] B. Y. Liu，M. A. Nearing，P. J. Shi，and Z. W. Jia. Slope Length Effects on Soil Loss for Steep Slopes. Soil Sci. Soc. Am. J. 2000，64：1759－1763.

[13] Wischmeier W. H.，Johnson C B，Cross B V. A soil erodibility nomograph for farmland and construction sites. Journal of Soil and Water Conservation，1971，26 (5)：189－193.

[14] Williams，J.，C. A. Jorres，cud P. T. Dyke. A modeling approach to determining the relationship between erosion and soil productivity. Transactions of the American Society of Agricultural Engineers，1984，27：129－144.

[15] Foster，G. R.，and W. H. Wischmeier. Evaluating irregular slopes for soil loss prediction. Trans. ASAE，1974，17：305－309.

[16] 郭乾坤，刘宝元，朱少波，王国燕，刘瑛娜，王爱娟. 中国主要水土保持耕作措施因子 [J]. 中国水土保持，2013，10：22－25.

[17] Guo Qiankun，Liu Baoyuan，Xie Yun，Liu Yingna，and Yin Shuiqing. Estimation of USLE crop and management factor values for crop rotation systems in China. Journal of Integrative Agriculture，2015，14 (9)：1877－1888.

[18] 熊运享，加生荣. 三角槽在高含沙水流测验中的应用 [J]. 人民黄河，1996，3：18－20.

[19] 北京市质量技术监督局. DB11/T 548—2008 生态清洁小流域技术规范 [S]. 北京：中国水利水电出版社，2008.

[20] 中华人民共和国水利部. SL 534—2013 生态清洁小流域建设技术导则 [S]. 北京：中国水利水

电出版社，2013.

[21] Morgan，R. P. C. Soil erosion and conservation. Blackwell Publishing，2006，74 - 77.

[22] 黄秉维．编制黄河中游流域土壤侵蚀分区图的经验教训［J］．科学通报，1955，12：16 - 21.

[23] Nusser S. M.，Goebel J. J.. The national resources inventory：a long - term multi - resource monitoring programme. Environmental and Ecological Statistics，1997，4（3）：181 - 204.

[24] Harlow J. T.. History of natural resources conservation service national resources inventories. Washington，DC：USDA，1994.

[25] Goebel J. J.. The National Resources Inventory and its role in US agriculture//Conference on Agricultural Statistics. Proceedings of Agricultural Statistics 2000. Washington，DC：USDA，1998：181 - 192.

[26] USDA- NRCS. National Resources Inventory Analog to Digital Imagery Transition Report. Washington，DC：USDA，2000.

[27] USDA- NRCS，Iowa State University. Summary Report：2007 National Resources Inventory. Washington，DC：USDA，2009.

[28] 刘宝元，郭索彦，李智广，谢云，张科利，刘宪春．中国水力侵蚀抽样调查［J］．中国水土保持，2013，10：26 - 34.

[29] 中华人民共和国水利部，中华人民共和国国家统计局．中国水利普查：第一次全国水利普查公报［M］，北京：中国水利水电出版社，2013.

[30] 周为峰，吴炳方．土壤侵蚀调查中的遥感应用综述［J］．遥感技术与应用，2005，20（5）：537 - 542.

[31] 曾大林，李智广．第二次全国土壤侵蚀遥感调查工作的做法与思考［J］．中国水土保持，2000，1：28 - 31.

[32] 水利部．全国水土流失公告．北京：中华人民共和国水利部，2002.

[33] Lu H，Gallant J，Prosser I P，et al. Prediction of sheet and rill erosion over the Australian continent，incorporating monthly soil loss distribution. CSIRO Land and Water Technical Report，2001.

[34] Grimm M.，Jones R.，Montanarella L.. Soil erosion risk in Europe. European Commission，Joint Research Center，Institute for Environment & Sustainability，European Soil Bureau，2002.

第3章 风力侵蚀监测

风力侵蚀（简称“风蚀”）监测一般在观测场、地块和区域等3个空间尺度上开展。观测场监测的空间尺度最小，它是在具有区域代表性且下垫面均匀的地块内设置的风蚀验证小区，目的是服务于地块尺度的风蚀量计算。地块监测是针对下垫面相对均匀的某一土地利用类型的地块开展的监测，监测结果能够客观反映被监测地块的土壤流失量，在生产实践中最具实用性。区域监测是在地块监测基础上，针对某一区域总体土壤流失量和区域内土壤流失量空间分异特征的监测，被监测区域包括多种土地利用类型和不同特征下垫面的地块，以及在空间上存在显著变化的其他侵蚀影响因素。实际应用中，各级政府和行业主管部门最为关注的是区域监测，农户主要关注地块监测。但是，在计算地块尤其是区域土壤流失量时，除需要观测场监测数据以外，还必须借助相关行业对一些风蚀影响因素的监测或观测数据。因此，风蚀的监测指标和监测方法尽可能与其他行业已开展的监测或观测方法一致。

3.1 观测场侵蚀监测

观测场监测是开展地块监测和区域监测的基础，获得的基础数据是计算地块土壤风蚀流失量的重要依据。观测场监测具有下垫面均一且具有区域代表性，位置固定且监测时间连续，监测指标全面且规范等特点。因此，在确定观测场位置和监测仪器设备布设，规定监测指标和方法，以及固定观测人员培训等方面都有严格的规范。

设置观测场必须符合以下要求：①每个观测场范围不小于100m×100m；②观测场土壤类型、土地利用类型、植被类型、砾石覆盖度、地形起伏（例如有沙丘）等相对均一，且具有区域代表性；③观测场四周空旷，无人为干扰或者少有人为干扰；山地和丘陵区的坡地或者凹地处不能设置观测场；④观测场四周设置细且较疏的金属丝围栏，尽量减少围栏对观测场内风场干扰，并设立标志牌。

3.1.1 主要监测指标

3.1.1.1 气象要素

（1）空气温度。空气温度是表示空气冷热程度的物理量，简称气温。根据《地面气象观测规范　第6部分：空气温度和湿度观测》（QX/T 50—2007）规定，气温以摄氏度

(℃)为单位，取一位小数。观测场的气温监测指标包括日最高、日最低和日平均气温。

(2) 风。风是空气相对于地面的水平运动，用风速和风向表示。风速指单位时间内空气移动的水平距离；风向是指风的来向；最多风向是指在给定的时间段，出现频率最多的风向，也称为主风向。根据《地面气象观测规范　第7部分：风向和风速观测》(QX/T 51—2007) 规定，风速记录以米每秒 (m/s) 为单位，取一位小数。风向以16个方位或度 (°) 为单位，以16方位表示时，用16方位代码或者英文缩写符号记录，静风的方位代码为17，英文缩写符号为C；以度 (°) 为单位时，记录取整数。风向方位与度数对应关系见表3-1。观测场内的风速监测高度为0.1m、0.5m、1.0cm、1.5m、2.0m、3.0m和5.0m共7个高度，风向监测以5.0m高度处为准。

表3-1　　风向方位与度数对应关系

方位	方位代码	符号	中心角度/(°)	角度范围/(°)
北	1	N	0	348.76～11.25
北东北	2	NNE	22.5	11.26～33.75
东北	3	NE	45	33.76～56.25
东东北	4	ENE	67.5	56.26～78.75
东	5	E	90	78.76～101.25
东东南	6	ESE	112.5	101.26～123.75
东南	7	SE	135	123.76～146.25
南东南	8	SSE	157.5	146.26～168.75
南	9	S	180	168.76～191.25
南西南	10	SSW	202.5	191.26～213.75
西南	11	SW	225	213.76～236.25
西西南	12	WSW	247.5	236.26～258.75
西	13	W	270	258.76～281.25
西西北	14	WNW	295.5	281.26～303.75
西北	15	NW	315	303.76～326.25
北西北	16	NNW	337.5	326.26～348.75
静风	17	C	角度不确定，风速小于或等于0.2m/s	

(3) 降水量。降水量是指某一时间段内的未经蒸发、渗透、流失的降水，在水平面上累积的深度。根据《地面气象观测规范　第8部分：降水观测》(QX/T 52—2007) 规定，降水以毫米 (mm) 为单位，取一位小数。人工观测时，需要监测每天08：00、20：00的前12h降水量和日降水量；采用自记仪器时，做降水量的连续记录并整理成逐时降水量。蒸发量是指在一定时间段内，水由液态或固态变为气态的量。根据《地面气象观测规范　第10部分：蒸发观测》(QX/T 54—2007) 规定，监测逐日蒸发量。蒸发量以毫米 (mm) 为单位，取一位小数。

3.1.1.2　土壤

土壤是指地球陆地表面由矿物质、有机质、水、空气和生物组成的、具有肥力的、能生长植物的未固定的结构层。观测场内的土壤监测指标包括：0～5cm 表土的机械组成和质地类型，土壤水分，土壤容重，有机质和碳酸钙含量，水解性氮、有效磷和速效钾含量，以及地面温度。

如图 3－1 所示，土壤机械组成和命名按照美国标准。土壤颗粒的粒级划分为：砾石是指直径＞2mm 的矿物颗粒，砂粒是指直径 0.05～2mm 的矿物和团聚体颗粒，粉粒是指直径 0.002～0.05mm 的矿物和团聚体颗粒，粘粒是指直径＜0.002mm 的颗粒。土壤命名根据质地三角图所示（图 3－1）。土壤机械组成分级按照颗粒直径（D_p）$2>D_p\geqslant1.0$mm、$1.0>D_p\geqslant0.9$mm、$0.9>D_p\geqslant0.8$mm、$0.8>D_p\geqslant0.7$mm、$0.7>D_p\geqslant0.6$mm、$0.6>D_p\geqslant0.5$mm、$0.5>D_p\geqslant0.4$mm、$0.4>D_p\geqslant0.3$mm、$0.3>D_p\geqslant0.2$mm、$0.2>D_p\geqslant0.1$mm、$0.1>D_p\geqslant0.05$mm、$0.05>D_p\geqslant0.025$mm、$0.025>D_p\geqslant0.010$mm、$0.010>D_p\geqslant0.002$mm、$D_p<0.002$mm 划分。

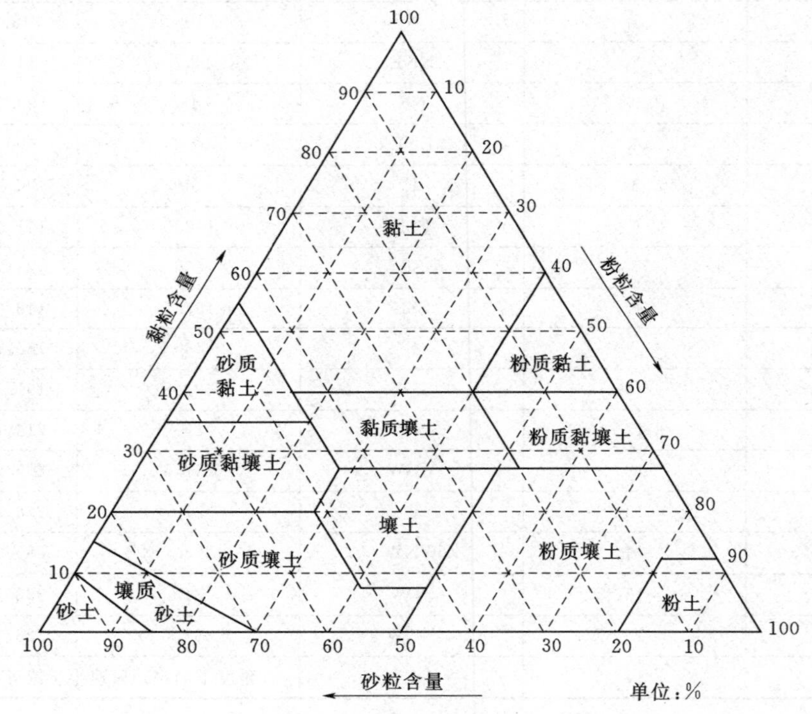

图 3－1　土壤命名根据质地三角图

土壤水分按照质量百分比计算（%）。土壤容重为单位体积的土壤质量（单位为 g/cm³）；土壤有机质和碳酸钙含量均按照质量百分比计算（%）。土壤水解性氮、有效磷和速效钾含量均按照质量千分比计算（‰），它们是土壤风蚀防治效果评价的关键指标。

地面温度是指裸露土壤表面的温度（即 0cm 温度），以摄氏度（℃）为单位，取一位小数。依据《地面气象观测规范　第 13 部分：地温观测》（QX/T 57—2007）规定，地面温度监测指标包括每日定时观测的地面温度，每日最高和最低地面温度及其出现时间。

3.1.1.3 地表覆被

地表覆被监测指标包括植被、土壤结皮、砾石覆盖度和农地中土块覆盖度。

植被是指自然生长和人工种植（含作物）的所有存活和枯死的植物，耕地上的直立作物残茬和秸秆也被视为植被，监测指标包括植被类型（天然和人工的草地、灌木林和乔木林，以及混生植被），植被建群种或作物种，植被覆盖度（%），植被平均高度（单位为m），植株平均侧影面积（单位为 cm^2）。平铺在耕地上的枯死作物秸秆，监测指标包括作物种、秸秆覆盖度（%）和每平方米秸秆干重（单位为 kg/m^2）。

土壤结皮是指表层土壤在物理、化学或生物作用下形成的致密薄层，可分为物理性结皮和生物性结皮两类。物理性结皮主要是在雨滴冲溅下土壤颗粒被分散，土壤表层孔隙被堵塞后形成的，或者大气降尘沉积在地表形成的薄层硬壳，不含或者很少含有活体生物。盐壳是一种特殊的物理性结皮，它是指在干旱、半干旱地区，毛细作用使土壤水分和可溶性盐类汇聚在地表，形成盐类和土壤颗粒相胶结的硬壳。盐壳覆盖的地表风蚀强度十分微弱。结皮覆盖度是指有结皮的地表面积占观测场总面积的百分比。生物性结皮是指表层土壤在苔类、藻类、地衣类、真菌和细菌以及非维管束植物参与下，形成的复杂聚合体薄层硬壳。土壤结皮的监测指标包括结皮性质（物理性结皮和生物性结皮）、结皮厚度（单位为mm）、抗剪强度（单位为Pa）以及结皮覆盖度（%）。

砾石是指直径大于2mm的矿物颗粒，它是由风力或者流水侵蚀形成的地表残积物。砾石覆盖度是指砾石所占面积与观测场总面积的百分比。砾石覆盖度调查指标包括砾石平均直径（单位为mm）和砾石覆盖度（%）。砾石大小分级按照砾石直径（D_g）$2\leqslant D_g<10$mm、$10\leqslant D_g<50$mm、$50\leqslant D_g<100$mm、$D_g\geqslant 100$mm共4级。

耕地土块覆盖度是指耕地在翻耕情况下，土块所占面积与观测场总面积的百分比。监测指标包括土块大小和土块覆盖度（%）。最小土块直径设定为3cm，土块大小分级按照土块直径（D）$3\leqslant D<5$cm、$5\leqslant D<10$cm、$D\geqslant 10$cm共3级。

3.1.1.4 坡度与小微地形

地面坡度监测包括坡度、坡长和坡向。坡度是指被监测地面与水平面的夹角，单位为度（°）；坡长是指被监测地面从坡脚至坡顶的实际长度（单位为m）；坡向是指被监测坡面的朝向，单位为度（°）。

小微地形是指观测场内小尺度和微尺度的地形起伏。监测指标包括地表糙度、沙丘形态、坡度等。地表糙度是指地表单元曲面面积与投影面积之比，它是反映地表起伏变化的指标。在实际监测工作中，为了便于操作，一般用链条法监测地表粗糙度，所得粗糙度指标值为无量纲。沙丘形态监测指标包括观测场内分布的沙丘数量、沙丘高度、沙丘长度和宽度、沙丘面积、沙丘走向。沙丘高度是指沙丘迎风坡脚或者背风坡脚最低处与沙丘顶部的高差（单位为m）；沙丘长度是指沙丘在水平投影面上的最大长度（单位为m）；沙丘宽度是指与沙丘长度测量线相垂直方向上的宽度（单位为m）；沙丘面积是指沙丘在水平投影面上所占的面积（单位为 m^2）；沙丘走向是指沙丘长度测量线的走向［单位为度（°）］。

3.1.1.5 风沙流与大气降尘

风沙流原指含有沙粒的运动气流，后来泛指土壤颗粒被风扬起并随风沿地面及近地空间运动的携沙气流。土壤颗粒在搬运层内随高度的分布被称为风沙流结构；单位时间单位宽度内通过的土壤颗粒质量流量被称为输沙率。风沙流监测指标包括每月在 8 个方位（N、NE、E、SE、S、SW、W、NW）的输沙率［单位为 g/(m・min)］和风沙流结构［单位为 $g/(cm^2 \cdot min)$］，以及输沙率和风沙流结构沿主风向的变化。

大气降尘是指在空气环境条件下，靠重力自然沉降在集尘缸中的颗粒物。在规定的时段内，单位面积沉降的尘量称为降尘量。大气降尘的监测指标包括每半月降尘量（单位为 g/m^2），以及每次沙尘暴期间的降尘量（单位为 g/m^2）和沙尘暴起止时间（时：分-时：分）。

3.1.1.6 风蚀厚度和风蚀量

风蚀厚度是指在一定时间内监测区因风蚀导致原地面高程下降的幅度，或被风吹走的土壤厚度。当风蚀厚度为负值时，表示在该时间段内由风沙流卸载而沉积到地表的土壤物质厚度小于被风吹蚀的土壤物质厚度，即处于风蚀状态；反之，即处于风积状态。一般情况下，风蚀厚度监测指标包括每月风蚀厚度（单位为 mm）。对于风蚀强度较小的监测区，风蚀厚度监测可以调整到每季度一次。

风蚀量是指在一定的时间段和面积内被风吹走的土壤物质量与堆积量之差。当风蚀量为负值时，表示在该时间段内由风沙流卸载而沉积到地表的土壤物质量大于被风吹蚀的土壤物质量，即处于风积状态；反之，即处于风蚀状态。风蚀量监测指标包括每月风蚀量（单位为 kg/m^2）和每次沙尘暴期间的风蚀量（单位为 kg/m^2）。对于风蚀强度较小的监测区，风蚀量监测可以调整到每季度一次。

3.1.2 主要指标的监测方法

3.1.2.1 气象要素监测方法

气象要素的监测设备均安放在观测场中心附近。气温监测参照《地面气象观测规范 第 6 部分：空气温度和湿度观测》（QX/T 50—2007）规定。人工观测时，干湿球温度表观测、最高温度表观测和最低温度表观测，以及各温度表安装和观测规范，均按照该规范进行，观测时间为每日 02：00、08：00、14：00 和 20：00 定时观测，并做连续记录，记录数据文件用 Excel 格式（见表 3-2）。自动观测时，根据风蚀监测实际需要，测定每小时气温，记录每日最高和最低气温及其出现的时间，每小时气温数据输出格式为 txt 文档，每年一个文件，文件名为“×××观测场××××年气温”；同时需要增加文件说明，详细说明文件中的代码和数据含义。气温以摄氏度（℃）为单位，取一位小数。观测时间记录为时，取两位数，高位数不足时前面补“0”，例如“02：00”。气温在 0℃以下时，在气温数值前加负号“—”。

表 3-2 人工观测气温记录表格式（示例）

观测场名称：____ 纬度（°）：____ 经度（°）：____ 海拔：____m				
年份	月	日	时	气温/℃
2010	3	5	02：00	−2.0
2010	3	5	08：00	−1.0
2010	3	5	14：00	3.0

续表

年份	月	日	时	气温/℃
2010	3	5	20：00	1.0
2010	3	6	02：00	−1.0
⋮	⋮	⋮	⋮	⋮

风向和风速观测参照《地面气象观测规范　第7部分：风向和风速观测》（QX/T 51—2007）规定。由于风蚀计算过程中需要垂向风速梯度数据，以确定摩阻风速。因此，风速监测高度不能按照（QX/T 51—2007）标准。为了方便后期维护，监测风速的风杯高度最高为5.0m，每个观测场内的风速监测设置7个高度，分别为0.1m、0.5m、1.0cm、1.5m、2.0m、3.0m和5.0m；风向监测高度约5.2m，将风向感应器置于5.0m风杯之上的立柱顶端。风向和风速监测使用梯度风速仪自动监测，梯度风速仪安装在观测场中央位置，监测值为10min平均值，数据输出格式为txt文档，每年一个文件，文件名为“×××观测场××××年气温”；同时需要增加说明文件，详细说明数据表中的代码和数据含义。为了方便数据后期处理，数据输出格式，如图3-2所示，每行数据之间用Tab键隔开，其中风向（wd）用16方位代码表示。

```
无标题 - 记事本
文件(F)  编辑(E)  格式(O)  查看(V)  帮助(H)
year   month  day   hour   minute  v0.1  v0.5  v1.0  v1.5  v2.0  v3.0  v5.0  wd
2010   03     05    01     10      0.5   0.9   1.3   1.6   1.8   2.0   2.1   3
....   ..     ..    ..     ..      ..    ..    ..    ..    ..    ..    ..    ..
....   ..     ..    ..     ..      ..    ..    ..    ..    ..    ..    ..    ..
....   ..     ..    ..     ..      ..    ..    ..    ..    ..    ..    ..    ..
```

图3-2　风向风速数据输出格式（示例）

降水量监测参照《地面气象观测规范　第8部分：降水观测》（QX/T 52—2007）规定，监测仪器安装在观测场内的主风向下风向位置。人工观测时，测量每天08：00、20：00的前12h降水量和日降水量；采用翻斗式遥测雨量计监测时，根据自记纸统计逐时降水量。人工观测和翻斗式遥测雨量计观测的数据，记录文件均用Excel格式（见表3-3和表3-4），每个观测场的监测数据电子版表格为每年一个文件，文件名为“×××观测场××××年降水量”。

表3-3　　人工观测降水量记录表格式（示例）

观测场名称：____　纬度（°）：____　经度（°）：____　海拔：____m				
年份	月	日	时	降水量/mm
2010	3	5	08：00	0.0
2010	3	5	20：00	23.0
2010	3	6	08：00	15.0
2010	3	6	20：00	8.0
2010	3	7	08：00	0.0
⋮	⋮	⋮	⋮	⋮

表 3-4　　根据翻斗式遥测雨量计整理的降水量记录表格式（示例）

观测场名称：____　纬度（°）：____　经度（°）：____　海拔：____ m				
年份	月	日	时	降水量/mm
2010	3	5	01：00	0.0
2010	3	5	02：00	14.0
2010	3	5	03：00	17.0
2010	3	5	04：00	6.0
2010	3	5	05：00	0.0
⋮	⋮	⋮	⋮	⋮

蒸发量监测参照《地面气象观测规范　第 10 部分：蒸发观测》（QX/T 54—2007）规定。于每日 20：00 时监测蒸发量。使用大型蒸发器进行人工监测时，蒸发量计算方法为

$$E=H_1+R-H_2-H'$$

式中　E——蒸发量，mm；

H_1——蒸发原量，mm，前一日 20：00 时水面高度；

R——降水量，mm，以雨量器监测值为准；

H_2——监测时水面高度，mm；

H'——溢流量的高度，mm。

使用小型蒸发器进行人工监测时，蒸发量计算方法为

$$E=E_1+R-E_2$$

式中　E——蒸发量，mm；

E_1——蒸发器原量，mm；

R——降水量，mm，以雨量器监测值为准；

E_2——蒸发器余量，mm。

蒸发量监测数据以 mm 为单位，取一位小数。因降水使蒸发量出现负值时，蒸发量计为 0.0mm。监测数据的记录文件均用 Excel 格式（见表 3-5），每个观测场的监测数据电子版表格为每年一文件，文件名为“×××观测场××××年蒸发量”。

表 3-5　　蒸发量记录表格式（示例）

观测场名称：____　纬度（°）：____　经度（°）：____　海拔：____ m			
年份	月	日	蒸发量/mm
2010	3	5	1560.0
2010	3	6	1600.0
2010	3	7	1580.0
2010	3	8	1620.0
2010	3	9	1630.0
⋮	⋮	⋮	⋮

3.1.2.2　土壤监测方法

根据观测场内土壤特性的具体情况，选择 3 个合适的土壤样品采集点位置，每次在每个采集点位置各采 1 个样品，土壤的机械组、容重、水分、有机质含量、碳酸钙含量、水

解性氮含量、有效磷含量和速效钾含量监测结果，均分别取这 3 个采集点土壤样品测得结果的算术平均值。

风蚀过程中，水稳性和非水稳性团聚体都不会受土壤水影响而被分散，在测定土壤机械组成时，应尽量不破坏团聚体结构。因此，《土壤检测　第 3 部分：土壤机械组成的测定》（NY/T 1121.3—2006）的规定并不符合风蚀对土壤机械组成测定要求。土壤机械组成每年监测两次，分别于风蚀季开始和结束时监测（每年 5 月 31 日和 10 月 1 日），使用震筛法和激光衍射法相结合的方法，测定土壤机械组成是相对最适当的。具体方法为：①在监测区内取 0～5cm 表土 0.5～1.0kg，风干后去除植物残体，碾压破碎土块，并经孔径 2mm 筛网剔除大于 2mm 的砾石，记录砾石占全部样品的质量百分比，筛分后的土壤样品作为测试备用土壤样品；②自上而下分别放置 1.0mm、0.9mm、0.8mm、0.7mm、0.6mm、0.5mm、0.4mm、0.3mm、0.2mm、0.1mm 孔径的金属套筛并压紧，盖好底盒盖，将金属套筛连同盖好的底盒盖一起放置在震筛仪上；③随机取 200g 备用土壤样品，放入最上层孔径 1.0mm 的金属筛内，盖好上盒盖，并固定在震筛仪上震筛 10min；④在震筛仪上拿出金属套筛（连同上下盒盖），自上而下依次取出金属筛网内的土壤样品（清理筛网上夹带的土壤颗粒），并秤重、记录。底盒盖内的土壤样品为小于 0.1mm 的颗粒，秤重、记录后待用；⑤随机取底盒盖内的土壤样品 5g 以上，使用激光衍射法测定机械组成。由于样品中仍有少量团聚体，分散剂仅使用蒸馏水。激光衍射法测定的结果按照最大颗粒直径 0.1mm 计算，采取平差法计算颗粒直径；⑥合并震筛法和激光衍射法测定的机械组成，各粒径的含量使用百分制，取一位小数，得到完整的土壤机械组成测定结果。土壤机械组成监测数据的记录文件均用 Excel 格式（见表 3-6），每个观测场的监测数据电子版表格可连续记录，文件名为“×××观测场表层土壤机械组成”。

表 3-6　　表层土壤机械组成监测记录表（示例）

观测场名称：____　纬度（°）：____　经度（°）：____　海拔：____ m

监测日期（年-月-日）	各粒级质量百分含量/%					
	砾石含量/%	$2>D_p\geqslant1.0$ /mm	$1.0>D_p\geqslant0.9$ /mm	$0.9>D_p\geqslant0.8$ /mm	$0.8>D_p\geqslant0.7$ /mm	$0.7>D_p\geqslant0.6$ /mm
2011-05-31						
2011-10-01						
2012-05-31						
2012-10-01						
⋮	⋮	⋮	⋮	⋮	⋮	⋮

监测日期（年-月-日）	各粒级质量百分含量/%				
	$0.6>D_p\geqslant0.5$ /mm	$0.5>D_p\geqslant0.4$ /mm	$0.4>D_p\geqslant0.3$ /mm	$0.3>D_p\geqslant0.2$ /mm	$0.2>D_p\geqslant0.1$ /mm
2011-05-31					
2011-10-01					
2012-05-31					
2012-10-01					
⋮	⋮	⋮	⋮	⋮	⋮

续表

观测场名称：____　纬度（°）：____　经度（°）：____　海拔：____ m					
监测日期（年-月-日）	各粒级质量百分含量/%				
	$0.1>D_p\geqslant0.05$ /mm	$0.05>D_p\geqslant0.025$ /mm	$0.025>D_p\geqslant0.010$ /mm	$0.010>D_p\geqslant0.002$ /mm	$D_p<0.002$ /mm
2011-05-31					
2011-10-01					
2012-05-31					
2012-10-01					
⋮	⋮	⋮	⋮	⋮	⋮

土壤容重和土壤水分受降水和侵蚀作用影响明显，监测周期均以每季度一次，监测时间为每年 3 月 31 日、6 月 30 日、9 月 30 日、12 月 31 日。土壤容重的监测方法按照《土壤检测　第 4 部分：土壤容重的测定》（NY/T 1121.4—2006）规定进行，测定数据的原单位为 g/cm^3，换算成百分制单位后取两位小数。监测数据的记录文件均用 Excel 格式（表 3-7），每个观测场的监测数据电子版表格可连续记录，文件名为“×××观测场表层土壤容重”。土壤水分的监测方法有两种。一种方法是按照《森林土壤含水量的测定》（LY/T 1213—1999）规定进行，测定数据的原单位为 g/kg，考虑到风蚀区的表层土壤水分普遍较低，换算成百分制单位后取一位小数；另一种方法是使用卤素水分测定仪，这种方法需要的土壤样品量少，操作简便。监测数据的记录文件均用 Excel 格式，表格形式与表3-7 相同，每个观测场的监测数据电子版表格可连续记录，文件名为“×××观测场表层土壤水分”。

表 3-7　　表层土壤容重监测记录表（示例）

观测场名称：____　纬度（°）：____　经度（°）：____　海拔：____ m			
年份	月	日	土壤容重/(g/cm^3)
2010	3	31	1.56
2010	6	30	1.60
2010	9	30	1.58
2010	12	31	1.62
2011	3	31	1.63
⋮	⋮	⋮	⋮

土壤有机质、碳酸钙、水解性氮、有效磷和速效钾含量每年于风蚀季结束后监测一次，时间为 5 月 31 日，监测的土层厚度为 0～5cm 表层土。土壤有机质含量监测按照《土壤检测　第 6 部分：土壤有机质的测定》（NY/T 1121.6—2006）规定进行，测定数据的原单位为 g/kg，考虑到风蚀区的表层土壤有机质含量普遍较低，换算成百分制单位后取两位小数。监测数据的记录文件均用 Excel 格式（见表 3-8），每个观测场的监测数据电子版表格可连续记录，文件名为“×××观测场表层土壤有机质含量”。土壤碳酸钙含

量监测按照《森林土壤碳酸钙的测定》（LY/T 1250—1999）规定进行，测定数据的原单位为 g/kg，换算成百分制单位后取一位小数。监测数据的记录文件均用 Excel 格式，表格形式与表 3-8 相同，每个观测场的监测数据电子版表格可连续记录，文件名为"×××观测场表层土壤有机质含量"。土壤水解性氮、有效磷和速效钾含量监测，分别按照《森林土壤水解性氮的测定》（LY/T 1229—1999）、《森林土壤有效磷的测定》（LY/T 1233—1999）和《森林土壤速效钾的测定》（LY/T 1236—1999）规定进行，测定数据的原单位均为 mg/kg，换算成千分制单位（‰）后取 3 位小数。监测数据的记录文件均用 Excel 格式，表格形式与表 3-8 相同，每个观测场的监测数据电子版表格可连续记录，文件名分别为"×××观测场表层土壤水解性氮含量"、"×××观测场表层土壤有效磷含量"和"×××观测场表层土壤速效钾含量"。

表 3-8　表层土壤有机质含量监测记录表（示例）

观测场名称：____ 纬度（°）：____ 经度（°）：____ 海拔：____ m			
年份	月	日	土壤有机质含量/%
2010	5	31	2.56
2011	5	31	2.60
2012	5	31	2.58
2013	5	31	2.62
2014	5	31	2.60
⋮	⋮	⋮	⋮

地面温度监测的目的是确定表土是否冻结，监测设备安放在气象要素监测设备的位置。当表土发生冻结现象时，风蚀将难以发生；昼夜温差或者日均温差越大，表土冻融作用越强，土壤结构被破坏越严重，越有利于风蚀。因此，监测地面温度对估算风蚀模数至关重要。地面温度监测按照《地面气象观测规范　第 13 部分：地温观测》（QX/T 57—2007）规定进行。人工监测地面温度时，观测时间为每日 02 时、08 时、14 时和 20 时定时观测，并做连续记录，记录数据文件用 Excel 格式（见表 3-9），每年一个文件，文件名为"×××观测场××××年地面温度"。自动观测时，须连续 24h 记录，监测数据输出格式为 txt 文档，每年一个文件，文件名为"×××观测场××××年地面温度"；同时需要增加说明文件，详细说明数据表中的代码和数据含义。为了方便数据后期处理，数据输出格式参照图 3-3，其中"gt"表示地面温度（℃）。

表 3-9　人工观测地面温度记录表格式（示例）

观测场名称：____ 纬度（°）：____ 经度（°）：____ 海拔：____ m				
年份	月	日	时	地面温度/℃
2010	3	5	02：00	−2.5
2010	3	5	08：00	−1.5
2010	3	5	14：00	2.0
2010	3	5	20：00	1.0
2010	3	6	02：00	−1.3
⋮	⋮	⋮	⋮	⋮

3.1.2.3 地表覆被监测方法

```
地面温度数据输出格式 - 记事本
文件(F) 编辑(E) 格式(O) 查看(V) 帮助(H)
year   month   day   hour   gt
2010   03      05    01     -1.4
2010   03      05    02     -1.5
2010   03      05    03     -1.6
....   ..      ..    ..     ..
```

图 3-3 地面温度自动监测数据输出格式（示例）

植被覆盖监测采用样方随机调查方法，样方点位置与土壤样品采集点位置基本一致，共设 3 个平行样方。样方调查时间为每年 5 月 31 日、7 月 31 日和 9 月 30 日，可以被认为是风蚀结束、植被生长最旺盛和风蚀开始的时间节点。草本植被样方面积为 1m×1m，灌木植被（灌草混生植被）样方面积为 5m×5m，乔木植被（包括乔灌混生和乔灌草混生植被）样方面积为 25m×25m。植被覆盖度监测采取目估法或者照相法，植株密度包括样方内的所有植株，单位为株/m^2，考虑到荒漠地区植被稀疏，数据取一位小数。对于非耕地上的植被监测，仅包括直立植株的覆盖度和平铺地面枯枝落叶的覆盖度两项指标，每项指标均为 3 个平行样方的平均值，用百分比表示（%），取整数。对于耕地上的植被覆盖度监测，直立作物残茬和直立杂草被视为直立植株的覆盖度，平铺在地面的作物秸秆和杂草被视为枯枝落叶覆盖度，监测方法同非耕地上的植被监测；但对于平铺在地面的作物秸秆，还需要根据平铺在地面秸秆的稠密程度，随机设置 3 个 1m×1m 或者 2m×2m 的样方，收集样方内的秸秆，在 85℃的通风恒温箱内烘干 24h 后，称量秸秆质量，最后以 kg/m^2 为单位记录数据，取一位小数。

植被建群种或作物种监测包括建群种，以 7 月 31 日的监测结果为准。由于植被在 5 月 31 日还没有完全生长，在 9 月 30 日已经枯萎，植物种鉴定困难。因此，5 月 31 日和 9 月 30 日的植被建群种记录与 7 月 31 日监测结果相同。

植被平均高度监测时间为每年 5 月 31 日、7 月 31 日和 9 月 30 日，根据植被类型不同采取不同的调查方法。对于草本、灌木和乔木单一植被类型，每次监测选择 1 株高大的、1 株矮小的、3 株中等的植株，分别测量其高度，以这 5 个植株高度的算术平均值作为植被平均高度，监测数据以 m 为单位，取两位小数。对于灌草、乔灌和乔灌草混生植被，按照直立的草本、灌木和乔木占总直立的植被覆盖度的比例，分别量取几株中等大小的植物。例如：观测场内为乔灌草混生植被，直立植株的总覆盖度约 70%。直立草本植物覆盖度约 15%，约占直立植株总覆盖度的 1/5；直立灌木植物覆盖度约 45%，约占直立植株总覆盖度的 3/5；直立乔木植物覆盖度约 10%，占总直立植株总覆盖度的近 1/5。这时，按照比例分别量测 1 株中等的草本植物、3 株中等的灌木、1 株中等的乔木的高度，以这 5 个植株高度的算术平均值作为植被平均高度，监测数据以 m 为单位，取两位小数。

植株侧影面积对风蚀具有重要影响，它是指直立植株在水平视角下所占的面积。植株平均侧影面积的监测时间为每年 5 月 31 日、7 月 31 日和 9 月 30 日，监测方法如下：首先，选择被测植株。选择方法与植被平均高度监测的方法相同。其次，对被测植株照相。在被测植株后面垂直放置一块白色的纸板或者塑料板作为背景，在植株旁设置带有刻度的标尺，数码相机镜头的视角保持水平，视场中心对准植株的中心位置，拍摄照片如图 3-4 所示，照片分辨率不低于 1280×960，存储为 JPEG 格式。第三，在专用软件（DPVC、Photoshop 等）支持下计算每个植株的面积；植株平均侧影面积为这 5 株侧影面积的算术平均值，以 cm^2 为单位。考虑到荒漠草原区的植物矮小，植株平均侧影面积取一位小数。

非耕地和耕地土地利用类型的植被覆被监测数据，均用 Excel 格式文件（见表 3-10 和表 3-11），可连续记录，文件名为“×××观测场植被覆盖”。

表 3-10　　植被覆盖记录表格式（非耕地类）（示例）

观测场名称：____ 纬度（°）：____ 经度（°）：____ 海拔：____ m 土地利用类型（耕地/非耕地）：非耕地										
年	月	日	植被类型	建群种	样方规格/m^2	植株密度/(株/m^2)	直立植株覆盖度/%	地面枯枝落叶覆盖度/%	植被平均高度/m	植株平均侧影面积/cm^2
2010	5	31	灌草	小叶锦鸡儿（Caragana microphylla Lam）、狗尾草［Setaria viridis (L.) Beauv］	5×5m^2	11.3	25	11	0.52	237.8
2010	7	31	灌草	小叶锦鸡儿（Caragana microphylla Lam）、狗尾草［Setaria viridis (L.) Beauv］	5×5m^2	14.5	55	13	0.73	421.2
2010	9	30	灌草	小叶锦鸡儿（Caragana microphylla Lam）、狗尾草［Setaria viridis (L.) Beauv］	5×5m^2	13.1	32	15	0.61	346.4
2011	5	31	灌草	小叶锦鸡儿（Caragana microphylla Lam）	5×5m^2	1.2	27	12	0.55	271.1
2011	7	31	灌草	小叶锦鸡儿（Caragana microphylla Lam）、黄花苜蓿（Medicago falcata L.）	5×5m^2	16.6	58	12	0.76	442.0
2011	9	30	灌草	小叶锦鸡儿（Caragana microphylla Lam）、黄花苜蓿（Medicago falcata L.）	5×5m^2	15.7	34	14	0.64	365.3
⋮	⋮	⋮	⋮	⋮	⋮	⋮	⋮	⋮	⋮	⋮

表 3-11　　植被覆盖记录表格式（耕地类）（示例）

观测场名称：____ 纬度（°）：____ 经度（°）：____ 海拔：____ m 土地利用类型（耕地/非耕地）：耕地											
年	月	日	植被类型	建群种	样方规格/m^2	植株密度/(株/m^2)	直立植株覆盖度/%	地面枯枝落叶覆盖度/%	植被平均高度/m	植株平均侧影面积/cm^2	平铺秸秆覆盖量/(kg/m^2)
2010	5	31	作物	玉米（Zea mays L.）	1×1m^2	8.2	25	0	0.17	35.2	0
2010	7	31	作物	玉米（Zea mays L.）	1×1m^2	8.2	95	0	1.87	5610.0	0
2010	9	30	作物	玉米（Zea mays L.）	1×1m^2	8.2	20	12	0.06	10.1	1.7

续表

年	月	日	植被类型	建群种	样方规格/m²	植株密度/(株/m²)	直立植株覆盖度/%	地面枯枝落叶覆盖度/%	植被平均高度/m	植株平均侧影面积/cm²	平铺秸秆覆盖量/(kg/m²)
2011	5	31	作物	小麦(Triticum aestivum)	1×1m²	115.7	25	0	0.12	26.5	0
2011	7	31	作物	小麦(Triticum aestivum)	1×1m²	123.5	95	0	0.76	380.3	0
2011	9	30	作物	小麦(Triticum aestivum)	1×1m²	123.5	20	12	0.13	2.5	0.6
⋮	⋮	⋮	⋮	⋮	⋮	⋮	⋮	⋮	⋮	⋮	⋮

图3-4 植株侧影面积照片（示例）

土壤结皮的监测时间为每年5月31日、7月31日和9月30日。结皮覆盖度监测采取目估法，估算观测场内所有生成结皮的总面积占整个观测场面积的百分比（%），监测数据取整数。物理性和生物性土壤结皮厚度的监测工具均使用游标卡尺。监测点在观测场内的中心附近和四周附近各选择一处，量取结皮厚度，取这5个监测点结皮厚度的算术平均数作为平均结皮厚度，单位为mm，取一位小数，并记录是物理性结皮还是生物性结皮。结皮和无结皮表土的抗剪强度监测工具均使用微型十字板剪切仪。结皮抗剪强度的监测点位置与结皮厚度监测点相同。如果观测场内仅有部分地表有结皮生成，或者全部无结皮生成，需要同时对无结皮表土的抗剪强度进行监测，监测点位置与结皮厚度监测点选择相同。考虑到风蚀区的表土大多比较松软，抗剪强度较小，在购置微型十字板剪切仪时，需要增加一个小量程、高分辨率的十字板头，参考量程为0～10.0kPa；结皮和无结皮表土的抗剪强度监测数据取一位小数。土壤结皮监测数据均用Excel格式文件（见表3-12），可连续记录，文件名为"×××观测场土壤结皮"。

表3-12　　　　土壤结皮记录表格式（示例）

观测场名称：____ 纬度(°)：____ 经度(°)：____ 海拔：____ m

土地利用类型（耕地/非耕地）：非耕地

年	月	日	结皮类型	结皮覆盖度/%	结皮厚度/mm	抗剪强度/kPa
2010	5	31	生物性结皮	30	5.2	55.5
2010	7	31	生物性结皮	40	5.3	67.3
2010	9	30	生物性结皮	43	5.5	85.0

续表

年	月	日	结皮类型	结皮覆盖度/%	结皮厚度/mm	抗剪强度/kPa
2011	5	31	生物性结皮	35	5.3	56.7
2011	7	31	生物性结皮	42	5.4	70.1
2011	9	30	生物性结皮	45	5.6	86.3
⋮	⋮	⋮	⋮	⋮	⋮	⋮

地表砾石和土块覆盖度监测均采取现场调查方法，监测时间为每年风蚀季前后（5月31日和9月30日），监测点位置选择与土壤结皮监测点选择相同。地表砾石和土块覆盖度监测采用样方法，样方面积为0.5m×0.5m。根据砾石和土块大小和覆盖度的具体情况，先用带有毫米刻度的尺子测量适当数量的砾石和土块，以减小目估误差。然后根据测量结果，目估各粒级的砾石和土块覆盖度（%）和全部砾石和土块的总覆盖度（%），监测数据取整数。地表砾石和土块覆盖度监测数据均用Excel格式文件（见表3-13），可连续记录，文件名为“×××观测场地表砾石和土块覆盖度”。

表3-13　　地表砾石和土块覆盖度记录表格式（示例）

观测场名称：____　纬度（°）：____　经度（°）：____　海拔：____m
土地利用类型（耕地/非耕地）：耕地

年	月	日	$2\leqslant D_g<$ 10mm覆盖度/%	$10\leqslant D_g<$ 50mm覆盖度/%	$50\leqslant D_g<$ 100mm覆盖度/%	$D_g\geqslant$ 100mm覆盖度/%	砾石总覆盖度/%	$3\leqslant D<$ 5cm覆盖度/%	$5\leqslant D<$ 10cm覆盖度/%	$D\geqslant$10cm覆盖度/%	土块总覆盖度/%
2010	5	31	4	2	1	0	7	32	15	5	52
2010	9	30	2	1	0	0	3	0	0	0	0
2011	5	31	4	2	1	0	7	35	16	8	59
2011	9	30	2	1	1	0	4	0	0	0	0
⋮	⋮	⋮	⋮	⋮	⋮	⋮	⋮	⋮	⋮	⋮	⋮

3.1.2.4　坡度与小微地形监测方法

由于观测场面积有限，在设置观测场时已经考虑地面相对平坦，坡向与主风向一致等因素。因此，坡度和坡向仅监测总坡度和坡向。监测时间为每年风蚀季前后（5月31日和9月30日）。实际测量时，先确定观测场边界处的最低点位置作为坡脚，观测场另一边界处的最高点作为坡顶，坡脚和坡顶连线的长度即是坡长，该连线走向即是坡向，该连线与水平线的夹角即是总坡度。如果观测场内地形起伏较大，例如有沙丘分布，应使用测量型GPS或者其他测绘仪器监测，并绘制等高线图件，标注沙丘的高度（H）、长度（L）、宽度（W）、面积（S）和走向（Sd）等主要参数，如图3-5所示。微地形主要包括沟垄、沙波纹、风蚀形成的凹凸不平微地貌形态等。这类微地形的监测一般使用便于操作的链条法，如图3-6所示。微地形监测点位置与土壤结皮的监测点位置基本一致，监测结果为5个监测点监测结果的算术平均值。具体方法为：选择一条长度为L_1的软链条，在监测点位置紧贴地面放置，并测量链条两端之间的直线距离L_2，每个监测点的粗糙度指标$R_i=100(1-L_2/L_1)$[1]，其中$i=1$，…，5。观测场内的地表粗糙度指标平均值为$R=(R_1+$

$R_2+R_3+R_4+R_5)/5$。坡度与小微地形监测数据均用 Excel 格式文件（见表 3-14），可连续记录，文件名为“×××观测场坡度与小微地形”。

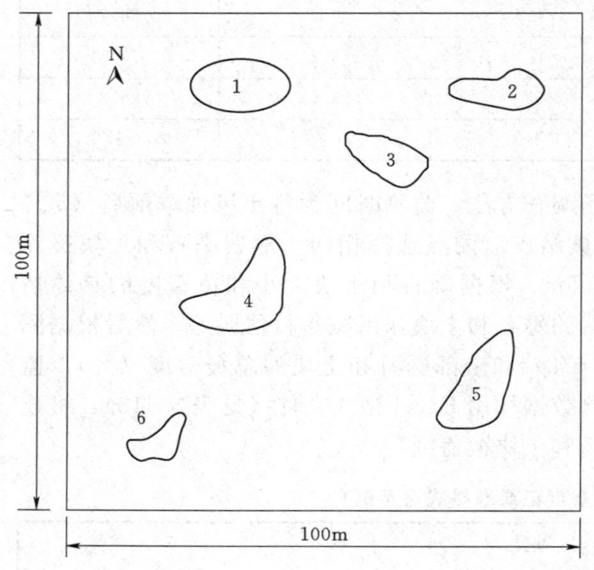

1：$H=2.53$ $L=11.37$ $W=7.84$ $S=58.32$ Sd=93
2：$H=2.16$ $L=11.28$ $W=5.80$ $S=46.65$ Sd=89
3：$H=1.58$ $L=8.72$ $W=5.67$ $S=43.86$ Sd=138
4：$H=4.25$ $L=15.69$ $W=7.54$ $S=90.81$ Sd=42
5：$H=3.46$ $L=12.82$ $W=6.31$ $S=68.82$ Sd=33
6：$H=1.36$ $L=7.08$ $W=4.49$ $S=22.64$ Sd=47

沙丘参数测量示意图（以 4 号沙丘为例）：

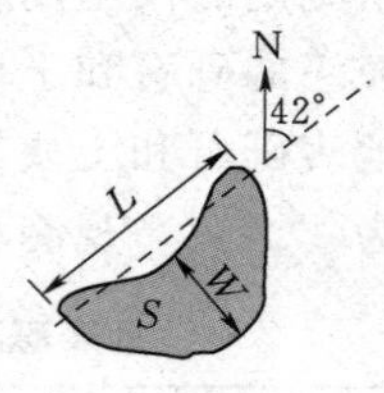

图 3-5 观测场内沙丘主要参数标注示意图

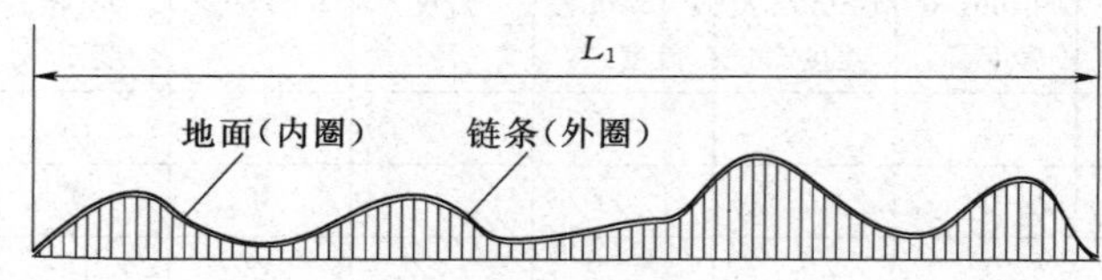

图 3-6 地表粗糙度监测示意图

表 3-14 坡度与小微地形记录表格式（示例）

观测场名称：____ 纬度（°）：____ 经度（°）：____ 海拔：____ m

土地利用类型（耕地/非耕地）：

年	月	日	坡度/(°)	坡向/(°)	坡长/m	地表粗糙度指标	沙丘个数	沙丘平均高度/m	沙丘平均长度/m	沙丘平均宽度/m	沙丘平均面积/m²	沙丘平均走向/(°)
2010	5	31	5	310	100	0.21	3	0.85	2.71	2.23	3.93	40
2010	9	30	5	310	100	0.18	3	0.80	2.43	1.98	3.13	42
2011	5	31	5	310	100	0.27	2	0.92	3.24	2.56	5.39	41
2011	9	30	5	310	100	0.22	2	0.84	2.65	2.35	4.05	41
⋮	⋮	⋮	⋮	⋮	⋮	⋮	⋮	⋮	⋮	⋮	⋮	⋮

3.1.2.5 风沙流与大气降尘监测方法

土壤风蚀监测中所谓的风沙流，实际上是指土壤风蚀颗粒物与空气的混合流，监测目的是为了计算土壤风蚀量。风沙流高度最大可达百米以上，难以对风沙流实施完整的监测，一般只能监测近地层的风沙流，然后根据近地层风沙流结构推算完整风沙流中的土壤风蚀颗粒物流量。近地层风沙流主要使用集沙仪监测。为了减少工作量，同时满足土壤风蚀量计算要求，集沙仪保持固定的埋设位置，集沙口在垂向分布上可以不连续，如图 3－7 所示。由于在同一个观测场内布设有多台集沙仪，开始监测之前必须对所有集沙仪进行编号。风沙流的监测时间为每月 15 日 14：00 时和每月月末 14：00 时收集积沙腔内沙尘。因集沙仪的积沙腔容量有限，强风天气过程单独观测（当观测场 5.0m 高度的风速达到 8m/s 时开始观测，风速小于 8m/s 时结束观测），并准确记录观测起始时刻和积沙量。每个积沙腔内收集的沙尘，装入已经贴上标签纸和称重的塑料自封袋内，如图 3－8 所示，并再次称重。每个积沙腔收集的沙尘量即等于两次称重的差。根据集沙仪的集沙口宽度、高度以及集沙时间，计算每个集沙口在单位面积（cm^2）和单位时间（min）内收集到的平均集沙量（g），单位为 g/(cm^2·min)，填入相应的表格中（见表 3－15）。如果在半月监测时间段内有大风和强风蚀事件发生，则需要同时采取两种形式分别记录。第一种形式，是将半月内收集的所有集沙腔内的集沙量相加，用半月时间，计算每个集沙口在单位面积（cm^2）和单位时间（min）内收集到的平均集沙量（g），填入表 3－15 中。第二种形式，是单独记录每次大风和强风蚀事件过程中，每个集沙口在单位面积（cm^2）和单位时间（min）内收集到的平均集沙量（g），填入相应的表格中；如果一次大风和强风蚀事件持续时间较长，可以将结束时间记录在开始时间的下一行（见表 3－16），为了保证集沙腔不被装满，可以多次取出集沙腔，并按上述方法称量集沙腔内的沙尘量。风沙流监测数据均用 Excel 格式文件，可连续记录，文件名为“×××观测场风沙流”。

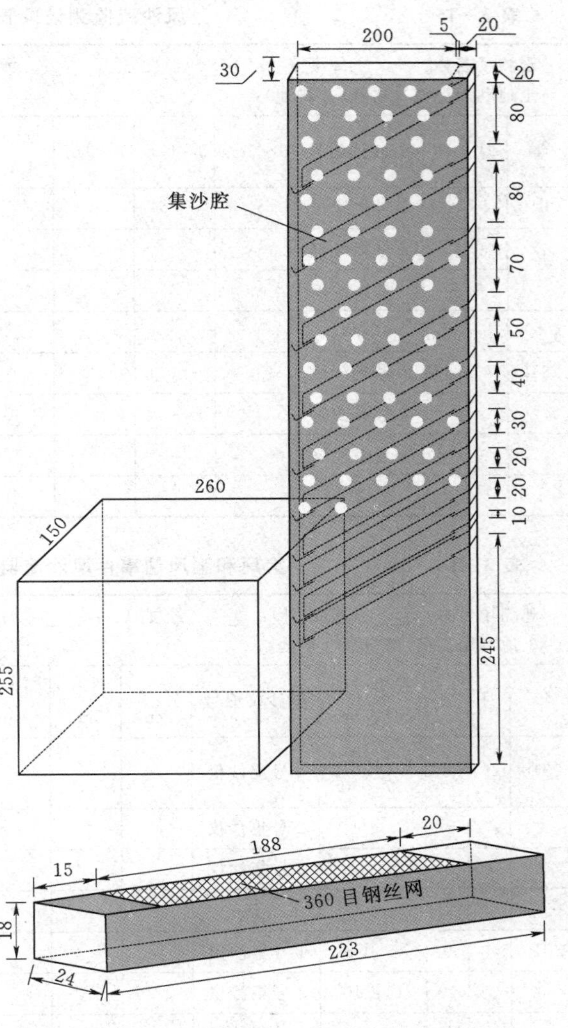

图 3－7　野外监测使用的集沙仪（单位：mm）

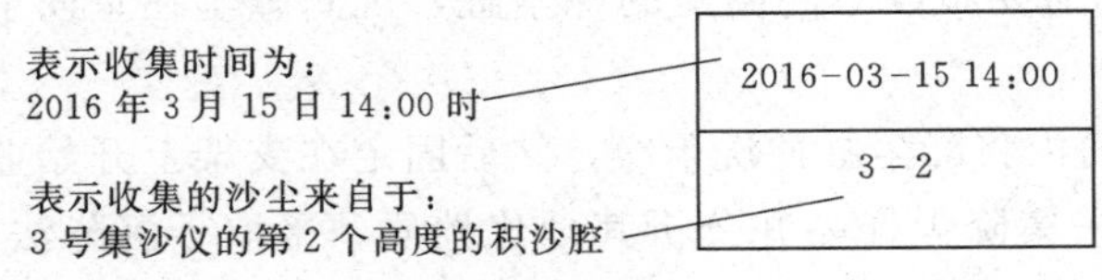

图 3－8　贴在自封袋上的标签纸书写格式

表 3－15　　**风沙流监测记录表格式（示例）**　　单位：$g/(cm^2 \cdot min)$

观测场名称：____　纬度（°）：____　经度（°）：____　海拔：____ m
土地利用类型（耕地/非耕地）：

年	月	日	集沙仪编号	0～2cm	3～5cm	7～9cm	11～13cm	16～18cm	22～24cm	29～31cm	38～40cm	48～50cm	58～60cm
2010	4	15	1 号集沙仪										
			2 号集沙仪										
			3 号集沙仪										
			⋮										
2010	4	30	1 号集沙仪										
			2 号集沙仪										
			3 号集沙仪										
⋮	⋮	⋮	⋮	⋮	⋮	⋮	⋮	⋮	⋮	⋮	⋮	⋮	⋮

表 3－16　　**大风和强风蚀事件风沙流监测记录表格式（示例）**　　单位：$g/(min \cdot cm^2)$

观测场名称：____　纬度（°）：____　经度（°）：____　海拔：____ m
土地利用类型（耕地/非耕地）：

年	月	日	起始时间（时：分）	集沙仪编号	0～2cm	3～5cm	7～9cm	11～13cm	16～18cm	22～24cm	29～31cm	38～40cm	48～50cm	58～60cm
2010	4	6	11：20～17：30	1 号集沙仪										
				2 号集沙仪										
				3 号集沙仪										
				⋮										
2010	4	9	7：40～	1 号集沙仪										
		10	15：10	2 号集沙仪										
				3 号集沙仪										
⋮	⋮	⋮	⋮	⋮	⋮	⋮	⋮	⋮	⋮	⋮	⋮	⋮	⋮	⋮

大气降尘一般采用降尘缸观测，根据《环境空气降尘的测定——重量法（GB/T 15265—94）》规定，标准降尘缸为内径 15cm、高 30cm 的圆筒形玻璃缸。根据观测地区自然环境特点，可以加大降尘缸高度，以免降尘缸内的沙尘颗粒被二次吹扬，但不能缩小降尘缸尺寸。每个观测场安置 3 个降尘缸，降尘缸间距 3～5m，降尘缸上缘离地面高度一般为 1.5m。在有条件的观测场可以根据需要布设不同高度的降尘缸，观测降尘在垂向上的通量。

正式观测前 30min，用蒸馏水在房间内将降尘缸冲洗干净，然后固定在支架上开始监测。监测时间与风沙流监测同步。为了采集降尘样品并分析其理化性质，采取干沉降法。采集降尘样品时，先将降尘缸自支架上取回到房间内，然后用装有蒸馏水的喷壶将降尘缸内壁冲洗干净，把降尘缸内的沙尘样品与蒸馏水的混合物一起倒入广口瓶内。如果一次未能冲洗干净，可以重复冲洗，直至降尘缸内壁和底部被冲洗干净。在冲洗降尘缸内部的沙尘时，尽量减少使用蒸馏水，以方便样品的后期处理。及时盖好广口瓶盖，将填写好的标签贴在广口瓶外侧中部位置，将装有降尘样品的广口瓶放在干燥阴凉处。降尘样品采集结束后，及时将降尘缸放回原支架上，继续监测。广口瓶内的沙尘样品与蒸馏水混合物静置36h后，轻轻倒掉上部清水，将剩余的沙尘样品与蒸馏水混合物全部倒入烧杯（广口瓶内的降尘必须冲洗干净，一并倒入烧杯），在80℃的恒温干燥箱内烘干，取出烘干后的降尘样品称重（称重方法与集沙腔内集沙称重相同）。根据降尘缸口径计算单位面积降尘量（单位均为 g/m^2），并填入表格（见表3-17）。

表3-17　　降尘量监测记录表格式（示例）　　单位：g/m^2

观测场名称：____　纬度（°）：____　经度（°）：____　海拔：____m 土地利用类型（耕地/非耕地）：							
年	月	日	1号降尘缸	2号降尘缸	3号降尘缸	平均	降尘缸内径/高度/mm
2010	4	15					
2010	4	30					
2010	5	15					
2010	5	31					
⋮	⋮	⋮	⋮	⋮	⋮	⋮	⋮

在半个月监测期内，如果有沙尘暴发生，则对沙尘暴期间的降尘进行单独监测，采取两种形式分别记录。监测和记录方式与风沙流监测相同，并填写相应的数据（见表3-18）。降尘监测数据均用Excel格式文件，可连续记录，文件名为"×××观测场降尘量"。

表3-18　　沙尘暴期间降尘监测记录表格式（示例）　　单位：g/m^2

观测场名称：____　纬度（°）：____　经度（°）：____　海拔：____m 土地利用类型（耕地/非耕地）：								
年	月	日	起始时间（时：分）	1号降尘缸	2号降尘缸	3号降尘缸	平均	降尘缸内径/高度/mm
2010	4	6	11：20—17：30					
2010	4	9—10	7：40—15：10					
⋮	⋮	⋮	⋮	⋮	⋮	⋮	⋮	⋮

3.1.2.6　风蚀厚度监测方法

风蚀厚度监测方法主要有测钎（桩）法、风蚀桥法、微地貌扫描法等。使用任何一种风蚀厚度和风蚀量监测方法。

使用测钎（桩）法监测观测场内风蚀厚度的具体方法如下：①对于地面平坦的观测场，每根测钎（桩）间距10m，一般采取"品"字形均匀布局；对于有沙丘等局部地形起伏的观测场，在凸起地貌部位加密测钎（桩）。②将直径小于0.5cm、长50～100cm的钢钎（桩）铅垂打入地面，测钎（桩）埋入地下部分的长度要足以支撑地上部分不下沉和不

松动，一般埋入地下 0.6～0.8m，地面出露 0.2～0.4m。③对每根测钎（桩）进行编号登记，并记录初插时或者上次观测时测钎（桩）出露在地面以上的高度。④对于风蚀强度较大的观测场（例如流沙地、翻耕耕地等），每月观测一次；对于风蚀强度较小的观测场，可以每季度观测一次。观测时间为月末日 14：00。⑤测钎（桩）法监测的土壤风蚀厚度（WED）计算方法为

$$WED=\frac{\Delta h_1+\Delta h_2+\cdots+\Delta h_i+\cdots+\Delta h_n}{n}$$

式中　n——观测场内的测钎(桩）数；

Δh_i——第 i 个测钎（桩）上次监测时出露地面高度与当次监测时出露地面高度的差值，mm；

WED——负数时，代表观测场内处于风蚀状态；正数时，代表观测场内处于风积状态。

测钎（桩）法监测土壤风蚀厚度数据均用 Excel 格式文件，可连续记录，文件名为"×××观测场测钎（桩）法监测土壤风蚀厚度"（见表 3－19）。

表 3－19　测钎（桩）法监测土壤风蚀厚度记录表格式（示例）　单位：mm

观测场名称：____　纬度（°）：____　经度（°）：____　海拔：____m 土地利用类型（耕地/非耕地）：									
年	月	日	Δh_1	Δh_2	…	Δh_i	…	$+\Delta h_n$	土壤风蚀厚度（WED）
2010	4	30							
2010	5	31							
⋮	⋮	⋮	⋮	⋮	⋮	⋮	⋮	⋮	⋮

使用风蚀桥法监测观测场内风蚀厚度的具体方法如下：①对于地面平坦的观测场，风蚀桥数量为 5 个，分别布设在观测场中间位置，以及距离中间位置正北、正东、正南和正西方向约 17m 的位置；对于有沙丘等局部地形起伏的观测场，在凸起地貌部位加密布设风蚀桥。②风蚀桥的桥身垂直主风向，横梁与地面平行，长度 100cm，桥梁上每隔 10cm 刻画出测量标记点，桥腿插入地下 30～50cm，要保证桥体在风力和自身重力作用下不发生偏斜或者下沉。③绘制观测场平面图、标注风蚀桥布设位置，登记风蚀桥编号，记录初次设置时的风蚀桥上缘距离地面的垂直高度（单位为 mm）。④每个风蚀桥每次测量 10 个垂直高度，测量点位置分别在风蚀桥一端、1/10、2/10、…、9/10 和另一端，然后取这 10 个高度值的算术平均数作为风蚀桥距离地面的平均高度。⑤对于风蚀强度较大的观测场（例如流沙地、翻耕耕地等），每月观测一次；对于风蚀强度较小的观测场，可以每季度观测一次。观测时间为月末日 14：00。⑥风蚀桥法监测的土壤风蚀厚度（WED）计算方法为

$$WED=\frac{\Delta h_1+\Delta h_2+\Delta h_3+\Delta h_4+\Delta h_5}{5}$$

式中　Δh_1、…、Δh_5——观测场内 5 个风蚀桥在上次监测时距离地面平均高度与当次监测时距离地面平均高度的差值，mm；

WED——负数时，代表观测场内处于风蚀状态；正数时，代表观测场内处于风积状态。

风蚀桥法监测土壤风蚀厚度数据均用Excel格式文件，可连续记录，文件名为“×××观测场风蚀桥法监测土壤风蚀厚度”（见表3-20）。

表3-20　风蚀桥法监测土壤风蚀厚度记录表格式（示例）　单位：mm

观测场名称：____　纬度（°）：____　经度（°）：____　海拔：____m 土地利用类型（耕地/非耕地）：								
年	月	日	Δh_1	Δh_2	Δh_3	Δh_4	$+\Delta h_5$	土壤风蚀厚度（*WED*）
2010	4	30						
2010	5	31						
⋮	⋮	⋮	⋮	⋮	⋮	⋮	⋮	⋮

在有条件的观测场可使用高精度三维激光扫描仪等，通过非接触式测量方式，监测风蚀前后地面高程的细微变化，获得风蚀厚度数据。使用扫描法监测观测场内风蚀厚度的具体方法如下：①观测场内设置的扫描区不少于3个，每个扫描区的下垫面在观测场内均具有代表性，面积为10m×10m，位置固定不变。②在每个扫描区边缘外部设置3个呈三角形分布的标靶，扫描仪距离扫描区最近的边线5m。③利用上次扫描数据和当次扫描数据，由扫描仪自带的软件计算两次扫描时地面平均高差，即风蚀厚度。

3.1.3　风蚀量监测与计算

风蚀量监测方法主要有三类。第一类为“风蚀圈”监测法，适合不同土壤风蚀强度监测，对风蚀量的监测结果精度高、理论性强；但这种方法不能直接获得土壤风蚀量数据，需要经过比较复杂的计算。第二类为根据风蚀厚度和表土容重监测结果计算风蚀量。第三类为土壤风蚀质量流失量监测法，主要是多种规格的风蚀盘法，适合于不同土壤风蚀强度监测。后两类方法操作简单，但监测结果精度较低、理论性差。

3.1.3.1　“风蚀圈”监测方法与风蚀量计算

（1）“风蚀圈”布设。每个观测场设置1～4个“风蚀圈”，如图3-9（a）所示。对于仅设置1个“风蚀圈”的观测场，野外梯度风速仪或自动气象站的测风立杆位于“风蚀圈”中心，主机置于室内；对于设置2～4个“风蚀圈”的观测场，需要在每个不同下垫面“风蚀圈”中心位置布置1个野外梯度风速仪或自动气象站的测风立杆，主机置于室内（为节省资金，根据观测场内布设的“风蚀圈”数，选择共用主机数据采集器的通道数）。测风立杆高度5m，在每个测风立杆上分别设置高度为0.1m、0.5m、1.0cm、1.5m、2.0m、3.0m和5.0m的风速感应器，以及1个高度5.2m的风向速感应器，如图3-9（b）所示，将风向感应器置于5.0m风杯之上的立柱顶端。

每个“风蚀圈”可以根据观测场面积设置两种规格。第一种为首选规格，每个“风蚀圈”占地面积为140m×140m，“风蚀圈”直径100m，如图3-10（a）所示；第二种规格，每个“风蚀圈”占地面积为100m×100m，“风蚀圈”直径70m，如图3-10（b）所示。在“风蚀圈”内沿主风向布设8对野外定位观测集沙仪如图3-7所示，“风蚀圈”外围其他6个方位分别设置一对集沙仪。每对集沙仪并列安置、开口方向相反。每对集沙仪编号用（k，$-k$）表示（$k=1, 2, 3, \cdots, 14$），开口朝向“风蚀圈”外侧的集沙仪用（k）表示，开口相反的集沙仪用（$-k$）表示。

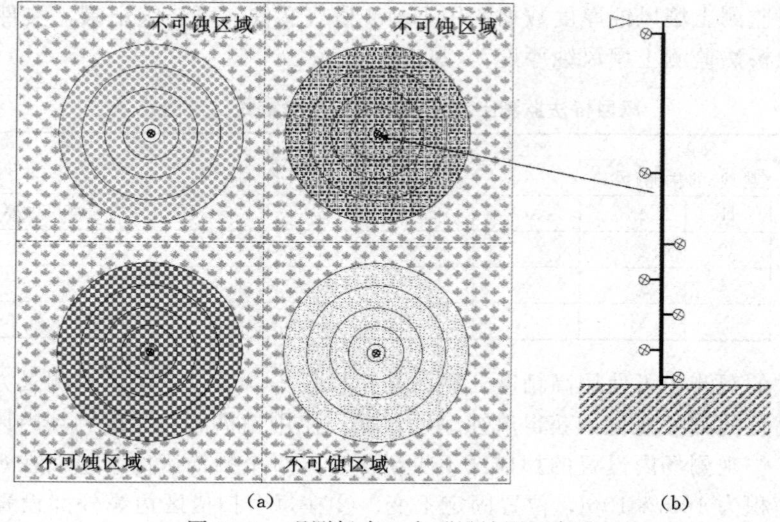

图 3-9　观测场内 4 个“风蚀圈”布设

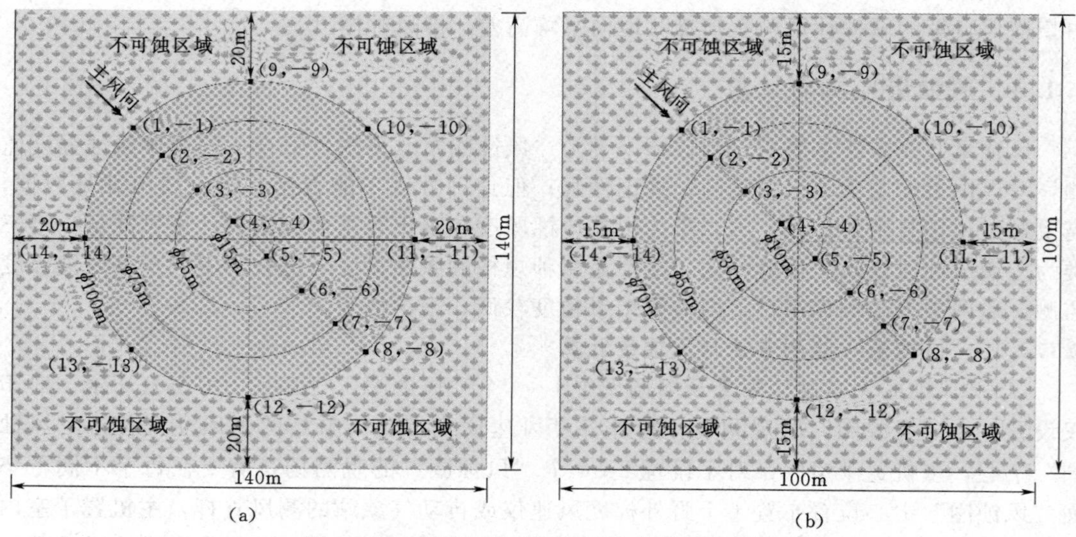

图 3-10　两种规格“风蚀圈”内集沙仪布设

（2）监测指标与监测方法。采取“风蚀圈”法监测风蚀量时，需要监测风速风向、土壤、地表覆被、坡度与小微地形、风沙流等指标，以便确定下垫面特性与风蚀量的关系，并准确计算风蚀量。这些指标的监测与“3.1.2 主要指标的监测方法”相同。

（3）风蚀量计算。主要分为以下五步。

第一步：风速风向统计。根据风速风向记录数据，在 Excel 表中按照风向分组，每一个风向为一组，共 16 组（静风不予统计），一个月为一个统计时间周期。然后，在 16 组风向统计数据支持下，计算每个风向不同风速等级的累计时间。风速统计间隔为 1m/s 即 <1.0m/s、1.0～1.9m/s、2.0～2.9m/s、…、34.0～34.9m/s 的累计时间（单位：分钟）。

第二步：输沙量修正。首先，在大型风沙环境风洞内，确定不同下垫面和风速条件下的集沙仪积沙效率 λ_{ij}（第 i 类型下垫面、第 j 风速）。修正监测区内的实际输沙强度

$$q_{(k,-k)}=\frac{q'_{(k,-k)}}{\lambda_{ij}}$$

式中 $q_{(k,-k)}$——每台集沙仪被修正后的实际输沙量；

$q'_{(k,-k)}$——每台集沙仪监测得到的输沙量。

第三步：确定不同风速对土壤风蚀量的贡献。在风蚀监测过程中，半个月或者一次强沙尘暴期间会出现不同的风速，为了确定不同风速对土壤风蚀量的贡献，需要确定不同风速情况下集沙仪监测的输沙量之间的关系。在监测时间足够长的情况下，能够直接使用“风蚀圈”监测法获得的监测数据计算各风速等级对土壤风蚀量的贡献；在监测初期的短时间内，不能获得足够的监测数据，只能在大型风沙环境风洞内测定不同等级风速下集沙仪的积沙量，选择与监测区 5.0m 高度 10m/s 风速为基准的对应风速，确定 $q_{5.5}/q_{10}$、$q_{6.5}/q_{10}$、$q_{7.5}/q_{10}$、…、$q_{9.5}/q_{10}$、…、$q_{34.5}/q_{10}$的比值，利用这些比值估算不同等级风速对土壤风蚀量的贡献；待获得充足监测数据时，再对此前的数据进行修正，并直接使用“风蚀圈”监测法获得的监测数据计算各风速等级对土壤风蚀量的贡献。

第四步：输沙通量计算。集沙仪监测的是每个集沙腔的集沙量［单位为 g/(cm² · min)］，并且在垂直高度上不连续，如图 3-11 所示。为了得到输沙通量［单位为 kg/(m · hr)］，需要对监测到的每个修正后的等级风速的集沙腔集沙量进行函数拟合 $q_j=f_j(h)$，然后积分获得输沙通量 $Q_j=\frac{100\times 60}{1000}\int_{h=1}^{h=200}f_j(h)$，此时的输沙通量单位为 kg/(m · hr)，式中 h 为高度（cm）。风沙流的积分高度之所以设定为［1，200］，是因为上述拟合函数表达的曲线两端无限接近纵横坐标轴，而且在此高度范围内风沙流的流量一般占总流量的 95%以上。

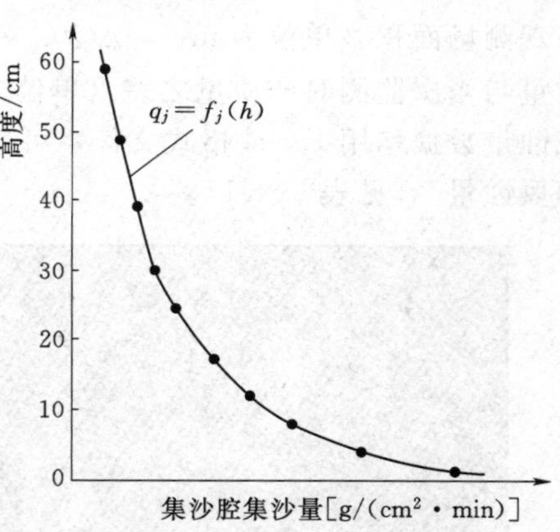

图 3-11 风沙流结构

第五步：风蚀量计算。根据第四步获得的每套集沙仪输沙通量，计算八方位风蚀量 $Q_{af}=(Q_{-8}-Q_1)+(Q_{-12}-Q_9)+(Q_{-13}-Q_{10})+(Q_{-14}-Q_{11})+(Q_{-1}-Q_8)+(Q_{-9}-Q_{12})+(Q_{-10}-Q_{13})+(Q_{-11}-Q_{14})$，其中等式右边的八项分别代表 8 个风向产生的侵蚀量。对于未监测的另外 8 个风向产生的侵蚀量，根据每个风向等级风速及其持续时间，参照监测的临近风向的等级风速和持续时间，按比例估算出风蚀量 Q'_{af}。最后得到“风蚀圈”内的风蚀量 $Q=Q_{af}+Q'_{af}$。

3.1.3.2 风蚀厚度监测方法与风蚀量计算

（1）风蚀厚度监测指标与监测方法。利用风蚀厚度监测结果计算风蚀量，是测钎（桩）法、风蚀桥法、微地貌扫描法等风蚀厚度监测的延伸，监测指标和方法均相同。

（2）风蚀量计算。首先计算单位面积风蚀量。对于测钎（桩）法，$Q'=\mathrm{WED}\rho_s/s$，ρ_s 为观测场内的表土容重，s 为每个测钎（桩）所控制的平均面积（m²），Q'的单位为 g/m²。对于风蚀桥法，$Q'=\mathrm{WED}\rho_s/s$，s 为风蚀桥控制的面积（$s=100\text{cm}\times100\text{cm}=1\text{m}^2$），$Q'$的单位为 g/m²。然后再进行换算 $Q=S_{of}Q'/1000$，得到整个观测场的土壤风蚀量，式中 S_{of} 为观测场面积，Q 为整个观测场的风蚀量（单位为 kg）。

（3）风蚀盘法的监测方法与风蚀量计算。使用风蚀盘法可以监测观测场内的平均风蚀量（图3-12），具体方法如下：①对于地面平坦的观测场，风蚀盘测点为5个，分别布设在观测场中间位置，以及距离中间位置正北、正东、正南和正西方向约17m的位置。对于有沙丘等局部地形起伏的观测场，在凸起地貌部位加密布设风蚀盘。②风蚀盘底板厚度一般为3mm，面积为30cm×30cm的正方形不锈钢板，四周可采用1.5mm厚3～5cm高的金属板焊接。③对于风蚀强度较大的观测场（例如流沙地、翻耕耕地等），底板上土样堆放厚度应超过5cm；对于风蚀强度较小的观测场，底板上土样堆放厚度应超过3cm。④布设风蚀盘之前先称量装满土壤的风蚀盘质量；布设风蚀盘时，应将风蚀盘内的土壤表面与周围地面保持水平一致，并且不留缝隙。⑤观测时间为每月末日14：00；观测时，轻轻取出风蚀盘，清除风蚀盘外部附着的土壤，称量风蚀盘质量。⑥对于每个风蚀盘，上次观测时称量的质量与当次观测时称量的质量之差（ΔQ），即为该风蚀盘测得的风蚀量；风蚀量为正值时，代表发生风蚀；反之，则代表风积。⑦观测场内的风蚀量（Q）计算方法为$Q=S_{of}[(\Delta Q_1+\Delta Q_2+\Delta Q_3+\Delta Q_4+\Delta Q_5)/5]/S_{ed}$，式中的风蚀量$Q$的单位为kg，$S_{of}$为观测场面积（单位为$m^2$），$\Delta Q_1$、…、$\Delta Q_5$分别为观测场内5个风蚀盘在上次监测时的质量与当次监测时的质量之差（单位为kg），S_{ed}为风蚀盘面积（m^2）。风蚀盘法监测土壤风蚀量数据均用Excel格式文件，可连续记录，文件名为"×××观测场风蚀盘法监测土壤风蚀量"（见表3-21）。

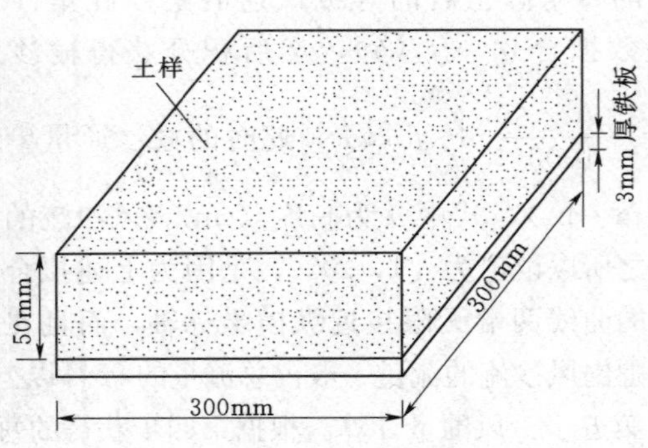

图3-12 风蚀盘监测示意图

表3-21 风蚀盘法监测土壤风蚀量记录表格式（示例） 单位：kg/m^2

观测场名称：____ 纬度（°）：____ 经度（°）：____ 海拔：____ m
土地利用类型（耕地/非耕地）：

年	月	日	ΔQ_1	ΔQ_2	ΔQ_3	ΔQ_4	ΔQ_5	土壤风蚀量/Q
2010	4	30						
2010	5	31						
⋮	⋮	⋮	⋮	⋮	⋮	⋮	⋮	⋮

3.2 地块风蚀监测

地块风蚀监测是在观测场监测基础上，通过扩展空间尺度开展的一项监测。就地块的

概念而言，它是指具有同类属性的最小土地单位。在实际工作中，主要根据土壤类型、土地利用类型、地表覆被和地形的一致性来判别地块，在空间尺度上并无明确的界定。因此，地块风蚀监测与观测场风蚀监测，在监测指标、监测方法和风蚀量计算等方面，既有相同和相似之处，也有不同之处。

3.2.1 主要监测指标

3.2.1.1 共性监测指标

对于所有类型的地块和土壤风蚀量计算方法，具有共性的监测指标包括气象要素、地表覆被、坡度与小微地形。这些指标的各项监测内容和监测方法与观测场监测一致。

3.2.1.2 选择性监测指标

对于不同土地利用类型，或者不同的风蚀监测和风蚀量计算方法，监测指标有所不同。

(1) 根据输沙通量计算地块风蚀量的监测指标。输沙通量需要依据风沙流监测数据计算获得。地块的风沙流监测指标与观测场的风沙流监测一致；地块输沙通量的监测和修正方法与“风蚀圈”相同。

(2) 根据表土机械组成变化计算地块风蚀量的监测指标。表土机械组成监测的颗粒直径(D_p)划分标准与观测场土壤监测一致，不同之处在于：表土样品采集深度为0～0.5cm；根据监测地块的风蚀强度，利用表土粒度（机械组成）累积曲线确定不可蚀颗粒的粒径(D_{up})。

(3) 利用风蚀模型计算地块风蚀量的监测指标。目前针对地块风蚀量的模型主要是美国的修正风蚀方程（Revised Wind Erosion Equation，RWEQ）[2]。RWEQ需要的气象要素类监测指标包括：距地面2m高度处风速（m/s），临界侵蚀风速（一般为5m/s），蒸发量（或者根据总太阳辐射量和平均气温计算，单位为mm），降水量（mm），灌溉量（mm），降水或灌溉天数。土壤要素类监测指标包括：沙粒含量（%），粉粒含量（%），黏粒含量（%），有机质含量（%），碳酸钙含量（%）。地表覆被类监测指标包括：平铺残茬覆盖度（%），直立残茬当量面积（与侧影面积具有相同的含义，单位为cm^2/m^2），作物覆盖度（%）。地表粗糙类监测指标主要有随机粗糙度（与“小微地形”一致）和定向粗糙度（无量纲）。

3.2.2 主要指标的监测方法

根据输沙通量计算地块风蚀量的监测指标中，输沙通量的监测方法为：①统计邻近气象站的风速风向观测数据，确定大于5.0m/s风速的主风向如图3-13(a)所示。②考虑到地块面积大小具有不确定性，对于面积较小（约$1hm^2$）的地块，八方位集沙仪的布设如图3-13(b)和图3-13(c)所示。对于面积大的地块，根据>5.0m/s风速的主风向，八方位集沙仪的布设如图3-13(d)所示，集沙仪布设位于主风向的方向。例如，>5.0m/s风速的主风向为NW，则将集沙仪布设在地块的NW位置。③对于面积大于1ha的地块，集沙仪布设的圆圈直径不小于70m，并按照8个方向，分别测量每台八方位集沙仪距离地块边缘的距离$L_{i\text{-}j}$，记为$L_{1\text{-}1}$、$L_{1\text{-}2}$、…、$L_{1\text{-}8}$，$L_{2\text{-}1}$、$L_{2\text{-}2}$、…、$L_{2\text{-}8}$，…，$L_{9\text{-}1}$、$L_{9\text{-}2}$、…、$L_{9\text{-}8}$，其中i代表集沙仪编号，j代表N、NE、E、SE、S、SW、W、NW等8个方位。④与“风蚀圈”监测法一样，收集集沙腔内的沙尘，称重后记录。

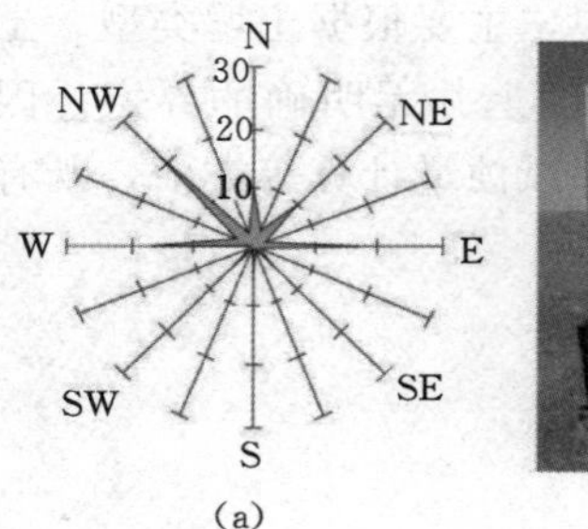

(a)

(b)

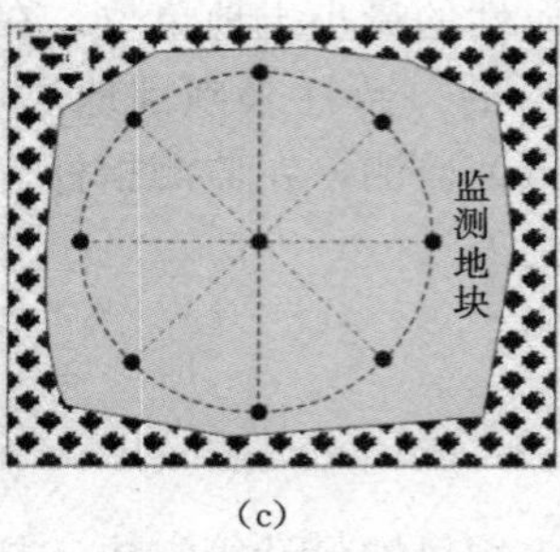

(c)

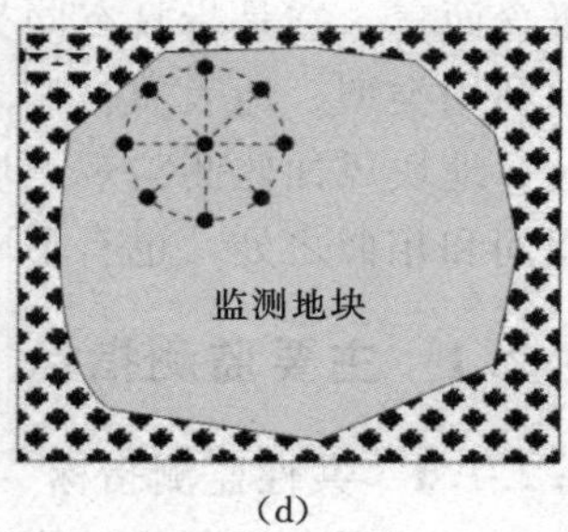

(d)

图 3-13　地块监测时的集沙仪布设

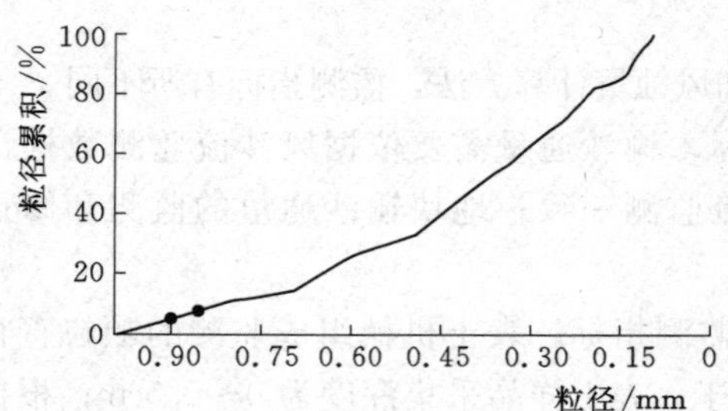

图 3-14　粒径累积曲线及插值得到 D_{up} 在表土中的含量

根据表土机械组成变化计算地块风蚀量，主要针对耕地类型，不适用于其他土地利用类型。用这种方法计算地块风蚀量，关键是根据表土粒度（机械组成）累积曲线确定不可蚀颗粒的粒径（D_{up}）。一般地，在贺兰山—狼山以东，可以将 D_{up} 定义为≥0.84mm；在贺兰山—狼山以西，可以将 D_{up} 定义为≥0.90mm。为了确定 D_{up} 在表土中的含量，根据表土机械组成测试结果，绘制粒径累积曲线如图 3-14 所示，在该曲线内插值得到 D_{up} 在表土中的含量。

在使用 RWEQ 模型计算地块风蚀量时，距地面 2m 高度处风速、蒸发量、降水量、表土有机质含量和碳酸钙含量、地表粗糙（小微地形）等与观测场一致。沙粒、粉粒和黏粒含量的确定方法，与 D_{up} 含量的确定方法相同，粒级划分按照美国分级标准。平铺残茬覆盖度、直立残茬当量面积和作物覆盖度监测方法，与观测场风蚀监测中对应指标的监测方法一致。

3.2.3　侵蚀量预报方法

3.2.3.1　根据输沙通量计算地块风蚀量

利用输沙通量计算地块风蚀量的具体方法如下：①与“风蚀圈”监测一样，对每台集沙仪的集沙效率进行修正，并根据集沙仪数据计算输沙通量。②根据每个方位的 9 个输沙通量，拟合输沙通量与距离地块边缘长度的关系；然后，延长拟合曲线，直至达到地块最远边缘的长度，如图 3-15 所示。与该点对应的输沙通量，即为该方向的总输沙通量。图 3-15 是以 N 方位为例的计算方法。③每个方向总输沙通量与垂直于该输沙通量方向地块长度的乘积，即为该方向上的地块侵蚀量。④将 8 个方向上的地块侵蚀量相加，

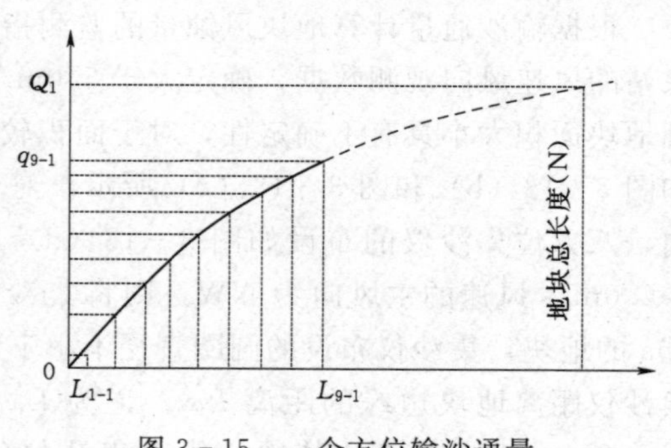

图 3-15　一个方位输沙通量的推算（以 N 方位为例）

即为地块的总侵蚀量。

3.2.3.2 根据表土机械组成变化计算地块风蚀量

土壤风蚀过程是可蚀性颗粒的损失和原地表不可蚀性颗粒的聚集过程。因而风蚀量大小必然反映在地表可蚀性颗粒与不可蚀性颗粒的相对含量变化上。对于耕地而言，由于常年进行翻耕，耕作层土壤机械组成的垂向变化很小。在某一风蚀时间段前后，分别采集耕作层表层与下层土壤进行可蚀性颗粒与不可蚀性颗粒相对含量的比较分析，可以估算这段时间内的土壤风蚀量[3]，其公式为

$$Q_{EP}=\frac{S\frac{t'_{NEP}}{s}\left(\frac{p^{\circ}_{EP}}{p^{\circ}_{NEP}}-\frac{p'_{EP}}{p'_{NEP}}\right)}{1000}$$

式中 Q_{EP}——地块风蚀量，kg；

S——地块面积，m^2；

t'_{NEP}——表土样品中不可蚀颗粒物的质量，g；

s——取样面积，m^2；

p°_{EP}——下层土样中可蚀颗粒物质量含量，%；

p°_{NEP}——下层土样中不可蚀颗粒物质量含量，%；

p'_{EP}——表层土样中可蚀颗粒物质量含量，%；

p'_{NEP}——表层土样中不可蚀颗粒物质量含量，%。

（3）利用RWEQ模型计算地块风蚀量。

RWEQ模型方程为

$$Q_x=\frac{2x}{s^2}Q_{\max}\exp\left[-\left(\frac{x}{s}\right)^2\right]$$

$$Q_{\max}=109.8(WF\times EF\times SCF\times K'\times COG)$$

$$s=150.71(WF\times EF\times SCF\times K'\times COG)^{-0.3711}$$

式中 Q_x——地块上的土壤风蚀流失量；

$Q_{\max}$——最大土壤风蚀量；

s——土壤转移量达到最大转移量63.2%的地块长度；

x——距离上风向的长度，m；

WF——气候因子；

EF——土壤可蚀性因子；

SCF——土壤结皮因子；

K'——土壤粗糙度因子；

COG——联合残茬因子。

通过对$Q_{\max}$和s的计算，获得地块土壤风蚀量[2]。

气候因子（WF）的计算方法为

$$WF=Wf\times\frac{\rho}{g}\times SW\times SD$$

$$Wf=\frac{\sum_{i=1}^{N}U_2(U_2-U_t)^2}{N}N_d$$

式中　Wf——风因子；

U_2——距地面两米处风速；

U_t——临界风速（一般 $U_t=5\text{m/s}$）；

N_d——测定风速的时间段（一般为 15d）；

N——风速观测次数（一般不少于 500 次）；

ρ——空气密度，kg/m^3；

g——重力加速度，m/s^2。

土壤湿度因子（SW）的计算方法为

$$SW=\frac{ET_p-(R+I)\dfrac{R_d}{N_d}}{ET_p}$$

式中　ET_p——监测时间段内的蒸发量，mm；

R——监测时间段内的降水量，mm；

I——监测时间段内的灌溉量，mm；

R_d——监测时间段内的降水或灌溉天数；

N_d——监测时间，d。

在缺乏蒸发量监测的情况下，蒸发量（ET_p）可以间接估算

$$ET_P=0.0162\left(\frac{SR}{58.5}\right)(DT+17.8)$$

式中　SR——监测时段内总太阳辐射量，cal/cm^2；

DT——监测时段内平均气温，℃。

积雪覆盖度因子（SD）的计算方法为

$$SD=1-P(snow\ cover>25.4\text{mm})$$

式中　$P(snow\ cover>25.4\text{mm})$——监测时间段内积雪覆盖深度大于 25.4mm 的概率，%。

土壤可蚀性因子（EF）的计算方法为

$$EF=\frac{29.09+0.31Sa+0.17Si+0.33\dfrac{Sa}{Cl}-2.59OM-0.95CaCO_3}{100}$$

式中　Sa——砂粒含量；

Si——粉粒含量；

Cl——黏粒含量；

Sa/Cl——砂粒粘粒比；

OM——有机质含量；

$CaCO_3$——碳酸钙含量。

土壤结皮因子（SCF）的计算方法为

$$SCF=\frac{1}{1+0.0066(Cl)^2+0.021(OM)^2}$$

式中　Cl——黏粒含量；

OM——有机质含量。

土壤粗糙度因子（K'）的计算方法为

$$K'=e^{[1.86K_{rmod}-2.41(K_{rmod})^{0.934}-0.124C_{rr}]}$$

式中 K_{rmod}——定向粗糙度（无垄或者垄向与风向平行时 $K_{rmod}=0$）；

C_{rr}——随机粗糙度。随机粗糙度 $C_{rr}=17.46RR^{0.738}$，其中随机粗糙度系数（*RR*）与地表粗糙度指标平均值（*R*）具有一致的意义。

当风向与垄向相交时，定向粗糙度 $K_{rmod}=K_rR_c$，其中 $K_r=4\dfrac{(RH)^2}{RS}$为垂直垄向粗糙度，$R_c=1-0.00032A-0.000349A^2+0.00000258A^3$ 为风向旋转系数，*RH* 为垄高，*RS* 为垄间距，*A* 为风向与垄向的夹角，如果与垄向垂直为 0 度，如果与垄向平行为 90 度。

联合残茬因子（*COG*）的计算方法为

$$COG=SLR_f\cdot SLR_s\cdot SLR_c$$

式中 平铺残茬因子 $SLR_f=e^{-0.0438(SC)}$，直立残茬因子 $SLR_s=e^{-0.0344(SA^{0.6413})}$，作物覆盖因子 $SLR_c=e^{-5.614(cc^{0.6413})}$。

上述式中的 *SC* 为平铺残茬覆盖度（平铺地面枯枝落叶的覆盖度具有相同含义）；*SA* 为直立残茬当量面积，是 $1m^2$ 内直立秸秆的个数乘以秸秆直径的平均值（cm）再乘以秸秆高度（cm），与侧影面积具有相同的含义（单位为 cm^2/m^2）；*cc* 为植被覆盖度（%），与植被覆盖度具有相同含义。

3.3 区域风蚀监测

一般地，某一区域由若干个地块组成。由于土地利用类型、土壤类型、地貌类型等不同，某一区域内可能有多种属性的地块。因此，区域风蚀监测既以地块风蚀监测为基础，又不同于地块风蚀监测，它通过计算风蚀监测指标的空间分异，综合反映地块之间土壤风蚀量相互传输和影响，以及土壤风蚀量在空间上的宏观分异。区域风蚀监测涉及的监测面积较大，难以使用常规的直接测量方法监测区域土壤风蚀量，国际上一般通过监测影响土壤风蚀的主要指标，先计算监测指标的空间分布，再利用风蚀模型计算区域风蚀量。

3.3.1 第一次全国水利普查风蚀监测方法与预报模型

3.3.1.1 第一次全国水利普查土壤风蚀监测方法

第一次全国水利普查风蚀监测方法是在吸取国外风蚀监测方法的基础上，结合中国实际情况发展出的、由抽样调查扩展到区域风蚀监测的一种新方法，该方法在“第一次全国水利普查水土保持情况普查”中得到完善[4]。

（1）野外调查单元。在全国范围内（中国香港、澳门特别行政区和台湾省地区除外），统一化分四级抽样调查区：第一级是县级抽样区（50km×50km），第二级是乡级抽样区（10km×10km），第三级是抽样控制区（5km×5km），第四级是基本调查单元（1km×1km）。根据下垫面性质的均一性程度和调查单元的可通达性，原则上在风水交错侵蚀区以 0.25%密度布设野外调查单元，在风蚀区以 0.125%或者 0.0625%密度布设野外调查单元。确定野外调查单元后，建立野外调查单元的四级目录文件夹，实地调查并填写“风蚀野外调查表”。表中包括野外调查单元“基本情况”“地表粗糙度（包括土地利用类型、植被类型和地形状况等）”“地表覆被状况（包括植被覆盖度和植被平均高度、表土状况等）”信息，见表 3-22。

表 3-22　　风蚀野外调查表

全国水利普查
National Census For Water

风蚀野外调查表

表　　号：P503 表
制表机关：国务院第一次全国水利普查领导小组办公室
批准机关：国家统计局

一、基本情况

1. 行政区名称及代码：
1.1 名称：＿＿＿＿省（自治区、直辖市）＿＿＿＿地区（市、州、盟）＿＿＿＿县（区、市、旗）
1.2 代码：□□□□□□

2. 野外调查单元基本信息：2.1 编号＿＿＿＿　2.2 高程（m）
2.3 经度 □□□ °□□′□□″　2.4 纬度 □□□ °□□′□□″

二、地表粗糙度

3. 耕地	3.1 翻耕，耙平 □ 3.2 翻耕，未耙平 □ 3.3 未翻耕 □ 3.4 休耕地 □	四选一	5. 草（灌）地	5.1 无山丘 □ 5.2 有山丘 □	二选一
4. 沙地	4.1 无沙丘 □ 4.2 有沙丘 □	二选一		5.3 无砾石 □ 5.4 有砾石 □	二选一
	4.3 无植被 □ 4.4 草本植被 □ 4.5 灌草植被 □ 4.6 乔灌草植被 □	四选一		5.5 草本植被 □ 5.6 灌草植被 □ 5.7 乔灌草植被 □	三选一

三、地表覆被状况

土地利用	植被类型	6. 植被状况		7. 表土状况		
		6.1 郁闭度/植被盖度/%	6.2 植被高度/m	7.1 地表平整状况	7.2 表土有无砾石	7.3 表土紧实状况
耕地	翻耕地	＿＿＿＿		平整□　不平整□	有□　无□	紧实□　不紧实□
	留茬地			平整□　不平整□	有□　无□	紧实□　不紧实□
沙地	草本			平整□　不平整□	有□　无□	紧实□　不紧实□
	灌草			平整□　不平整□	有□　无□	紧实□　不紧实□
	乔灌草			平整□　不平整□	有□　无□	紧实□　不紧实□
草（灌）地	未放牧草地			平整□　不平整□	有□　无□	紧实□　不紧实□
	已放牧草地			平整□　不平整□	有□　无□	紧实□　不紧实□
	已割草草地			平整□　不平整□	有□　无□	紧实□　不紧实□
	灌木＋草本			平整□　不平整□	有□　无□	紧实□　不紧实□
	乔灌草			平整□　不平整□	有□　无□	紧实□　不紧实□

填表人：　　　联系电话：　　　填表日期：201＿年＿月＿日（填表单位公章）
复核人：　　　联系电话：　　　填表日期：201＿年＿月＿日
审查人：　　　　　　　　　　　填表日期：201＿年＿月＿日

P503 表　风蚀野外调查表填表说明

一、填表要求

1. 本表按野外调查单元填写，每个野外调查单元填写一份。

2. 本表由县级普查机构普查员负责填写。

3. 普查表必须用钢笔或签字笔（中性笔）填写。需要用文字表述的，必须用汉字工整、清晰地填写；需要填写数字的，一律用阿拉伯数字表示。填写代码时，每个方格中只填一位代码数字；填写数据时，应按照规定单位和保留位数；选择时，应在备选项前的“□”内打“√”。表中各项指标是指 2011 年 4 月中旬至 5 月上旬调查单元的状况。

4. 填表人、复核人、审查人需在表下方相应位置签名，填写时间，并加盖单位公章。

二、指标解释及填表说明

【1. 行政区名称及代码】填写普查所在的行政区名称和全国统一规定的行政区代码。

【2. 野外调查单元基本信息】填写野外调查单元的编号、高程和经纬度信息。

【2.1 编号】是指风蚀调查底图上的野外调查单元编号。

【2.2 高程】是指野外调查单元中心点的海拔高程，单位米，保留整数位。

【2.3 经度】填写野外调查单元中心点的经度，单位度、分、秒，保留整数位。

【2.4 纬度】填写野外调查单元中心点的纬度，单位度、分、秒，保留整数位。

【3. 耕地】填写耕地的地表粗糙度信息，在对应的“□”内打“√”。

【3.1 翻耕，耙平】耕地已被翻耕，并且被耙平。

【3.2 翻耕，未耙平】耕地虽已被翻耕，但未被耙平。

【3.3 未翻耕地】耕地没有被翻耕，仍保存上年度收割作物后的状态。

【3.4 休耕地】上年度没有种植作物的耕地，但并非退耕还林还草的耕地。

【4. 沙地】是指还没有形成土壤，地表以松散的沙物质构成的土地。填写沙地的地表粗糙度信息，在对应的“□”内打“√”。

【4.1 无沙丘】无沙丘存在的沙地。

【4.2 有沙丘】有沙丘存在的沙地。

【4.3 无植被】平均植被盖度在 5%以下的沙地。

【4.4 草本植被】平均植被盖度在 5%以上，并且只有草本植被的沙地。

【4.5 灌草植被】平均植被盖度在 5%以上，既有草本植被，也有灌木植被的沙地。

【4.6 乔灌草植被】平均植被盖度在 5%以上，有乔木、灌木和草本混生植被的沙地。

【5. 草（灌）地】填写草地的地表粗糙度信息，在对应的“□”内打“√”。

【5.1 无山丘】地势开阔、平坦，没有山丘存在的草（灌）地。

【5.2 有山丘】有土质或者石质山丘存在的草（灌）地。

【5.3 无砾石】地表没有砾石存在，或者偶见砾石的草（灌）地。砾石的标准是直径≥2mm 的石块或者块石。

【5.4 有砾石】地表有较多砾石存在的草（灌）地。砾石的标准是直径≥2mm 的石块或者块石。

【5.5 草本植被】只有草本植被的草地。

【5.6 灌草植被】既有草本植被，也有灌木植被的草灌地。

【5.7乔灌草植被】有乔木、灌木和草本混生植被。

【6. 植被状况】填写郁闭度/植被盖度和植被高度信息。在一个野外调查单元内仅有耕地、沙地、草（灌）地中的一种土地利用类型，布设5个调查点，分别选择在野外调查单元中心点，以及距离野外调查单元中心点正北、正东、正南、正西方向250m处。在一个野外调查单元内有多种土地利用类型时，需调查面积≥0.2hm^{2}的土地利用类型，每种土地利用类型布设5个调查点，1个选择在该土地利用类型斑块的中心点，另外4个分别选择在该土地利用类型斑块中心点正北、正东、正南、正西方向，距该土地利用类型边缘20m处。

【6.1郁闭度/植被盖度】郁闭度是指乔木在单位面积内其垂直投影面积所占百分比，单位%，保留整数位。盖度是指灌木或草本植物在单位面积内其垂直投影面积所占百分比，单位%，保留整数位。郁闭度/盖度采用人工目视判别，参照《野外目估郁闭度/盖度参考图》确定，见附图1。

【6.2植被高度】单位米，保留两位小数。在5个调查点上，分别随机选取5株植物（包括留茬地的残茬），量取高度，共获取25株植物高度，以这25株植物高度的平均值作为植被高度，填入表内。

【7. 表土状况】填写地表平整、表土有无砾石、表土紧实状况，在对应的"□"内打"√"。

【7.1地表平整状况】每种土地利用类型斑块中心点周围5m范围内，地表没有深度超过10cm的坑洼，或者没有高度超过10cm的凸起，为"平整"；否则为"不平整"。

【7.2有无砾石】在每种土地利用类型斑块中心点，以及距离中心点正北、正东、正南、正西方向5m处，分别选择一个20cm×20cm方格，在这5个方格内的砾石总数不大于10个，为"无"；否则为"有"。

【7.3紧实状况】当调查人员走过野外调查单元时，没有出现完整脚印，为"紧实"；否则为"不紧实"。

三、审核关系

（1）主要进行普查指标完整性审核及普查数据有效性、逻辑性、相关性审核。各指标项不得为空，"经度"中"°"范围为72°～136°、"′"范围为0～59′、"″"范围为0～59″，"纬度"中"°"范围为16～54°、"′"范围为0～59′，"″"范围为0～59″。指标"3. 耕地"中为4选一；指标"4. 沙地"中4.1和4.2为二选一，4.3～4.6中为四选一；指标"5. 草（灌）地"中5.1和5.2为二选一，5.3和5.4为二选一，5.5～5.7为三选一。度中"°"范围为16～54°、"′"范围为0～59′，"″"范围为0～59″。

（2）风速风向。监测区域内各气象站提供的风速风向数据，如果是逐时数据，则可以直接应用；如果是逐日四次数据，需要采取线性插值方法计算到逐时数据。然后，使用各气象站的逐时数据，采取空间插值的方法，生成监测区域内各风速等级的累积时间栅格数据（分辨率250m×250m），风速等级间隔为1m/s，分别为5.0～5.9m/s、6.0～6.9m/s、…、33.0～33.9m/s、34.0～34.9m/s，共计34个等级[5]。

（3）表土湿度因子。对表土湿度开展大范围的实地监测是一项十分困难的工作，一般采取卫星遥感数据反演表土湿度。由于可用于反演表土湿度的卫星遥感数据源较多，根据

监测区域的面积大小和监测精度要求，可选择分辨率不同的数据源。对于百万平方千米以上的大范围监测，可以选择 AMSR - E 系列数据中 L2A 的 6.9GHz、10.7GHz、18.7GHz、23.8GHz、36.5GHz 和 89GHz 的轨道亮温，通过数据拼接、数据定标、数据裁剪和数据筛选等预处理，植被影响去除、土壤温度计算和土壤湿度计算获得表土体积含水率（m^3/m^3），再根据表土湿度因子方程计算表土湿度因子[5]。对于百万平方公里以下区域的监测，适于选择分辨率为 250m×250m 或者 500m×500m 的 MODIS 数据，对数据预处理后，通过对 TVDI 方法的改进，使用地表温度/植被指数（sT/NDVI）斜率方法计算表土含水率[6]，并根据表土湿度因子方程计算表土湿度因子。

（4）地表粗糙度和砾石覆盖。地表粗糙度和砾石覆盖的确定依赖于“风蚀野外调查表”提供的基础数据和典型地表近景照片[4]。地表粗糙度确定方法，是将“风蚀野外调查表”转换为 Excel 格式，对“地表粗糙度”和“地表覆被状况”栏的选项进行编码，对照典型地表近景照片所反映的土块或者砾石的大小和覆盖度，以及根据各种土地利用类型和下垫面特征制定的“地表粗糙度提取查表”，利用编程处理获得每个野外调查单元的地表粗糙度[5]。

（5）植被覆盖度。一般采取卫星遥感数据反演的方法确定监测区的植被覆盖度。目前广泛使用的卫星遥感数据是美国国家航空航天局（NASA）提供的 MODIS NDVI 数据，分辨率为 250m×250m。下载获得 MODIS NDVI 数据后，使用 MRT（MODIS Reprojection Tools）工具对数据进行格式转换、重投影、空间拼接和监测区裁切等预处理。尽管 MODIS NDVI 数据已经过辐射标定、几何校正、大气校正等一系列处理，但数据质量也可能存在不佳的状况，在使用之前，还应对其进行降噪处理。常见的处理方法主要有最大值合成法（MVC）、时间序列谐波分析法（HANTS）、Savitzk - Golay 滤波法、最佳指数斜率提取法（改进的 BISE）、均值迭代滤波法（MVI）和非对称高斯函数拟合法（AG）等[7-9]。

植被覆盖度计算采用像元二分模型[10]，其中的关键是确定裸土、岩石或无植被覆盖区域的 $NDVI$ 值 $NDVI_{soil}$，以及完全被植被所覆盖的 NDVI 值 $NDVI_{veg}$。$NDVI_{soil}$ 理论上应该为 0，但由于土壤类型、地表湿度等因素影响，$NDVI_{soil}$ 并非绝对为 0，其变化范围一般为 $-0.1\sim0.2$[11]；由于植被类型差异及植被覆盖的季节变化，$NDVI_{veg}$ 取值变化性也较强。因此，无论是否是同一景影像，采用固定的 $NDVI_{soil}$ 值和 $NDVI_{veg}$ 值都是不准确的[12]。目前应用较为广泛的方法是依据监测区 NDVI 值的分布，设置 5%的置信度阈值[13-15]，以置信度阈值截取 NDVI 的上下限，分别代表 $NDVI_{veg}$ 和 $NDVI_{soil}$ 值，并按照 $f_c=(NDVI-NDVI_{soil})/(NDVI_{veg}-NDVI_{soil})$ 计算植被覆盖度（f_c）。

（6）土地利用类型图的图层分离与合并。区域土地利用类型对风蚀量具有决定性的影响，为了简化风蚀量计算过程，需要对监测区土地利用图中 30 种土地利用类型进行合并和分类，根据风蚀模型的适用对象，分为沙地、草（灌）地、耕地、不可侵蚀共四类（见表 3 - 23）。耕地一般呈较小的斑块状分布，是人为干扰最强烈的土地利用类型，地表粗糙度在同一块耕地内基本没有变化，不能采取空间插值的方法。因此，必须在归并后的土地利用类型图上，将耕地提取出来，作为一个单独的图层进行地表粗糙度赋值。沙地（漠）和草（灌）地尽管在临界侵蚀风速和侵蚀强度方面不同，但在地表粗糙度赋值上具有同一性，可以将两者作为一个单独图层提取出来。不可侵蚀土地利用类型，对风蚀强量计算没有意义，故将其作为一个单独的图层，不予进行地表粗糙度赋值。

表 3-23　土地利用图归类

归并后类型	耕地	沙地（漠）	草（灌）地	不可侵蚀土地
原类型	旱地、水浇地、设施农用地	沙地、内陆滩地、盐碱地、裸地（裸岩除外）	灌木林地、果园、其他草地、其他林地、其他园地、人工牧草地、天然牧草地、有林地	村庄、风景名胜区、公路、铁路用地、沟渠、管道、采矿用地、机场、城镇、坑塘水面、人工建筑用地、河流水面、湖泊、水库水面、沼泽地

3.3.1.2　第一次全国水利普查风蚀量预报模型

第一次全国水利普查风蚀量预报模型是在模拟实验模型[16]的基础上，先后通过对空间尺度、风速扩线和侵蚀风速累积时间的修订[16]，增加表土湿度因子等发展而来[4]，并在第一次全国水利普查水土保持情况普查中得以成功应用。根据不同土地利用类型，模型分为耕地、草（灌）地和沙地 3 个模型。

耕地模型

$$Q_{fa} = 0.018(1-W)\sum_{j=1} T_j \exp\left\{a_1 + \frac{b_1}{Z_0} + c_1[(AU_j)^{0.5}]\right\}$$

草（灌）地模型

$$Q_{fg} = 0.018(1-W)\sum_{j=1} T_j \exp\left[a_2 + b_2 V^2 + \frac{c_2}{AU_j}\right]$$

沙地（漠）模型

$$Q_{fs} = 0.018(1-W)\sum_{j=1} T_j \exp\left[a_3 + b_3 V + \frac{c_3 \ln(A_3 U_j)}{AU_j}\right]$$

以上式中　Q_{fa}——耕地土壤风蚀模数，t/(hm² · a)；

U_j——风力因子；

W——表土湿度因子；

T_j——一年内有风蚀发生期间风速为 U_j 的累积时间，min；

U_j——最小风蚀风速；

Z_0——地表粗糙度；

A——与下垫面（耕作技术措施）有关的风速修订系数（无量纲）；

a_1、b_1、c_1——无量纲常数，分别为－9.208、0.018 和 1.955；

Q_{fg}——草（灌）地风蚀模数，t/(hm² · a)；

V——植被覆盖度，%；

a_2、b_2、c_2——无量纲常数，分别 2.4869、－0.0014 和－54.9472；

Q_{fs}——沙地（漠）风蚀模数，t/(hm² · a)；

a_3、b_3、c_3——无量纲常数，分别为 6.1689、－0.0743 和－27.9613。

在利用模型计算风蚀量之前，需要对基础数据进行审查和检验，确保数据无误。模型计算流程为：第一步，将土地利用图层分离与合并下垫面图、植被覆盖度空间分布图、风

力因子空间分布图、表土湿度因子空间分布图以及地表粗糙度因子空间分布图，重新采样成250m×250m分辨率的栅格图，并存储为ENVI标准格式。第二步，根据土地利用图层分离与合并生成的下垫面图，逐个判断每个像元。如果该像元为耕地，按照耕地模型计算该像元风蚀模数；如果该像元为草（灌）地，按照草（灌）地模型计算该像元风蚀模数；如果该像元为沙地（漠），按照沙地（漠）模型计算该像元风蚀模数；如果该像元为非风蚀地，该像元的侵蚀模数赋值为Null。第三步，在ENVI+IDL编程环境，利用风蚀模型计算程序，逐个风速等级计算风蚀模数，并且累加得到监测时间段内土壤风蚀模数。第四步，按照《土壤侵蚀分类分级标准》（SL 190—2007），确定风蚀强度等级。

3.3.2 RWEQ升尺度监测与预报方法

RWEQ模型是一个针对地块风蚀预报的模型，但是一些研究者在近年来开始尝试校准模型中的参数，将其应用于其他土地利用类型[18-22]，并取得了较满意的结果。对于区域风蚀监测和预报，需要解决两个问题：一是RWEQ模型的计算空间单元为地块尺度，与区域风蚀监测的空间尺度不相同，必须对RWEQ模型进行计算空间单元的升尺度处理；二是RWEQ模型中各个因子是基于美国中西部平原地区构建的，可能不适合直接应用于中国风蚀区，需要修正气候因子、土壤因子和植被因子等。

3.3.2.1 RWEQ升尺度土壤风蚀监测方法

利用RWEQ升尺度方法监测区域风蚀，其监测指标和方法主要体现在对不同土地利用类型地块的风蚀影响因子修正方面。

（1）耕地类型。对于气候因子（*WF*），风因子值（*Wf*）利用监测区气象站的风速数据计算，2m高度处的临界侵蚀风速为5m/s，可根据距地面10m高度处的气象站观测风速数据，利用$U_{2m}=U_{10m}(\lg z_0-\lg z_{2m})/(\lg z_0-\lg z_{10m})$转换为距地面2m高度处风速。土壤湿度因子值（*SW*），可以用潜在蒸发量和降水量等参数计算获取，但是如果气象站收集数据没有潜在蒸发量数据，则可由总太阳辐射量数据和平均温度求得。积雪覆盖度因子值（*SD*）可以直接监测，或者从相关专业数据库免费下载。利用以上3个因子值，计算获得气候因子（*WF*），并使用ArcGIS软件进行空间插值，输出空间分辨率为250m×250m的栅格数据用于土壤风蚀量预报。

对于土壤可蚀性因子（*EF*）和土壤结皮因子（*SCF*），主要由砂粒含量、粉粒含量、黏粒含量、有机质含量和碳酸钙含量决定，监测方法与观测场监测一致，*EF*和*SCF*值利用与地块监测相同的公式计算。将每个监测点的*EF*和*SCF*值在空间赋值，使用ArcGIS软件进行空间插值，输出空间分辨率为250m×250m的栅格数据用于土壤风蚀量预报。

对于联合残茬因子（*COG*），其监测方法和计算公式与地块监测一致。将每个监测点的*COG*值在空间赋值，使用ArcGIS软件进行空间插值，输出空间分辨率为250m×250m的栅格数据用于土壤风蚀量预报。

对于粗糙度因子（K'），通过确定随机粗糙度系数，以及垄高、垄间距和风向与垄向的夹角，利用与地块监测相同的计算公式得到每个监测点K'的值。将每个监测点的K'值在空间赋值，使用ArcGIS软件进行空间插值，输出空间分辨率为250m×250m的栅格数据用于土壤风蚀量预报。

（2）沙地（漠）和草（灌）地类型。对于沙地（漠）和草（灌）地这两种土地利用类型，气候因子（*WF*）、土壤可蚀性因子（*EF*）和土壤结皮因子（*SCF*）的计算方法和过程与耕地类型相同，不同的是临界侵蚀风速的确定，具体数值可参考前人研究成果[17]。而对于联合残茬因子（*COG*），其中的平铺残茬因子、作物覆盖因子和直立残茬因子，分别被视为植物枯枝落叶覆盖度、直立植株覆盖度和植株侧影面积，三者的计算方法与地块监测相同。对于粗糙度因子（K'），由于沙地（漠）无土垄存在，因此仅计算随机粗糙度。对每个监测点的各因子值在空间赋值，使用 ArcGIS 软件进行空间插值，输出空间分辨率为 250m×250m 的栅格数据用于土壤风蚀量预报。

（3）空间升尺度的处理方法。升尺度转换（scaling - up 或 upscaling）是指将高空间分辨率和小空间范围的信息推绎到低空间分辨率和大空间范围的过程，它是一种信息的聚合[23]。升尺度转换采用最多的是空间聚合的方法如图 3 - 16 所示。RWEQ 模型的优势是气候、土壤和管理措施等因子的参数相对简单易得[22,24]，可以使用 ArcGIS 软件将计算获得的各个因子值赋给相应的图层；然后利用矢量数据和点状数据图层生成 GIS 栅格数据。最后，在 ArcGIS 软件中的 ModelBuilder 模块整合 RWEQ 模型算法，将空间研究单元由 250m 升尺度到区域监测所需要的尺度上。

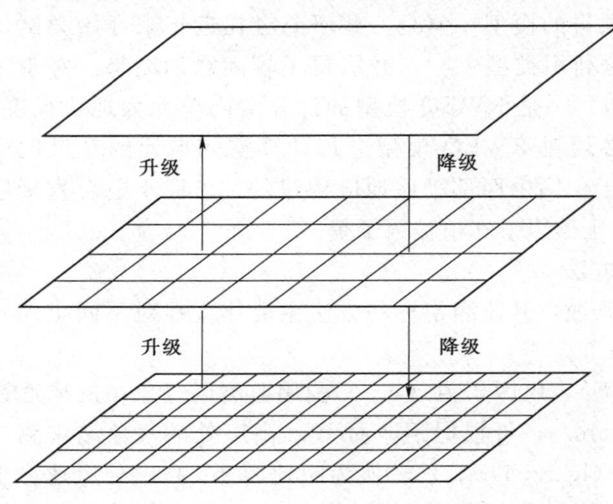

图 3 - 16　空间尺度转换的过程示意图

空间单元升尺度过程是基于以下条件进行的：①监测区实际存在的地块形状和尺寸各异，只能将单个地块假设为由若干个 250m×250m 矩形地块组成。②在上一个条件的基础上，不可蚀边界被定义为由若干个 250m×250m 矩形地块组成的单个地块的边界。③无论监测区的土地利用类型是耕地、沙地（漠）或者草（灌）地类型，地块之间都是没有空隙的。④地块尺度上的所有属性均一。在以上条件的基础上，对于不同土地利用类型地块的进行处理（图3 - 17）。无论是耕地、沙地（漠）或者草（灌）地类型，由于实际地块的形状可能是不规则的，而为了将不规则形状的地块转换为规则的单元地块，按以下规则确定相应的转换关系：图 3 - 17 中的每个矩形小方格为分辨率 250m×250m 的单元，针对每种土地利用类型，只要落在每个矩形小方格内

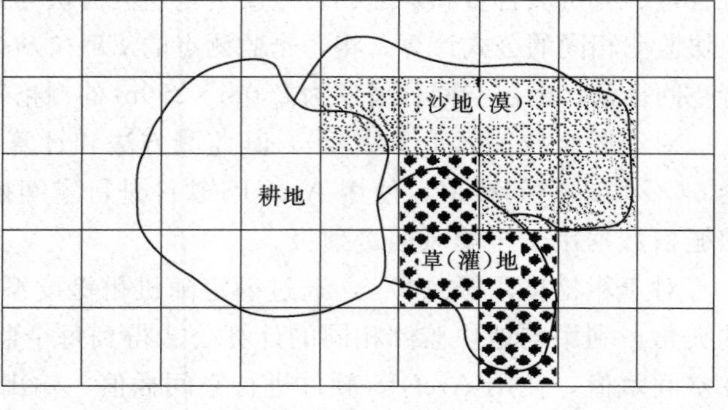

图 3 - 17　对于不同土地利用类型地块的处理（示例）

的某一种土地类型面积超过该矩形小方格面积的 2/3，就将这个矩形小方格的整体都视为此种土地利用类型；否则，被视为另一种土地利用类型。

3.3.2.2 RWEQ 升尺度土壤风蚀量预报

根据 RWEQ 模型特点和 ArcGIS 软件功能，以及利用 RWEQ 模型在中国北方部分风蚀区成功应用经验[25-27]，预报土壤风蚀量时，确定 RWEQ 模型基本输入参数的原则为：①每个因子均为独立参数；②参数可以单独赋值给 ArcGIS 图层，且可以由一个图层独立表达。具体方法如下：

第一步，确定 RWEQ 模型的独立变量。利用气象站观测数据，将 10m 高度处的风速换算到 2m 高度处风速，风向仍按照 10m 高度处的风向；分别计算监测区域内各气象站点位置的风因子（Wf）、风向（WD）和积雪覆盖度因子（SD）。利用监测区域内布设的每个表土采样点的表土机械组成、有机质含量碳酸钙含量，分别计算每个表土采样点的土壤可蚀性因子（EF）和土壤结皮因子（SCF）。利用监测区域内布设的每个监测点所测的随机粗糙度系数（RR）计算随机粗糙度（C_{rr}）；利用监测区域内布设的每个监测点所测的土垄高度（RH）、土垄间距（RS）、风向与垄向的夹角（A）计算定向粗糙度（K_{rmod}）；然后由随机粗糙度（C_{rr}）和定向粗糙度（K_{rmod}）计算每个监测点位置的土壤粗糙度因子（K'）。利用监测区域内布设的每个监测点所测的平铺残茬覆盖度（SC）计算平铺残茬因子（SLR_f）、所测得的直立残茬当量面积（SA）计算直立残茬因子（SLR_s）、所测得的植被覆盖度（cc）计算作物覆盖因子（SLR_c）。

第二步，在 ArcGIS 软件支持下，将第一步计算得到的各独立变量值在空间上赋值，并插值进行空间插值（插值间距约 250m×250m）。由于土壤湿度因子（SW）是由遥感数据反演而来，进行同样额的空间插值即可。

第三步，利用第二步获得的各独立变量的矢量数据图层生成栅格数据图层（250m×250m）。然后，分别利用气候因子（WF）、土壤可蚀性因子（EF）、土壤结皮因子（SCF）、土壤粗糙度因子（K'）和联合残茬因子（COG）的计算方法，计算获得这 5 个因子的空间值，得到这，5 个因子的栅格数据图层（250m×250m）。土地利用类型矢量图也同样进行栅格化处理，每个栅格都具有土地利用类型的属性，成为独立的图层。

第四步，在监测区域的土地利用类型栅格数据图层控制下，利用 ArcGIS 软件整合 RWEQ 模型算法，计算得到 Q_{max} 和 s 的栅格图。然后，合并相邻的同一种土地利用类型的栅格，计算栅格合并后的 Q_{max} 和 s；最后提取各土地利用类型斑块的 Q_x。

第五步。依据《土壤侵蚀分类分级标准》（SL 190—2007），确定风蚀强度等级，进行风蚀评价。

本章参考文献

[1] Saleh A. Soil roughness measurement: Chain method. Journal of Soil and Water Conservation, 1993, 48 (6): 527 - 529.

[2] Fryrear D W, Saleh A, Bilbro J D, et al. Revised Wind Erosion Equation. Wind Erosion and Water Conservation Research Unit, USDA - ARS, Technical. Bulletin. No. 1. 1998.

[3] Wang R, Guo Z, Chang C, et al. Quantitative estimation of farmland soil loss by wind - erosion usingimproved particle - size distribution comparison method (IPSDC). Aeolian Research, 2015, 19: 163 - 170.

[4] 国务院第一次全国水利普查领导小组办公室. 第一次全国水利普查培训教材之六——水土保持情况普查 [M]. 北京: 中国水利水电出版社, 2010.

[5] 郭索彦, 刘宝元, 李智广, 等. 土壤侵蚀调查与评价. 北京: 中国水利水电出版社, 2014.

[6] 姚春生. 使用 MODIS 数据反演土壤水分研究. 硕士学位论文 [D]. 北京: 中国科学院遥感应用研究所, 2003.

[7] 李杭燕, 颉耀文, 马明国. 时序 NDVI 数据集重建方法评价与实例研究 [J]. 遥感技术与应用, 2009, 24 (5): 596 - 602.

[8] 李杭燕, 马明国, 谭俊磊. 时序 NDVI 数据集重建综合方法研究. 遥感技术与应用, 2010, 25 (6): 891 - 896.

[9] Holben B N. Characteristic of maximum value composite images for temporal AVHRR data. International Journal of Remote Sensing, 1986, 7 (11): 1417 - 1434.

[10] Leprieur C, Verstraete M M, pinty B. Evaluation of the performance of various vegetation indices to retrieve vegetation cover from AVHRR data. Remote Sensing Review, 1994 (10): 265 - 284.

[11] Kaufman Y, Tanre D. Atmospherically resistant vegetation index (ARVI) for EOS/MODIS. IEEE Transactions on Geoscience and Remote Sensing, 1992 (30): 261 - 270.

[12] 杨磊, 张梅罗, 明良, 等. 基于 MODIS NDVI 的川中丘陵区植被覆盖度景观格局变化 [J]. 生态学杂志, 2013, 32 (1): 171 - 177.

[13] 江洪, 王钦敏, 汪小钦. 福建省长汀县植被覆盖度遥感动态监测研究 [J]. 自然资源学报, 2006, 21 (1): 126 - 132.

[14] 吴云, 曾源, 赵炎, 等. 基于 MODIS 数据的海河流域植被覆盖度估算及动态变化分析 [J]. 资源科学, 2010, 32 (7): 1417 - 1424.

[15] 谭清梅, 刘红玉, 张华兵, 等. 基于遥感的江苏省滨海湿地景观植被覆盖度分级研究 [J]. 遥感技术与应用, 2013, 28 (5): 934 - 940.

[16] ZhangC - L, ZouX - Y, GongJ - R, et al. Aerodynamic roughness of cultivated soil and its influences onsoil erosion by wind in a wind tunnel. Soil & Tillage Research, 2004, 75: 53 - 59.

[17] 高尚玉, 张春来, 邹学勇, 等. 京津风沙源治理工程效益 [M]. 2 版. 北京: 科学出版社, 2012.

[18] Zobeck TM, Sterk G, Funk R, et al. Measurement and data analysis methods for field - scale wind erosion studies and model validation. Earth Surface Processes and Landforms, 2003, 28: 1163 - 1188.

[19] Van Pelt RS, Zobeck TM, Potter KN, et al. Validation of the wind erosion stochastic simulator (WESS) and the revised wind erosion equation (RWEQ) for single events. Environmental Modelling & Software, 2004, 19: 191 - 198.

[20] Buschiazzo DE, Zobeck TM. Validation of WEQ, RWEQ and WEPS wind erosion for different arable land management systems in the Argentinean Pampas. Earth Surface Processes and Landforms, 2008, 33: 1839 - 1850.

[21] Fryrear DW, Wassif MM, Tadrus SF, et al. Dust Measurements in the Egyptian Northwest Coastal Zone. Transactions of American Society of Agricultural and Biological Engineers, 2008, 51 (4): 1255 - 1262.

[22] YoussefF, VisserS, KarssenbergD, et al. Calibration of RWEQ in a patchy landscape; a first step towards a regionalscale wind erosion model. Aeolian Research, 2012, 3: 467 - 476.

[23] 李小文，曹春香，张颢．尺度问题研究进展［J］．遥感学报，2009．增刊：12-20.

[24] Zobeck TM，Parker NC，Haskell S，et al. Scaling up from field to region for wind erosion prediction using a field - scale wind erosion model and GIS. Agriculture，Ecosystems & Environment，2000，82：247-259.

[25] 巩国丽，刘纪远，邵全琴．基于 RWEQ 的 20 世纪 90 年代以来内蒙古锡林郭勒盟土壤风蚀研究［J］．地理科学进展，2014，33（6）：825-834.

[26] 郭中领．RWEQ 模型参数修订及其在中国北方应用研究．博士学位论文［D］，北京：北京师范大学，2012.

[27] 江凌，肖燚，欧阳志云，等．基于 RWEQ 模型的青海省土壤风蚀模数估算［J］．水土保持研究，2015，22（1）：21-25.

第 4 章 重力与冻融侵蚀监测

4.1 重力侵蚀监测

重力侵蚀是指坡地表面土石物质主要受重力作用，失去平衡，发生位移和堆积的现象[1]，即斜坡上的风化碎屑、土体或岩体在重力作用下发生变形、位移和破坏的一种土壤侵蚀现象[2]。重力侵蚀多发生于坡度在25°以上的山地和丘陵以及沟坡和河谷较陡的岸边，此外，由人工开挖坡脚形成的临空面、修建渠道和道路形成的陡坡也是重力侵蚀多发地段。重力侵蚀主要划分为泻溜、崩塌、滑坡，以及重力为主兼有水力作用的崩岗、泥石流等[1]。

重力侵蚀监测主要分为面、点两个层次，不同层次监测的目的、内容、方法等都有所区别。面的监测主要是指区域重力侵蚀监测，其目的是为了解区域重力侵蚀的总体情况，包括各重力侵蚀类型的面积、分布、强度以及相关的植被覆盖、土地利用、地形因子等动态指标。点的监测主要指对典型重力侵蚀体进行实地调查和地面观测，精度较面的监测更高，其监测结果可为重力侵蚀危害评价及防治提供数据基础，也可为面的监测提供校正。针对面、点两个监测层次，重力侵蚀监测可分为区域重力侵蚀监测和典型重力侵蚀体监测，区域重力侵蚀监测在内容和方法方面具有一定的共性，而典型重力侵蚀体监测则根据侵蚀类型的不同在内容和方法上有一定的差异，本节重点介绍滑坡、崩岗、泥石流这 3 种类型重力侵蚀的监测。

4.1.1 区域重力侵蚀监测

区域重力侵蚀监测主要针对重力侵蚀易发区，通常以 1∶10000 或 1∶50000 标准图幅为基本工作单元，在充分收集、分析已有资料的基础上，利用调查和遥感解译相结合的手段，开展区域地形地貌、地质特征、土壤植被、水文气象、土地利用等重力侵蚀要素及影响因素监测，获取滑坡、泥石流、崩岗等重力侵蚀的规模和特征，综合分析重力侵蚀区域时空分布规律，并对重力侵蚀程度和危害进行评价。

4.1.1.1 监测内容

区域重力侵蚀监测内容主要包括重力侵蚀形成条件与诱发因素、重力侵蚀现状与防治、社会经济状况及其侵蚀特征等方面。其中重力侵蚀形成条件与诱发因素主要包括气象、水文、地形地貌、地层与构造、水文地质、工程地质和人类工程经济活动等；重力侵

蚀现状与防治主要包括历史上所发生的各类重力侵蚀的时间、类型、规模、危害，以及已开展的调查、监测、治理等情况；社会经济状况主要包括人口与经济现状数据，城镇化、水利水电、交通、矿山、耕地等工农业建设工程分布状况和国民经济建设规划、生态环境保护规划，以及各类自然、人文资源及其开发状况与规划等；区域重力侵蚀特征主要包括重力侵蚀的类型、边界、规模、形态，以及空间分布特征，通过对比分析可得出位移特征、活动状态、发展趋势，在此基础上还可进一步评价其危害范围和程度，分析其成因及发展规律。

4.1.1.2 监测方法

区域重力侵蚀监测的方法主要包括调查和遥感解译。

（1）调查。区域重力侵蚀调查通常采用收集统计资料的方法。收集资料是调查中最便捷的一种方法，具有费用低、效率高的特点。通常资料来源主要有水利、国土资源、农业等部门的观测资料、调查资料、区划和规划成果、史志类资料、统计资料、法规和文件、图形图像。一般来说，国家统计机关发布的统计资料、普查资料以及相关部门或行业协会发布的资料和学术刊物上发表的文章较为可靠[3-4]。

由于收集得到的资料不是经过实地调查得到的第一手资料，其调查目的、性质、方法等不是针对当前的调查，其来源、时间区间、口径范围等方面存在差异，必然存在着它的局限性，在众多的资料中有效分析利用有用的数据是其中的关键。因此收集资料必须注意资料数据的实用性、时效性、完整性、准确性、可靠性、代表性、可比性[5]。应对收集到的资料分类汇总，进行必要的统计分析，在分析研究的基础上，认真科学得去评估和筛选，剔除不真实的资料数据。并在充分利用现有资料的基础上，查找不足，拟定下一步需要收集的资料，予以充实完善。

通常采用调查法获取的监测内容见表 4-1。

表 4-1　采用调查法获取的监测内容

序号	类别	监测内容
1	重力侵蚀形成条件与诱发因素	气象
		水文
		地形地貌
		地层与构造
		水文地质
		工程地质
		人类工程经济活动
2	重力侵蚀现状与防治	历史上所发生的各类重力侵蚀的时间、类型、规模、危害
		已开展调查、监测、治理
3	社会经济状况	人口与经济现状数据
		城镇化、水利水电、交通、矿山、耕地等工农业建设工程分布状况
		国民经济建设规划、生态环境保护规划，各类自然、人文资源及其开发状况与规划

（2）遥感解译。区域重力侵蚀遥感解译是以遥感数据和地面控制为信息源，获取区域

重力侵蚀特征及其发育环境要素信息，确定区域重力侵蚀的类型、规模及空间分布特征，分析区域重力侵蚀形成和发育的环境背景条件，编制区域重力侵蚀类型、规模、分布遥感解译图件。

遥感解译可获取内容主要包括重力侵蚀体特征及其自然环境背景条件两大方面。其中自然环境背景条件包括与滑坡、泥石流、崩岗等发育有关的地貌类型、土壤类型、植被覆盖度、土地利用等，属于水土保持监测中常见的监测内容，本节重点介绍重力侵蚀体特征的解译。

重力侵蚀体特征解译包括识别重力侵蚀体，确定重力侵蚀空间分布特征，解译重力侵蚀体的类型、边界、规模、形态特征，其工作流程与土地利用等较为常见的遥感解译类似，主要包括数据源选择、图像预处理、解译标志建立、特征信息提取及验证、分析评价等[6]。

1）数据源选择。遥感影像数据可选用中、高分辨率卫星和航空遥感数据以及无人机遥感数据，数据源的选取应综合考虑监测区域地表植被状况、地质环境条件、监测精度、解译范围、遥感数据存档情况及获取时间等方面的因素。如开展 1：50000 监测工作，应选用地面分辨率优于 5m 的遥感数据；开展重点重力侵蚀典型区域监测，在无存档大比例尺航空遥感数据的情况下，优先选用无人机遥感技术。数据源选择时还应选用植被覆盖度低时段的遥感影像，应具有较强的现势性，能反映区域的现状。目前常用的高分辨率影像主要有 SPOT5、IKONOS、QuckBird 等，这些影像数据的共同特点是既具有高分辨率的全色波段，又提供多光谱数据，通过一定的多源数据融合方法，可以得到兼具高分辨率和丰富的色彩信息的融合影像，从而有效提高目标识别和分类研究的水平。

2）图像预处理。选定遥感影像后，需采用国家控制点、地形图采集、GPS 现场实测点等，消除遥感图像畸变，与地理坐标配准，对卫星遥感影像进行几何校正。在建立控制点网基础上采用地形图、航片立体像对、卫星图像像对或雷达数据生成数字高程模型（DEM）。数字高程模型（DEM）的精度必须满足国家测绘规范的相关要求。

3）解译标志建立。不同类型的重力侵蚀体在解译标志上有所不同，应在充分收集、分析工作区地质资料的基础上，通过野外实地踏勘，建立不同类型重力侵蚀体的遥感解译标志。通常情况下泥石流、滑坡、崩岗的解译标志特点分述如下[7-9]。

①泥石流。泥石流在遥感图像中呈明显的不规则条带状、蝌蚪状、瓢状等形态，其边界多齿状、不光滑，前端多呈舌状，后端呈瓢状，在喇叭状沟谷出口处呈扇状或锥状。泥石流物源区的岩石破碎、物源丰富，在遥感图像中冲沟发育，植被不发育，第四纪松散堆积物较多；流通区往往有陡坡地，形成新鲜的碎屑流；堆积区为沟谷下游出口，地形突变为平缓、呈扇形，有较强的浮雕凸起感，表面有流水形成的网状细沟等。总体上泥石流区的整体色调、影纹特征与其周围植或基岩差异明显。

②滑坡。滑坡在遥感图像上多呈簸箕形、舌形、椭圆形、长椅形、倒梨形、牛角形、平行四边形、菱形、树叶形、叠瓦形或不规则状等平面形态，多分布在峡谷中的缓坡、分水岭地段的阴坡、侵蚀基准面急剧变化的主、支沟交会地段及其源头等处，滑坡体上的植被通常较周围植被年轻。在峡谷中见到垄丘、坑洼、阶地错断或不衔接、阶地级数变化突然或被掩埋成平缓山坡、糯滑成起伏丘体、谷坡显著不对称、山坡沟谷出现沟槽改道、沟

谷断头、横断面显著变窄变浅、沟靡纵坡陡缓显著变化或沟底整体上升等，这些现象都可能是滑坡存在的标志。此外不正常河流弯道、局部河道突然变窄、滑坡地表的湿地和泉水等，斜坡前部地下水呈线状出露，也是滑坡的良好解译标志。

③崩岗。崩岗在遥感图像上呈条形、瓢形、弧形、爪状等形态，多分布在海拔100～500m的丘陵地区，在5°～25°的坡度区间最为常见，崩岗通常地表裸露，与周边良好植被对比鲜明。

4）特征信息提取及验证。重力侵蚀体特征信息提取主要采用目视解译和人机交互式解译的方法。在实践中目视解译方法的应用已经比较成熟，而人机交互式解译在识别信息时依靠的是目视解译的原理，但具体的操作是在GIS基础上进行，可以进行一些基本的信息增强处理和图形编辑，在解译过程中和解译验证时可随时进行解译图的修改，克服了过去目视解译图修改困难的缺点[10]。利用人机交互式解译方法，在信息识别过程中和解译结果验证时，可以按解译人员和验证人员的要求进行各种影像和图形的叠加，在解译完成时各种解译类型的统计数据随之而来，达到了影像、图形和数据的统一。这种统一的最大特点是可以将过去目视解译中解译人员和验证人员的主观差异降低到最低程度，通过全数字化操作，可以随时进行图形图像的重叠，随时进行图形的修改编辑，随时更新解译图的统计数据，可实现一人解译后再由另一人进行验证。

为增强重力侵蚀辨识及其环境背景视觉效果，可采用多时像遥感影像开展监测区域环境背景对比解译，利用遥感影像立体像对生成立体模型并与DEM数据进行叠置分析，制作三维可视化的虚拟场景。遥感解译应正确利用调查区遥感解译标志，以计算机为工作平台，结合背景资料，采用二维与三维相结合、人机交互方式，遵循从资料丰富地区开始，逐步向资料匮乏地区和微观问题研究过渡，循序渐进、反复进行，渐进提高区域重力侵蚀遥感解译判识准确率，对识别解译出的重力侵蚀体编制初步解译图。

最后还应结合野外地面调查，对遥感解译结果进行野外实地验证，确认重力侵蚀及类型，确定重力侵蚀及其组成部分的边界，计算覆盖面积（规模）。必要时通过不同时相图像对比了解重力侵蚀的活动状态，进一步分析其位移特征、活动状态、发展趋势，评价其危害范围和程度，分析重力侵蚀的成因及发育规律，编制重力侵蚀遥感解译图。

4.1.2 典型重力侵蚀体监测

典型重力侵蚀体监测是指以单个的重力侵蚀体为对象进行的监测，主要监测侵蚀体的基本信息特征、变形和位移情况以及侵蚀量等，通过典型监测，弄清单个重力侵蚀发生的原因、规模及可能产生的危害隐患，为提出有效的侵蚀防治措施、制定科学合理的灾害预警策略提供依据。

本节主要介绍滑坡、崩岗、泥石流典型监测。针对不同的重力侵蚀，采取不同的监测方法，具体内容见各章节。

4.1.2.1 滑坡监测

滑坡是指斜坡上的土体或者岩体，在重力作用下，沿着一定的软弱面或者软弱带，整体或者分散地顺坡向下滑动的自然现象[11]如图4-1所示。

影响滑坡发育的成因主要包括地震、岩土类型、地质构造、地形地貌和水文地质、降

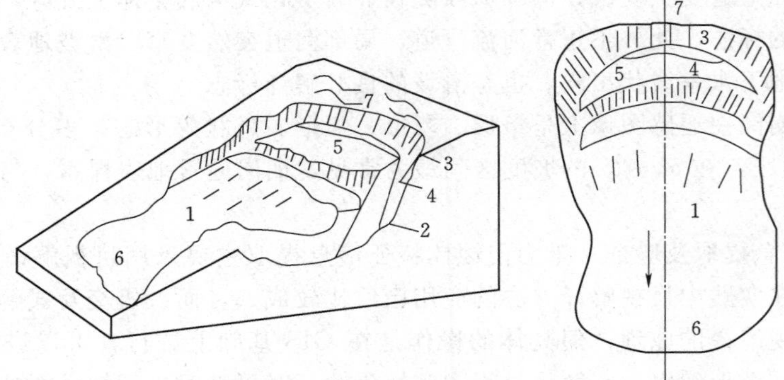

图 4-1　滑坡主要发育要素示意图

1—滑坡体；2—滑动面（带）；3—滑坡壁（缘）；4—滑坡洼地；
5—滑坡台地；6—滑坡鼓丘及滑坡舌；7—滑坡顶点及裂缝

雨和融雪、地表水冲刷、浸泡，以及不合理的人类工程活动，如开挖坡脚、坡体上部堆载、爆破、水库蓄（泄）水、矿山开采等都可诱发滑坡，还有如海啸、风暴潮、冻融等作用也可诱发滑坡。

（1）监测内容。滑坡监测的内容包括基本信息及特征、变形以及与变形相关的因素、变形破坏宏观前兆等[12]。

1）基本信息特征：包括滑坡发生时间、地点（含地理坐标）、滑坡体基本信息特征、滑坡防治情况等。

2）变形形成条件及诱因：一般包括位移和倾斜，以及与变形有关的物理量，变形形成条件及诱因主要包括地表水动态、地下水动态、气象变化、地震活动及人类活动等。

3）变形破坏宏观前兆：主要包括宏观形变观测、宏观地声观察、动物异常观察、地表水和地下水宏观异常等。

（2）监测方法。滑坡监测方法主要包括调查法、排桩法、GPS（空间定位系统）监测法等。调查法主要用于监测滑坡的基本信息、特征及变形破坏宏观前兆部分信息等。排桩法及 GPS（空间定位系统）监测法主要监测滑坡的变形、位移情况及变形相关因素等。

1）调查。调查法主要用于获取滑坡的基本信息特征，包括滑坡区、滑坡体、滑坡形成条件及诱因、滑坡危害调及滑坡防治等情况调查。

①滑坡区调查：包括滑坡所处地理位置、斜坡形态、沟谷发育、河岸冲刷、堆积物、地表水以及植被，滑坡体周边地层岩性、斜坡结构类型、岩体结构及地质构造，水文地质条件等。

②滑坡体调查：包括滑坡的形态与规模、边界特征、表部特征、内部特征、变形活动特征等。

③滑坡形成条件及诱因调查：包括自然因素、人为因素以及综合因素。

④滑坡危害调查：包括调查滑坡发生发展历史，破坏地面工程、环境和人员伤亡、经济损失等现状，分析与预测滑坡的稳定性和滑坡发生后可能成灾范围及灾情，分析判断可

能的滑动路径、影响范围、次生灾害及其危害。

⑤滑坡防治情况调查：调查滑坡灾害勘查、监测、工程治理措施等防治现状及效果。

野外调查应进行记录本描述和记录表填写，见表 4－2。

表 4－2　　　　　　　　滑 坡 信 息 调 查 表

滑坡编号及名称＿＿＿＿＿＿地理位置＿＿＿＿＿省＿＿＿＿＿县＿＿＿＿＿镇＿＿＿＿＿村

地理坐标　东经＿＿＿＿＿至＿＿＿＿＿；北纬＿＿＿＿＿至＿＿＿＿＿

1∶10000 或 1∶5000 地形图分幅编号及名称＿＿＿＿＿＿滑坡发生地的坐标 X＿＿ Y＿＿

形成条件	地形地貌			
	地质构造			
	水文地质			
	滑坡体组成与结构			
	土地利用			
诱发原因	降水情况			
	滑体前缘水流冲刷			
	滑坡前的地震征兆			
	人为活动			
滑坡几何数据	滑壁最高点高程	m	滑舌高程	m
	后壁高差	m	滑体中轴线长度	m
	宽度	m	滑体最大厚度	m
	体积	$\times 10m^3$		
滑坡发生时间	新滑坡发生时间		老滑坡发生推测时间	
危害及经济损失				
防治情况				
滑坡形态及稳定性评价				
备注				

调查人：　　　　填表人：　　　　核查人：　　　　填写日期：　　年　月　日

2）排桩法。排桩法一般用于滑坡不同变形阶段的监测，可监测滑坡二维、三维绝对位移量，该方法简便易行，投入少，成本低，便于普及，直观性强。

①选址。应布设于滑坡频繁发生而且危害较大、有代表性的地方。同时，站址选择时应考虑已有的基础和条件，且交通便利。

②监测设施与布设。测桩：依据性质，测桩分基准桩、置镜桩和照准桩。基准桩设置在滑体以外的不动体上固定不变，要求通视良好，能观测滑体的变化。置镜桩设在不动体上，能观测滑体上设置的照准桩。置镜桩一般在观测期不变，若有特殊预料不到的事情发生，也可重设。照准桩设置在滑体上，用以指示桩位处的地面变化，所以要牢靠、清晰。

在设置时，考虑到滑体各部位移动变化的差异，一般沿滑体滑动中心线及两侧，分设上中下三排桩；若滑体较大，可以加密。桩距一般为 15～30m，最大不超过 50m。

标桩：标桩是为监测滑体地面破裂线的位移变化而设置的。由于破裂面在滑坡发育过程中变化灵敏，且不同位置变化差异很大。所以，标桩设置密度较大，桩距一般为 15m 左右，并成对设置，即一桩在滑动体上，另一桩在不动体上，两者间距以不超过 5m 为好，以提高测量精度。

觇标：觇标是用以监测大型滑体上建筑物破坏变形的小设施，为一个不大于 20cm×20cm 的水泥片。上有锥形小坑 3 个，成正三角形排列。该觇标铺设在建筑物破裂隙上（墙上或地面上），使其中 2 个小坑连线与裂缝平行（在破裂面一侧），另一个小坑在破裂面另一侧。设置密度可随建筑物部位不同而变化，无严格限定。

③观测与要求。具体要求如下。

测桩与标桩：由于滑体运动是三维的，所以观测既要有方位（二维），还要有高程变化。一般观测程序是：先在要确定观测的滑坡地段作现场踏察，以初步确定测桩的设置方案；布设基准桩、置镜桩、照准桩和标桩（标桩一般有明显裂隙出现后设置）；由基准桩作控制测量，再由置镜桩精测照准桩和标桩的方位和高程，并用直尺测标桩对的距离；用大比例尺绘制已编号的各桩位置及高程图，作为观测的基础。然后，定期观测照准桩位和高程变化，与前期观测值比较后能知道变形位移量。一般初期可一个月测一次，随变形加快可 5～10d 或 1～5d 测一次，具体现测限期需视实际情况而定。

觇标观测：一般只作两维观测，即由每一个锥形坑测量到裂缝边缘距离和该处裂缝开裂宽度的变化量。观测期限可按排桩法同期进行，也可依据实际情况确定观测期限。

滑坡发生后的测量：通常用经纬仪测量出该滑坡体未滑前的大比例尺地形图，作为对比计算的基础。当滑坡发生后，再精测一次，用同样的比例尺绘图。根据两图作若干横断面图，并量算断面面积及高程变化，分别计算部分体积和总体积。由于滑动后岩石破碎，堆积体会有孔隙存在，测量体积偏大。这可通过两种途径解决：一是根据滑体遗留的痕迹，实测滑体宽、长、厚度并计算予以校核；二是估测堆积物孔隙率，计算后给予扣除。用两者测算体积值修正前述断面量算体积，就能估算出较为准确的滑坡侵蚀体积。

3）GPS（空间定位系统法）。GPS 监测主要用于动态监测滑坡的形变和位移情况，监测系统由监测单元、数据传输和控制单元、数据处理分析及管理单元三部分组成。监测单元跟踪 GPS 卫星并实时采集数据，数据通过通信网络传输至控制中心，控制中心的 GPS 软件对数据处理并分析，实现滑坡各变形阶段的二维、三维位移量及速率的实时监测。GPS 监测系统示意图如图 4-2 所示。GPS 观测墩具体结构如图 4-3 所示。

用于监测滑坡变形的 GPS 控制网，由若干个独立的三角观测环组成，采用国家 GPS 测量 WGS-84 大地坐标系统，对岩体的变形与滑坡位移进行监测[12]。

①GPS 网选点。观测滑坡的 GPS 网中相邻点最小距离为 500m，最大距离为 10km。该 GPS 网的点与点之间不要求通视，但各点的位置应满足两个要求：一是远离大功率无线电发射源，其距离不小于 400m；远离高压输电线，距离不得小于 200m；远离强烈干扰卫星信号的接收物体；二是地面基础稳定，易于点的保存。

②GPS 观测要求。观测的有效时段长度不小于 150min；观测值的采样间隔应取 15s；

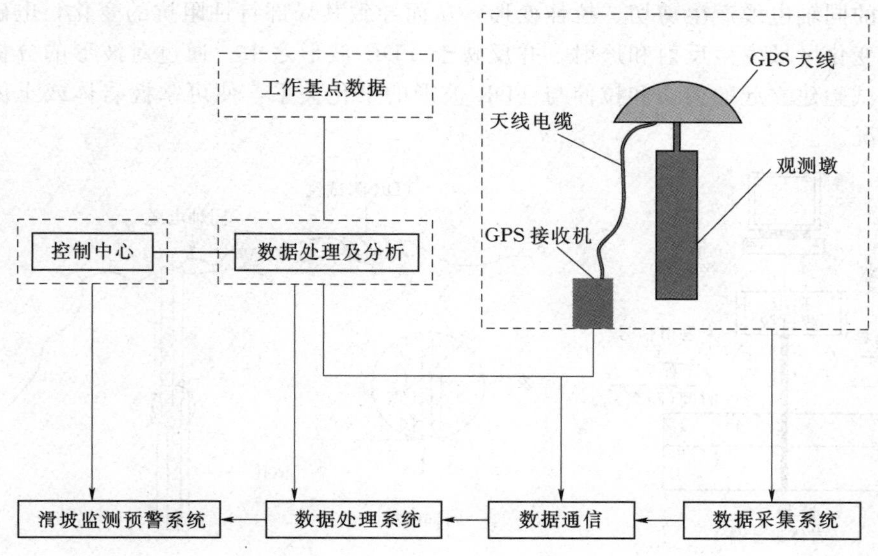

图 4-2 GPS 监测系统示意图

每个时段用语获取同步观测值的卫星总数不少于 3 颗；每颗卫星被连续跟踪观测的时间不得少于 15min；每个测段应观测 2 个时段，并应日夜对称安排。

4）TDR（时域反射法）。TDR 是时域反射法的简称，是一种远程电子测量技术。TDR 监测法主要用于监测滑坡体的变形和位移状况[13]。

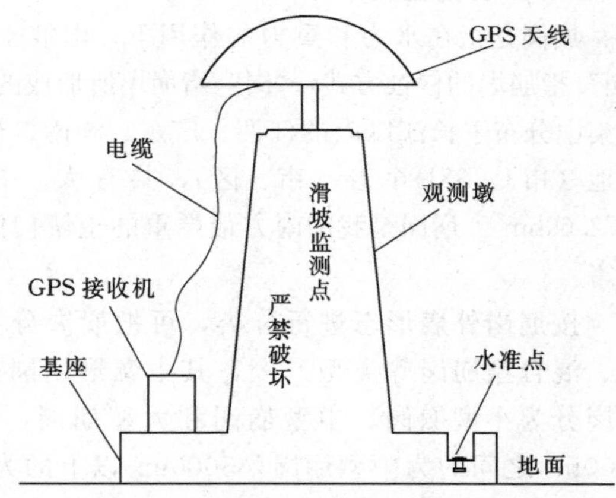

图 4-3 GPS 观测墩示意图

一个完整的 TDR 滑坡监测系统一般由 TDR 同轴电缆、电缆测试仪、数据记录仪、远程通信设备以及数据分析软件等组成。在使用 TDR 系统进行滑坡监测时，首先需要在滑坡的某个位置钻孔，并将 TDR 同轴电缆安放在钻孔中。然后将 TDR 电缆与电缆测试仪相连，电缆测试仪作为信号源，发出步进的电压脉冲通过电缆进行传输，同时反映从电缆中反射回来的脉冲信号。数据记录仪连接到电缆测试仪之上，它对电缆测试仪起控制作用，记录和存储从电缆中反射回来的脉冲供以后分析。此外，数据记录仪还可连接远程通信设备如移动电话或是短波无线电装置等，将收集的数据发送到远处。TDR 系统中还可配备多路复用器，以对多点进行同时监测。通过读取电缆反射的数据，就可以监测地层的移动。随着反射波形的强度增加，就可以预测某个区域的地层可能会发生断裂。

TDR 滑坡稳定性监测系统的组成及埋设如图 4-4 所示。首先，在待监测的岩体或土体中钻孔，将同轴电缆放置于钻孔中，顶端与 TDR 测试仪相连，并以砂浆填充电缆与钻孔之间的空隙，以保证同轴电缆与岩体或土体的同步变形。岩体或土体的位移和变形使埋

置于其中的同轴电缆产生剪切、拉伸变形，从而导致其局部特性阻抗的变化，电磁波将在这些阻抗变化区域发生反射和透射，并反映于 TDR 波形之中。通过对波形的分析，结合室内标定试验建立起的剪切和拉伸与 TDR 波形的量化关系，便可掌握岩体或土体的变形和位移状况。

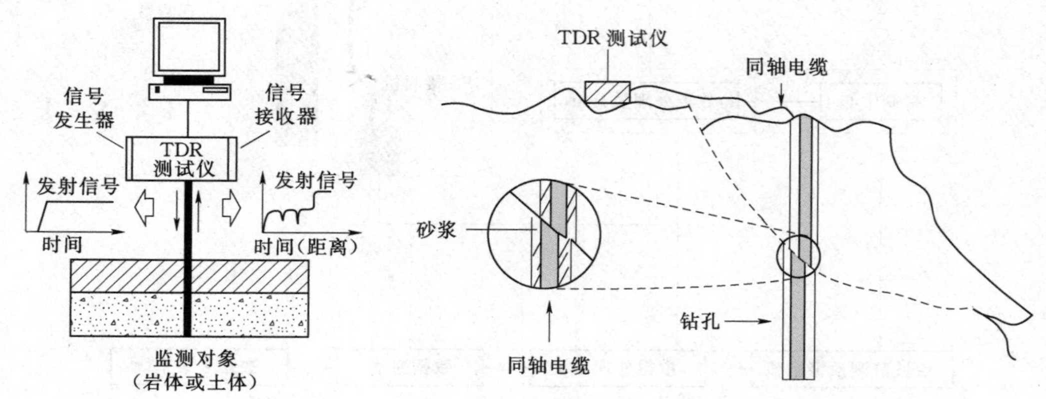

图 4-4 TDR 滑坡稳定性监测系统示意图

4.1.2.2 崩岗监测

崩岗是指在水力和重力的作用下，山坡土石体受破坏而崩塌和受冲刷的侵蚀现象[2,11]，“崩”指崩塌的侵蚀方式，“岗”指崩塌所形成的地貌形态。据南方崩岗调查数据[14]，崩岗在我国集中分布于长江以南的江西、广东、湖南、福建、广西、湖北、安徽 7 省（自治区）的 70 个地（市）、331 个县（市、区），共有大、中、小型崩岗 22.19 万个，崩岗侵蚀总面积 1172.69hm^2。崩岗是我国南方最严重的土壤侵蚀类型，崩岗侵蚀危害性仅次于滑坡和泥石流灾害。

按崩岗外表形态进行分类，可把崩岗分为条形崩岗、瓢形崩岗、弧形崩岗、爪状崩岗、混合型崩岗等类型[15-16]，其中瓢形崩岗的分布最广。依据崩岗面积进行分类，可将崩岗分为小型崩岗、中型崩岗和大型崩岗，面积在 1000m^2 以下的为小型崩岗，1000～3000m^2 之间的为中型崩岗，3000m^2 以上的为大型崩岗。此外，按崩岗的活动情况，还可把崩岗分为活动型崩岗和稳定型崩岗[17]。

崩岗的形成主要受自然因素、人为因素影响，地质地貌条件是其发育的背景，深厚的风化层是其发育的物质基础，气候条件是其发育的动力，而人类活动是其发育的重大诱因[18-19]。

崩岗侵蚀具有明显的垂直性分布，大于 97%的崩岗分布在海拔 100～500m 的丘陵地区，5°～25°坡度级上的崩岗数量和面积所占百分比都大于 70%。南方红壤区 85%的崩岗发生在花岗岩风化壳之上，花岗岩易形成较深厚的风化壳，其发育形成的土壤抗剪强度小，是造成该母岩地区崩岗大规模发育的重要原因，花岗岩风化壳上密下松的特殊结构亦有利于崩岗发育[20]。南方崩岗易发区处于亚热带季风气候区，该区降水充沛，雨量集中，暴雨频繁且强度大，为崩岗发育提供了动力基础。此外崩岗多分布在村庄稠密、人口集中、交通便利的盆（谷）地边缘的低山丘陵中，人类频繁活动破坏了原有植被，致使地表大量裸露、径流加剧、切沟加深，使崩岗的数量和面积日益增大[21]。

(1) 监测内容。崩岗的主要监测内容包括基本信息及特征、变形位移情况和侵蚀量。

1) 基本信息及特征。崩岗基本信息及特征主要包括崩岗地点(含地理坐标)、崩岗沟口宽度、崩岗平均深度、崩岗形态、崩岗侵蚀发育类型、崩岗发生坡度及坡向、崩岗侵蚀支沟条数及长度、土壤类型、植被覆盖度、崩岗面积、防治面积等。

2) 变形位移情况。崩岗变形位移情况主要包括各部位如崩口、崩壁、崩积体、崩岗沟以及冲积扇区的变形位移量,以此了解崩岗的发育状况。

3) 侵蚀量。崩岗侵蚀量是风化花岗岩坡面单位面积上崩岗的侵蚀量,表达崩岗侵蚀的强烈程度。

(2) 监测方法。崩岗的基本信息及特征主要通过调查得出,变形位移情况及侵蚀量主要通过侵蚀针(排桩)法、卡口站法、三维激光扫描法等分析计算获取。

1) 调查。调查法主要用于获取崩岗的基本信息及特征。对于未治理崩岗主要调查集水区面积、洪积扇面积、主崩岗沟长度、平均宽度与坡降、沟口宽度、支沟数量、崩岗植被覆盖度、年均侵蚀量、直接与间接危害的农田、人口、财产、拟采取的水土保持工程措施等内容。已治理崩岗主要调查统计崩岗的现状、治理措施现状、投资与治理效益等内容,其主要调查指标如下。①崩岗发生的地点:包括乡(镇)名、村名、崩岗所处的小地名和经纬度。以崩岗出口线的中点为经纬度测点,混合型崩岗以多个崩口连线的中点为测点,通过用手持GPS现场确定崩岗经纬度,并以地形图验证。②崩岗面积、深度、宽度:崩岗面积通常指沟壑的投影面积,不包括洪积扇面积。采用GPS或传统测量的方法测定崩岗面积,对于面积较大的崩岗也可以在地形图上钩绘后量算,单位为平方米。平均深度和沟口宽度采用传统测量的方法,崩岗侵蚀沟沟口和沟头2个点的高程的平均值即为平均深度,单位为m。③崩岗形态与类型:调查的崩岗形态分为瓢形、条形、爪形、弧形、混合型等5种,崩岗类型分为活动型与稳定型2种类型。④崩岗防治面积:包括崩岗集水区、洪积扇和崩岗面积,集水区面积用地形图勾绘并量算,洪积扇面积采取传统测量方法或符合精度要求的GPS测量计算。⑤危害情况:指淹没农田、损毁房屋、损坏基础设施(道路、桥梁、水库)、受灾人口、经济损失多少等情况。⑥治理情况:采用何种措施(造林、种草、谷坊、拦沙坝、排水沟、挡土墙)进行治理。

崩岗调查时应填写调查表,见表4-3。

表4-3　　崩岗信息调查表

崩岗名称________ 地理位置____省____县____镇____村

地理坐标　东经____至____;北纬____至____

崩岗发生地的坐标 X___ Y___

编号		崩岗面积/m^2		平均深度/m		沟口宽度/m	
崩岗类型	☐ 活动型		☐ 相对稳定型				
崩岗形态	☐ 瓢形	☐ 条形	☐ 爪形	☐ 弧形	☐ 混合型		
危害情况							
治理情况							

调查人:　　填表人:　　核查人:　　填写日期:　年　月　日

2）侵蚀针（排桩）法。侵蚀针法是测量坡面侵蚀形态的一种常规方法，侵蚀针也称为插钎、测钎，通常采用不易变形和损坏的钢钎，在监测中、大型崩岗时，一般用直径7～10cm的水泥桩或木桩代替钢钎。崩岗监测中通常用侵蚀针法测量崩壁、崩积体、崩岗沟，以及冲积扇区的变形位移量，还可以此推算崩岗侵蚀量。

侵蚀针的布设间距根据观测区域的大小及地表起伏状况确定，通常间距在20～100cm，观测中、大型崩岗时间距通常为1～2m。首先把标记好刻度的侵蚀针按一定的间隔垂直打入地面，侵蚀针打入地面深度与刻度线平齐。侵蚀针插入土壤中时，应尽量减少扰动，确保牢固稳定。在每次暴雨后和汛期结束，测量侵蚀针刻度线距地面的高度，以此计算土壤侵蚀厚度和总的土壤侵蚀量。

具体计算公式为

$$A=Z\times\frac{S}{1000\cos\theta} \tag{4-1}$$

式中　A——土壤侵蚀数量，m^3；

Z——侵蚀厚度，mm；

S——水平投影面积，m^2；

θ——斜坡坡度。

注意事项：

①侵蚀针应垂直打入坡面。

②在打入侵蚀针时，应尽量选择在周边土质均匀处，避免在大石或其他物质附近打入，影响观测精度。

③在测量时，应观测侵蚀针左侧及右侧数字，进行平均后计算。

④观测人员进行量测时，应尽量避免对测量区域造成破坏，以保证观测数据的合理性。

侵蚀针法观测时的记录表见表4-4。

表4-4　　　　侵蚀针法观测表

崩岗编号	观测时间	插钎1刻度	插钎2刻度	插钎3刻度	…

3）卡口站法。卡口站法是在崩岗集水区出口部位设立可以进行水位、流速和泥沙等量测的水工建筑物，卡口站选址应避开变动回水、冲淤急剧变化、分流、斜流、严重漫滩等妨碍测验进行的地貌、地物，并应选择沟道顺直、水流集中、便于布设测验设施的位置。

监测内容一般包括径流、泥沙等土壤侵蚀影响因子，并以此推算侵蚀量。也可以根据需要设立其他监测内容，如土壤水分、水质等。监测要求，见表4-5。

表 4-5　　卡口站监测内容一览表

监测内容		监 测 要 求
水位观测	自记观测	自记水位计观测水位，要求每场暴雨进行一次校核和检查。水位变化平缓、质量较好的自记水位计，可以适当减少校测和检查次数。水位变化急剧、质量较差的自记水位计，可以适当增加校核和检查次数
	人工观测	宜每 5min 观测记录一次，短历时暴雨应每 2～3min 观测记录一次
泥沙观测	每次洪水过程观测不应少于 10 次，应根据水位变化确定观测时间	
	应采用瓶式采样器采样，每次采样不得少于 500mL	
	泥沙含量采用烘干法，1/100 天平称重测定	
	悬移质泥沙的粒级（mm）可划分为：小于 0.002、0.002～0.005、0.005～0.05、0.05～0.1、0.1～0.25、0.25～0.5、0.5～1.0、1.0～2.0、大于 2.0。每年应选择产流最多、有代表性的降水过程进行 1～2 次采样分析	

4）三维激光扫描法。三维激光扫描技术是 20 世纪 90 年代中期出现的一项高新技术，被视为继 GPS 空间定位系统之后又一项测绘技术新突破。三维激光扫描系统可分为机载型激光扫描系统、地面型激光扫描仪系统和手持型激光扫描仪。其中固定式的地面三维激光扫描系统类似于传统测量中的全站仪，通常由地面三维激光扫描仪、数码相机、后处理软件、电源以及附属设备构成，它采用非接触式高速激光测量方式，获取地形或者复杂物体的几何图形数据和影像数据。最终由后处理软件对采集的点云数据和影像数据进行处理转换成绝对坐标系中的空间位置坐标或模型，以多种不同的格式输出，满足空间信息数据库的数据源和不同应用的需要。其工作原理为扫描仪对目标发射激光，根据激光发射和接受的时间差，计算出相应被测点与扫描仪的距离，再根据水平向和垂直向的步进角距值，即可实时计算出被测点的三维坐标，并将其送入存储设备予以记录储存，经过相应软件的简单处理，即可提供被测对象的三维几何模型[22-24]。

由于地面三维激光扫描仪具有传统设备不可比拟的高效率及高精度，在工程测量领域逐渐得到广泛应用。此外其测得的数据可以输出为 ASCASCⅡ点数据、BMP、DXF、PTX、PTS、MSH、TXT、COE、AutoCAD、MicroStation、PDS、AutoPlant 等多种不同的格式，数据兼容性强，可满足空间信息数据库的数据源和不同应用的需要。

应用三维激光扫描技术开展崩岗监测，除了可获取崩岗沟口宽度、崩岗平均深度、崩岗侵蚀支沟条数及长度、崩岗面积等指标外，还可根据不同时期扫描数据分析对比，获取期间侵蚀量及侵蚀空间分布情况，其工作流程包括 3 个方面：三维激光扫描测量、三维数据处理和侵蚀量计算与分析。

1）三维激光扫描测量。三维激光扫描测量通常以一个雨季为观测时段，在雨季前和雨季后各测量一次。扫描测量时，仪器和标靶设置的原则应既能保证整个测量区域能被覆盖到，又能使获取的原始数据量最小化和减少设站的次数。仪器的架设应遵循从高至低的原则。靶标的设置应遵循两个原则，一是近似三角形的原则，以便能获得测量区域的整体坐标配准精度；二是靶标距离扫描仪的位置不能太远，太远会使得靶标中心的识别精度降低，应在扫描仪测量距离允许范围之内。

扫描的同时可以勾画现场注释草图和记录扫描日志，以便有序地记录所有扫描和扫描中生成的靶标，这些信息也非常有助于后期的拼接和建模。测区内沟谷发育深且窄时，由于沟壁遮挡会出现“黑洞”，即扫描仪测量不到的地方，可以结合传统测量仪器如 RTK－GPS 进行“黑洞”数据的补充和加密测量，同时对特殊地貌和地区进行拍照记录，以便于后期数据的处理和编辑。扫描的过程中应随时观察生成的点云，以便对数据进行实时补充。

每站扫描完后，需要对至少 3 个靶标进行扫描，为了防止后期数据处理的误差，可设置 4 个靶标，其中一个作为备用靶标。测区范围比较大时，既要对靶标进行精细扫描，还需要用 GPS 或者全站仪测出每个靶标中心的三维坐标，以便减少后续利用多站数据的配准和拼接引起的传递误差。为了防止靶标挪动和丢失，靶标测量在每一站扫描结束后立即进行。此外，需要特别注意两点：一是仪器距离测量区域应在 1.5m 以外；二是标靶不能距离仪器太近，太近会在后期的数据拼接和处理时带来较大的坐标转换误差和拼接误差。测量记录表见表 4－6。

表 4－6　　三维激光扫描测量记录表

站点编号	测量时间	测量参数设置记录	崩岗信息
1			
2			
3			
…			
崩岗、扫描仪及标靶位置草图			

2）三维数据处理。在使用三维激光扫描仪过程中，由于树木和外侧沟壁的遮挡作用，单站式扫描难以覆盖整个扫描区域，因此一般情况下对扫描区域要进行 2 ～3 站扫描。多站数据的拼接实质上是以标靶点的空间位置为控制点将多站点云数据无缝融合。在依次扫描获取各站点云数据及标靶位置后，进行数据合并拼接，将各站点数据转换到统一坐标系下，得到完整的扫描点云。

经过拼接得到的点云数据中，包括了扫描监测区域周边较多的地貌、植物等信息，还需进行进一步处理。在三维数据处理软件中通过点云数据编辑功能，剔除干扰点，实现点云的去噪。测量数据统计表，见表 4－7。

表 4－7　　测量数据统计表

崩岗编号	设站数量	单站采样间隔 /mm	总耗时 /min	总采样点数量 /个	有效采样点数量 /个	投影面积 /m^2	采样密度 /(点/cm^2)
1							
2							
3							
…							

3）侵蚀量计算与分析。经过去噪后的扫描区域点云数据，在三维数据处理软件中可进行崩岗沟口宽度、崩岗平均深度、崩岗侵蚀支沟条数及长度、崩岗面积等特征数据的量取。

对于侵蚀量计算而言，需要在三维数据处理软件中的扫描区域顶部设置计算水平面，并根据三维点云数据生成扫描区域的三角网格（TIN），运用三维数据处理软件计算扫描区域表面与计算水平面之间的体积量。运用该方法计算出不同时间段的体积量，两者相减即可得到该时期内坡面侵蚀的体积变化量。

此外，还可将数据导入 ArcGIS，将前后两次 DEM 数据对比，进行相减运算，形成新的 DEM 图层，从而反映前后地表的高程差值，获取侵蚀空间分布情况。

4.1.2.3 泥石流监测

泥石流是指在山区或者其他沟谷深壑，地形险峻的地区，因为暴雨、暴雪或其他自然灾害引发的山体滑坡并携带有大量泥沙以及石块的特殊洪流。泥石流具有突然性以及流速快，流量大，物质容量大和破坏力强等特点[2]。发生泥石流常常会冲毁公路铁路等交通设施甚至村镇等，造成巨大损失。

泥石流流动的全过程一般只有几个小时，短的只有几分钟，是一种广泛分布于世界各国一些具有特殊地形、地貌状况地区的自然灾害。这是山区沟谷或山地坡面上，由暴雨、冰雪融化等水源激发的、含有大量泥沙石块的介于挟沙水流和滑坡之间的土、水、气混合流。泥石流大多伴随山区洪水而发生。它与一般洪水的区别是洪流中含有足够数量的泥沙石等固体碎屑物，其体积含量最少为 15%，最高可达 80%左右，因此比洪水更具有破坏力。

泥石流的成因包括自然原因、人为因素及次生灾害等。

自然原因：岩石的风化以及霜冻对土壤形成的冻结和溶解都能造成土壤层的增厚和松动；人为因素：主要包括不合理开挖、弃土弃渣采石、滥伐乱垦等；次生灾害：由于地震灾害过后经过暴雨或是山洪稀释大面积的山体后发生的洪流。

泥石流的形成条件是：地形陡峭，松散堆积物丰富，突发性、持续性大暴雨或大量冰融水的流出。

（1）监测内容。泥石流监测内容，分为形成条件（固体物质来源、气象水文条件等）监测、运动特征（流动动态要素、动力要素和输移冲淤等）监测、流体特征（物质组成及其物理化学性质等）监测。

1）固体物质来源监测。固体物质来源是泥石流形成的物质基础，应在研究其地质环境和固体物质、性质、类型、规模的基础上，进行稳定状态监测。固体物质来源于滑坡、崩塌的，其监测内容按滑坡、崩塌规定的监测内容进行监测；固体物质来源于松散物质（含松散体岩土层和人工弃石、弃渣等堆积物）的，应监测其在受暴雨、洪流冲蚀等作用下的稳定状态。

2）气象水文条件监测。重点监测降雨量和降雨历时等；水源来自冰雪和冻土消融的，监测其消融水量和消融历时等。当上游有高山湖、水库、渠道时，应评估其渗漏的危险性。在固体物质集中分布地段，应进行降雨入掺和地下水动态监测。

3）动态要素监测。动态要素监测包括爆发时间、历时、龙头、龙尾、过程、类型、

流态、流速、泥位、泥面宽、泥深、爬高、阵流次数、测速距离、测速时间、沟床纵横坡度变化、输移冲淤变化和堆积情况等，并取样分析，测定输砂率、输砂量或泥石流流量、总径流量、固体总径流量等。

4）动力要素监测。动力要素监测包括泥石流流体动压力、龙头冲击力、石块冲击力和泥石流地声频谱、振幅等。

5）流体特征监测。流体特征监测包括固体物质组成（岩性或矿物成分）、块度、颗粒组成和流体稠度、容重、重度（重力密度）、可溶盐等物理化学特性，研究其结构、构造和物理化学特性的内在联系与流变模式等。

（2）监测方法。根据泥石流监测内容，泥石流监测方法主要分为以下几类。

· 降雨观测：在泥石流沟的形成区或形成区附近设立雨量观测站点固定专人进行观测。

· 源区观测：主要通过调查法观测泥石流形成条件及诱因、气候、流域地质地貌、流域植被及土地利用情况及社会经济活动等的动态变化状况。

· 泥石流过程观测：泥石流过程观测的基本方法是断面法，在形成区和堆积区也可用测钎法和调查法，大范围泥石流观测可用无人机低空摄影测量法、遥感监测法等。

· 冲淤观测：沟道冲淤观测可利用排桩法、超声波泥位计、动态立体摄影等方法观测；扇形地冲淤变化观测一般利用经纬仪、全站仪、INSAR 技术或 3S 技术和 TM 影像等其中的一种或几种进行观测。

下面重点介绍几种常用的监测方法。

1）调查法。泥石流调查侧重于泥石流特征、发生条件与诱发因素、发生频率、危害性、泥石流防治情况等。泥石流隐患调查侧重于沟谷地质环境条件、沟谷地貌形态特征、松散堆积物储量、发生泥石流的诱发因素、可能的泥石流类型、威胁对象和可能的成灾情况等。通常是沿选择的路线不断进行观察，并在沿线选择观测点、记载观察和测绘的结果（调查信息记录表见表 4－8）。泥石流调查须采用点线面相结合，以专业调查为主的方式开展。

调查主要内容有以下几个方面：

①形成条件与诱因：主要包括流域地形地貌、地质构造、流域植被、土地利用状况、社会经济情况、气候以及各种诱发因素等。

②泥石流发生情况：主要包括泥石流爆发时间、历时、泥石流流体特征、降水情况等。

③泥石流历史活动、危害情况及潜在危害：调查了解历次泥石流残留在沟道中的各种痕迹和堆积物特征、调查了解泥石流危害的对象、危害形式（淤埋和漫流、冲刷和磨蚀、撞击和爬高、堵塞或挤压河道）；初步圈定泥石流可能危害的地区，分析预测今后一定时期内泥石流的发展趋势和可能造成的危害。

④泥石流防治情况：主要调查泥石流灾害勘查、监测、工程治理措施等防治现状及效果、山区和山前区泥石流可依据泥石流堆积扇所处的地貌部位以及冲淤特征。

2）断面法。断面法是泥石流观测的基本方法之一，主要用于观测泥石流的流速、流态、动力等。

表 4-8　　　　泥石流调查信息记录表

沟道编号及名称_________　所属水系及主河名称_________

地理位置___省___县___镇___村地理坐标　东经_____至____北纬_____至____

形成条件与诱发原因	流域地貌	流域面积/km^2		流域地质	所处大地构造部位	
		流域长度/km			岩层构造	
		流域平均宽度/km			地震烈度	
		流域形状系数			地面组成物质	
		沟道比降/‰			地表岩石风化程度	
		沟口海拔高程/m			沟道堆积物组成与厚度	
		相对最大高差/m			滑坡、崩塌、沟蚀等规模、面积、活动情况	
		冲洪积扇面积/km^2		流域植被	森林覆盖率/%	
		冲洪积扇厚度/m			林草覆盖率/%	
	土地利用状况	农业用地/hm^2			林木生长及分布情况	
		林业用地/hm^2			灌草生长及分布情况	
		牧业用地/hm^2			林草涵养水源功能	
		水域/hm^2			林草防蚀功能	
		裸岩及风化地/hm^2		社会经济情况		
		其他用地面积/hm^2				
	气候	年均温度/℃				
		年温差/℃				
		年均降水量/mm				
		日最大降水量/mm				
	各种诱发原因					

典型泥石流发生情况	暴发时间		历时	
	容重/(t/m^3)		流体性质	
	流速/(m/s)		流量/(m^3/s)	
	流态		冲出物量/m^3	
	沟口堆积情况及危害			
	降水情况			
泥石流历史活动、危害情况及潜在危害				
防治情况				

调查人：　　填表人：　　核查人：　　填写日期：　年　月　日

①观测断面的布设。根据泥石流运动时特有的振动频率、振幅，在沟道顺直，沟岸稳定，纵坡平顺，不易被泥石流淹没的流通段区域布设泥石流观测断面，一般选择在流通区段的中下部，观测断面设置 2～3 个，上、下断面间的距离一般为 20～100m，需要布设遥测雨量装置、土壤水分测定仪、水尺等水文气象监测设施设备。

②流态观测。泥石流运动有连续流也有阵流，其流态有层流也有紊流；泥石流开始含沙量低，很快含沙量剧增，后期含沙量减少，过渡到常流量，因而观测其运动状态和演变过程，对于正确分析和计算是不可缺少的资料。

泥石流这一过程的观测是由有经验的观测人员，手持时钟，在现场记录泥石流运动状况，并配合以下观测内容作出正确判断。

③泥位观测。由于泥石流的泥位深度能直观地反映泥石流的暴发与否、规模大小和可能危害程度，因而，可以利用泥位对泥石流活动进行监测。泥位用断面处的标尺或泥位仪进行观测，观测精度要求至 0.1m。

人工观测：泥深的测量是通过悬挂在缆道上的重锤来实现的。但由于缆道的上下晃动，影响了施测精度，因而泥石流过后还要观测断面痕迹，以补充校正。

对连续流的观测，除流速和泥深变化观测外，还应尽可能在泥石流过后，对滩岸的变化进行观测。因为一般黏性泥石流过后，要有一部分铺床落龄，厚度一般不超过 2m。

仪器测定：泥位仪通常分为接触型和遥测型两种。UL－1 型超声波泥位计，是利用超声波在空气中以一定的声速传播，碰到障碍物后，即产生反射回波的原理制成。使用时，将一个称为超声换能器的装置吊悬在泥石流上方，并向泥石流液面发射超声脉冲，泥石流液面的反射回波仍被超声换能器接收，由相连的电子仪器算出发射到回收的时差，乘以空气中的声速，得到超声换能器到液面的距离，并以数字显示泥位高程。

④流速和过流断面观测。流速观测必须和泥位观测同时进行，其数值记录要和泥位相对应。通常有人工观测和仪器测定两种方法，前者有水面浮标测速法，后者有传感流速法、遥测流速仪、测速雷达法等。

人工观测：设置测流断面，采用浮标法测量表面中泓流速。方法同水文观测。用设置的水文缆道，测定泥石流表面高程，并在泥石流过后，观测横断面和比降，既可求出泥石流过流断面，又为下一次观测做好准备。

泥石流阵流观测方法，是在布设的上下游两个断面上，以龙头为标记来观测流速。当龙头到达上断面时，用信号通知下断面以秒表计时，龙头到达下断面时则读出历时 t，用 t 去除上、下断面间的距离 L，即 $L/t=V$，为泥石流龙头速度。

仪器测定：中科院成都山地灾害与环境研究所研制开发出 CL－810 型测速雷达和 UL－1型超声波泥位计，再配以打印机，实现了单断面同步测量流速和泥位。提高了施测精度，保证了资料的完整性。

⑤动力观测。动力观测采用压力计、压电石英晶体传感器、遥测数传冲击力仪、泥石流地声测定仪等方法。

⑥其他观测。其他观测包括容重、物质组成等，主要利用容重仪、摄像机等仪器设备。

3）无人机低空摄影测量法。无人机低空摄影测量法是近几年应用较多的监测方法之

一，该方法主要利用无人机的航拍功能，对泥石流进行低空全方位拍摄，根据生成的航拍影像，确定泥石流发生的地点、规模等，并根据影像解译估算侵蚀量。通过对同一泥石流侵蚀体进行多时段连续航拍，还可获得泥石流发展规律，为泥石流的灾害预警和防治提供依据。

无人机低空摄影测量系统主要由三部分组成，分别是飞行平台系统，地面控制系统以及数据处理系统，如图 4－5 所示。无人机、机载电子设备和任务载荷构成飞行平台系统，地面站设备以及软件组成地面站系统，数据处理系统则由数据处理设备以及相关软件构成。无人机低空摄影测量系统的主要特点无人机低空航摄系统与卫星遥感、航空航天遥感相比，有着独特的优势。

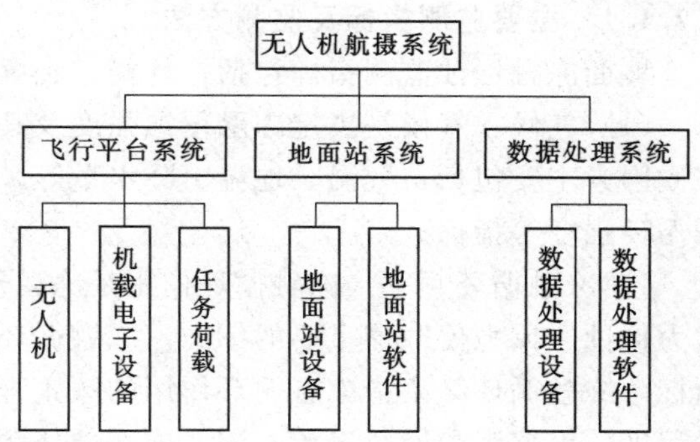

图 4－5　无人机航摄系统结构图

利用无人机低空摄影进行泥石流监测的外业技术流程包括：明确监测任务、前期资料收集、现场勘察、技术设计书编写、航拍实施及控制点测量。

前期资料搜集要求：前期主要搜集监测区域的现有地形图、影像资料、测区范围等资料，并对搜集到的资料进行核查，评价资料的可信度与可利用度。

现场勘察要求：现场勘察了解测图区域内的地物、气象条件、高程变化、交通情况、测量控制点的位置及保存情况。

技术设计书编写要求：勘踏后编写技术设计书，进行监测任务规划，任务规划的主要内容包括：监测的目的、任务、范围、测区概况、计划监测期。

航拍实施要求：航线规划要按照实际需要的地面分辨率进行设计，航线能完整覆盖整个航拍区域；飞行环境中，起降场地一般为平坦的空地或宽阔的道路面，其周边无高压线及高层建筑，起降方向与当时风向平行，无人员或车辆走动。当测区无起降条件时，则采用手掷起飞或弹射起飞，伞降或拦阻网降落。航摄要求在天气晴朗、低空（1000m 以下）无云雾、风速在 8m/s 以下、能见度大于 5km、太阳高度角大于 45°时进行。

控制点测量要求：控制点必须选在影像清晰的明显地物点上，如细田埂的交汇点、十字路口的道路中心线交汇点或其他接近正交的线状地物交点，且尽量选在上下两条航线六片重叠范围内，使布设的控制点能用于多张相片；航线首末端上下两控制点宜布设在通过像主点且垂直于方位线的直线上，互相偏离不大于半条基线。在空中三角测量作业区域中间布设检查点，使得检查点布设在高程精度和平面精度最弱处；控制点的标刺首先进行目标范围的大致圈定，外业实地对目标位置进行标刺。在实地根据相关地物认真寻找影像同名地物点，经确认无误后，在相片上相应位置刺出点位。刺点误差和刺孔直径均不得大于 0.1mm；控制点宜布设在旁向重叠的中线附近；平面控制点和平高控制点相对邻近基本控制点的平面位置点位中误差不超过图上的 0.1mm。高程控制点和平高控制点相对邻近控制点的高程中误差不超过 0.1m。

4.2 冻融侵蚀监测

4.2.1 坡面冻融侵蚀监测

4.2.1.1 主要监测指标及监测方法

坡面冻融侵蚀监测指标包括：气候、土壤、植被、地形和冻融微地貌等 5 个方面。

（1）气候。气候是决定冻融侵蚀强度及其空间分布格局的重要因素，影响冻融侵蚀的气候因素主要包括：气温、地温、降水量等，并由基本气候要素派生出冻融循环频率、冻融循环强度等指标。

1）冻融循环频率。冻融循环作用是冻融侵蚀的主要侵蚀营力，也是冻融侵蚀区别于水力侵蚀、风力侵蚀最重要的标志。冻融循环作用包括冻融循环频率和冻融循环强度两个指标。冻融循环频率指冻融循环作用的频繁程度，即岩土体出现冻结和融化交替现象的频发程度。根据观测资料来源不同，冻融循环频率可以分为基于气温的冻融循环频率指标和基于地温的冻融循环频率指标；根据观测资料时间不同，冻融循环频率可以分为年冻融日循环天数（FT_{days}）和年冻融循环月数（FT_{months}），两者计算公式分别为式（4-2）和式（4-3）

$$FT_{\text{days}}=\sum_{i=0}^{365}\begin{cases}1 & T_{D\max}>0 \quad \& \quad T_{D\min}<0\\0 & T_{D\max}\geqslant 0 \quad \& \quad T_{D\min}\geqslant 0 \mid T_{D\max}\leqslant 0 \quad \& \quad T_{D\min}\leqslant 0\end{cases} \tag{4-2}$$

式中 FT_{days}——年冻融日循环天数，d；

$T_{D\max}$——日最高气温，℃；

$T_{D\min}$——日最低气温，℃。

$$FT_{\text{months}}=\sum_{i=0}^{12}\begin{cases}1 & T_{M\max}>0 \quad \& \quad T_{M\min}<0\\0 & T_{M\max}\geqslant 0 \quad \& \quad T_{M\min}\geqslant 0 \mid T_{M\max}\leqslant 0 \quad \& \quad T_{M\min}\leqslant 0\end{cases} \tag{4-3}$$

式中 FT_{months}——年冻融循环月数，月；

$T_{M\max}$——月平均最高气温，℃；

$T_{M\min}$——月平均最低气温，℃。

2）冻融循环强度。冻融循环强度反映了单次冻融循环作用对岩土体的破坏作用。由于水分冻结过程中体积膨胀直接决定了冻融循环强度，因此可以用冻融相变水量来表征冻融循环强度。但在水土保持监测工作观测冻融过程中液态水和固态水转化的数量非常困难，尤其是在我国冻融侵蚀广泛分布的青藏高原观测冻融相变水量更加困难。因此，可以使用一些替代指标来表示冻融循环强度，如冻融期降水量（FT_{prec}），其计算公式为

$$FT_{D\text{prec}}=\sum_{i=0}^{365}\begin{cases}P_i & T_{D\max}>0 \quad \& \quad T_{D\min}<0\\0 & T_{D\max}\geqslant 0 \quad \& \quad T_{D\min}\geqslant 0 \mid T_{D\max}\leqslant 0 \quad \& \quad T_{D\min}\leqslant 0\end{cases} \tag{4-4}$$

式中 $FT_{D\text{prec}}$——基于日降水量资料的年冻融期降水量，mm；

P_i——第 i 天的降水量，mm；

$T_{D\max}$——日最高气温，℃；

$T_{D\min}$——日最低气温，℃。

$$FT_{M\text{prec}}=\sum_{i=0}^{12}\begin{cases}P_i & T_{M\max}>0 \quad \& \quad T_{M\min}<0\\ 0 & T_{M\max}\geqslant 0 \quad \& \quad T_{M\min}\geqslant 0 \mid T_{M\max}\leqslant 0 \quad \& \quad T_{M\min}\leqslant 0\end{cases} \tag{4-5}$$

式中 $FT_{M\text{prec}}$——基于月降水量资料的年冻融期降水量，mm；

P_i——第 i 月的降水量，mm；

$T_{M\max}$——月平均最高气温，℃；

$T_{M\min}$——月平均最低气温，℃。

(2) 土壤。根据第一次全国水利普查，我国“冻融侵蚀范围与多年冻土分布范围基本一致，与冰缘地貌范围基本等同”。冻土分布、冻土活动层厚度对冻融侵蚀具有关键影响。土壤监测的指标主要包括土壤厚度、土壤含水量、冻土活动层厚度等指标。

土壤厚度是土壤的一个重要基本属性，能直接反应土壤的发育程度，影响植被生长、地表水文、土壤水分、土壤侵蚀与水土保持等地球表层过程。冻融侵蚀区土壤分布不连续、砾石含量高，基岩出露比例大，土壤厚度本身具有高度的空间变异性。土壤厚度对于冻融侵蚀以及水冻复合侵蚀、风冻复合侵蚀均具有极为重要的影响，直接决定了土壤侵蚀模数、容许土壤流失量和土壤侵蚀强度。土壤厚度可采用开挖土壤剖面方法、土钻法等方法测定。

土壤水分是决定冻融作用强度的关键因素。土壤含水量可以利用带有土壤水分传感器的自动气象站观测，也可以采用便携式土壤湿度计进行观测，如 TRIME-PICO64 土壤水分测量仪。

野外观测表明，年冻融日循环天数不高但冻土活动层厚度较大的区域也可以产生较为强烈的冻融侵蚀，如黄河源区、青海果洛一带。活动层指覆盖于多年冻土之上夏季融化冬季冻结的土层。在有条件情况下，应该对冻土活动层厚度进行调查和观测。

(3) 植被。植被监测指标主要有 NDVI、植被覆盖度、植株高度、生物量等。植被指标监测方法可以参考水力侵蚀、风力侵蚀中植被指标监测方法。冻融侵蚀区土地利用以草地为主，主要为高寒（高山）草甸和高寒（高山）草原两种，植株矮小，草地植被覆盖度对冻融侵蚀的表征意义可能不如草地生物量（包括地上和地下生物量）。因此，应加强对冻融侵蚀区草地生物量的调查与监测。

(4) 地形。影响冻融的地形因素包括坡度和坡向。坡向实际上是影响的太阳辐射和地表温度，进而对冻融侵蚀造成影响。因此在坡面和小流域尺度，应对太阳辐射强度进行计算分析，可以采用 ArcGIS 软件的 Solar Radiation 模块模拟复杂地形条件下的太阳辐射强度。

(5) 冻融微地貌。在我国的青藏高原及其临近山脉已经发现了 50 种以上的冻融侵蚀微地貌形态[25]。常见的冻融侵蚀类型包括以下 12 类 27 种：①石海、石河、石冰川；②倒石堆、岩屑锥、石流坡；③多边形构造土；④石环、石圈、石带；⑤冻胀丘、热融湖塘（或热喀斯特洼地）；⑥冻融泥流、土溜坡坎、草皮坡坎、鳞片状草皮；⑦雪蚀洼地；⑧冰缘细沟、浅沟侵蚀、冰缘黄土侵蚀沟；⑨沟岸冻裂、沟岸融塌、沟岸融滑、沟岸融泻；⑩“黑土滩”型草地退化；⑪冰缘山地灾害；⑫其他有明显冻融扰动的水—风—冻复合侵蚀。

强烈发育的冻融侵蚀微地貌（或称冰缘现象）是冻融侵蚀强度和发育程度的主要表征，也是判定冻融侵蚀区的显著标志。在坡面冻融侵蚀监测中要对各类、各种冻融侵蚀微地貌形态进行调查、统计，并拍摄典型景观照片，填写冻融侵蚀野外调查表。

4.2.1.2 冻融侵蚀量监测方法

坡面冻融侵蚀量建议采用大型原位坡面径流场观测获得。径流小区、测钎、USLE/RUSLE模型、基于部颁标准的遥感调查方法、^{137}Cs等方法应用到冻融侵蚀区的水力侵蚀量监测可能产生较大误差。

4.2.2 小流域冻融侵蚀监测

4.2.2.1 冻融侵蚀监测点布设

在冻融侵蚀区，土壤侵蚀环境垂直分异显著。因此，小流域尺度的冻融侵蚀监测要特别重视垂直梯度上的监测和对比分析工作。小流域冻融侵蚀监测点布设应依据地势变化，沿垂直带布设不同梯度的监测点。我国冻融侵蚀区典型的植被垂直带为高山灌丛—高山草甸—高山稀疏植被—高山流石滩—冰川，高山流石滩一般海拔超过了4800m，该海拔范围一般土壤侵蚀极其微弱，无需开展监测。沿垂直梯度，一般应在高山灌丛、高山草甸、高山稀疏植被海拔范围内需要布设冻融侵蚀监测点。考虑坡向对冻融侵蚀的影响，还应布设阴坡和阳坡对比分析的冻融侵蚀监测点。

4.2.2.2 主要监测指标及监测方法

小流域尺度冻融侵蚀监测的主要指标包括气温、地温、降水量、土壤含水量、植被覆盖度、植株高度、草地生物量等指标。小流域尺度冻融侵蚀监测指标的监测方法与坡面尺度冻融侵蚀监测指标的监测方法相同。

4.2.2.3 冻融侵蚀量

由于我国的冻融侵蚀主要为水冻复合侵蚀类型，因此小流域冻融侵蚀量监测可参考小流域水力侵蚀量监测方法，以小流域把口站观测的输沙量除以小流域泥沙输移比作为监测小流域的水冻复合侵蚀量。

4.2.3 区域冻融侵蚀监测

4.2.3.1 区域冻融侵蚀监测方法

区域冻融侵蚀监测是指综合运用地面调查、遥感调查和GIS空间分析方法，应用冻融侵蚀模型评估由冻融作用作为主导营力而引起的土壤侵蚀、岩土体破坏程度和冻融荒漠化动态变化情况的水土保持监测工作。作为我国三大类土壤侵蚀类型之一，冻融侵蚀对我国生态安全具有极其重要的影响。冻融侵蚀区是我国生态安全屏障的主体，开展区域冻融侵蚀调查与监测对我国生态安全，尤其是青藏高原国家生态安全屏障保护具有重要意义。

区域冻融侵蚀监测是在西藏高原生态安全研究中逐渐发展起来的区域土壤侵蚀监测方法，经过第一次全国水利普查水土保持情况普查工作、西南土石山区土壤侵蚀制图计划等工作，中国区域冻融侵蚀监测技术体系逐渐成熟。中国区域冻融侵蚀监测技术体系主要包括冻融侵蚀区范围监测、区域冻融侵蚀影响因子监测、冻融侵蚀强度评价模型、冻融侵蚀强度分级标准、冻融侵蚀量监测等五方面内容。

4.2.3.2 冻融侵蚀范围监测

冻融侵蚀区判定是区域冻融侵蚀监测的首要任务。虽然冻融侵蚀区一定有冻融侵蚀发生，但冻融侵蚀区与有冻融侵蚀发生的区域是两个不同的概念。因为有冻融侵蚀发生的区

域，冻融侵蚀未必是该区域主导的侵蚀类型。冻融侵蚀区是指具有强烈的冻融循环作用为特征的寒冷气候条件，冻融循环作用是最普遍、最主要的外力侵蚀过程，同时应有相应的冻融侵蚀微地貌形态表现。因此判断一个区域是否属于冻融侵蚀区最关键的指标是看该区域的侵蚀动力是否以冻融循环作用为主。如果把发生冻融侵蚀的区域等同于冻融侵蚀区，显然扩大了冻融侵蚀的范围。

明确了冻融侵蚀区的概念后，界定冻融侵蚀区就剩下两个问题了，一是确定冻融侵蚀区的下界海拔，二是确定冻融侵蚀有无上界海拔。对冻融侵蚀区的下界海拔高度的界定，国内还存在一定争议，主流的观点是把多年冻土区的下界作为我国冻融侵蚀区的下界。如水利部水土保持司编制的《水土保持技术规范》规定：冻融侵蚀是多年冻土在冻融交替作用下发生的土壤侵蚀现象，发生在多年冻土区的坡面、沟壁，这里明确说明冻融侵蚀区出现在多年冻土区。我国第二次土壤侵蚀遥感调查中，很多地区都是将 3500m 作为冻融侵蚀区的下界海拔，这与我国多年冻土的下界海拔相差较大。张信宝等（2006）认为，在川西高原 3800m 以上为冰缘地貌带，以冻融侵蚀为主，3800m 以下为流水地貌带，以水力侵蚀为主。张建国、刘淑珍等（2005）在青藏高原广泛考察后认为，在多年冻土区外围 100～300m 的范围内，外力作用仍以冻融循环作用为主，地貌类型也以冻融侵蚀地貌（冰缘地貌）为主。因此如以多年冻土区的下界作为我国冻融侵蚀区的下界，显然缩小了我国冻融侵蚀的范围。根据刘斌涛等（2013、2014）对青藏高原的调查以及参考各专家的意见，认为冻融侵蚀区的下界与冻土学中的冰缘区的下界更为接近，取冰缘区的下界作为冻融侵蚀区的下界更为合理。

确定冻融侵蚀区的关键是看一个区域的侵蚀营力是否以冻融循环作用为主，并存在冻融侵蚀地貌形态，这一准则同样适用于对冻融侵蚀上界的讨论。一些学者把“雪线”当成是冻融循环作用（冰缘作用）上限。然而，就在地球最高山地珠穆朗玛峰上仍可见到相当丰富的寒冻风化碎屑（崔之久，1981），因此可以说冻融作用是没有上限的。因此可以认为冻融侵蚀没有海拔上限。

在第一次全国水利普查全国冻融侵蚀普查工作中，刘斌涛等（2013）发现青藏高原冻融侵蚀下界海拔的基本规律：自南向北纬度每前进 1°，下界海拔约下降 100m；自东向西，降水量每下降 100mm，下界海拔约升高 200m。崔之久（1981）指出在青藏高原微度每增加 1°，冰缘带下界升高约 120m，同时地温下降 0.5℃左右。如在唐古拉山南麓为 4760m 左右，而在昆仑山北坡为 4200m 左右。从土壤侵蚀观点和冰缘地貌观点确定的冻融侵蚀下届海拔分布规律是基本一致的。目前这些研究都是经验性的，还需要进行大量的调查和分析。

现在已经发展了一系列的与冻融侵蚀下届海拔相关的经验性模型。如张建国等（2006）提出的冻融侵蚀下届海拔经验公式，已在第一次全国水利普查全国冻融侵蚀普查工作中得到应用，但该公式仅适合青藏高原地区，在西北高山区、东北高纬度地区提取冻融侵蚀范围误差较大。

4.2.3.3 冻融侵蚀影响因子监测

目前，一般认为冻融侵蚀是寒冷环境下由于温度的变化，导致岩土体中的组成物质频繁的热胀冷缩，造成了岩土体的机械破坏，被破坏的岩土体在水力、重力、风力等作用下被搬运、迁移和堆积的过程，以及冻土活动层融化后，表土层在降水和积雪融水作用下含水量趋于饱和并逐渐液化，在重力作用下沿冻结层面顺坡向下蠕动的过程。由此可见冻融侵蚀不是单独存在的，它是在水力、重力、风力等多种因素影响下共同形成的。根据第一次全国水利普查全国冻融侵蚀情况普查和中国科学院成都山地灾害与环境研究所近年来对冻融侵蚀的研究，在区域尺度上冻融侵蚀监测的指标包括：年冻融日循环天数、日均冻融相变水量、年降水量、坡度、坡向、植被覆盖度等 6 个。

(1) 年冻融日循环天数（Annual Average Freeze - Thaw Cycles Days，FTCD）。冻融循环作用是导致冻融侵蚀的关键动力因素，一个地区其地表温度在 0℃上下波动约频发，则冻融循环作用越强烈，因冻融循环作用导致的岩土体破坏程度越强。定义一天内最高温度大于 0℃而最低温度小于 0℃为一个冻融日循环。年冻融日循环天数是指一年中冻融日循环发生的天数。

年冻融日循环天数以地表温度为判定条件，可采用微波遥感、光学遥感等数据源反演地表温度，判定冻融循环状态，如 AMSR - E 被动微波遥感、风云 3 号卫星搭载的微波成像仪和 MODIS 等卫星传感器都可用于反演年冻融日循环天数指标。如果该指标获取有难度时，可以使用气象站观测的日最低温度、日最高温度计算基于气温冻融日循环天数，也可以使用年冻融循环月数指标替代。

(2) 日均冻融相变水量（Average Phase Transition Water Content in Daily Freeze - Thaw Process，PTWC）。由于水在从液态冻结成固态时体积约增加 1.1 倍，因此冻融循环过程中，水体的变化对岩土体的机械破坏作用影响最为明显。相变水量（Phase Transition Water Content）是指土地冻融过程中发生相变的水量。相变水量增加，冻结时由于水体结冰体积增大而对土地的破坏作用增加。日均冻融相变水量反映了土壤含水量对冻融侵蚀强度的影响。

日均冻融相变水量指标宜使用微波遥感反演获得，如果 AMSR - E、风云 3 号卫星搭载的微波成像仪等卫星传感器都可用于反演日均冻融相变水量指标。如果该指标获取有难度时，可以使用年冻融期降水量（FT_{prec}）或土壤含水量指标替代。

(3) 年均降水量（Annual Average Precipitation，PR）。降水量作为土壤侵蚀的主要影响因素以成为土壤侵蚀学科的共识。然而，在冻融侵蚀中，降水量不仅通过雨滴击溅和地表径流为土壤侵蚀提供直接动力因素，还从两个方面对冻融侵蚀产生影响，一方面随着降水量增长，土壤含水量上升，造成冻融相变水量增加，增强冻融侵蚀；另一方面，岩土体被寒冻风化和冻融循环作用破坏后往往不会直接发生位移，即没有产生侵蚀，造成位移中的过程，流水作用是极其重要的一个动力因素。

考虑到冻融侵蚀的真实意义上的土壤侵蚀量主要依靠水力、风力作用引起。所以该指标可以使用水力侵蚀的年降雨侵蚀力和风力侵蚀的年风蚀气候侵蚀力替代，或使用年冻融期降雨侵蚀力和年冻融期风蚀气候侵蚀力替代。在湿润、半湿润冻融侵蚀区建议使用年冻融期降雨侵蚀力，在半干旱、干旱冻融侵蚀区建议使用年冻融期风蚀气候侵蚀力。

(4) 坡度（Slope，SP）。坡度是重要的土壤侵蚀影响因素已为我们所熟知，同样它也是冻融侵蚀的一个重要影响因素。同时，坡度越大，岩土体表面失稳的可能性越大，这样在寒冬风化和冻融作用下，被破坏的岩土体发生滑动、跌落、翻滚、跳跃等作用的可能性明显增加。在冻融侵蚀区看到的大量的冻融滑塌、冻融泥流、石流坡等冻融侵蚀现象都与坡度有关。

(5) 坡向（Aspect，AP)。坡向反映了不同地形条件下，坡面接收太阳辐射的能力。冻融侵蚀区所处地理环境温度很低，多数时间地表温度低于0℃，而阳坡太阳光照时间长，地面接收太阳辐射能量强，白天地表剧烈升温而高于0℃，造成阳坡冻融循环作用明显强于阴坡。另外，阳坡受太阳辐射影响，蒸发强烈，土壤湿度低，植被长势普遍较同地点阴坡差，因此阳坡植被对土壤保持功能较阴坡低，这也是造成阴、阳坡冻融侵蚀差异的一个因素。

(6) 植被覆盖度（Vegetation Coverage，VC)。植被对冻融侵蚀的影响作用主要表现两方面。一方面，植被通过截流降水、根系护土等作用直接保护地表，降低土壤侵蚀（冻融侵蚀区往往也有水力侵蚀存在)；另一方面，植被的存在明显降低了地表温度的变化程度，从而减轻了冻融循环作用，从而降低了冻融侵蚀。

年冻融日循环天数和日均冻融相变水量是冻融侵蚀的主要动力因素，在冻融侵蚀发育过程中起着主导作用，在冻融侵蚀评价中也起着非常重要的作用。年降水量、坡度、坡向和植被覆盖度分别从不同方面决定了冻融侵蚀的分布和强度，也是冻融侵蚀评价的主要因子。

4.2.3.4 中国冻融侵蚀强度评价模型

目前，我国对冻融侵蚀的研究尚处于定性阶段，无类似于水力侵蚀和风力侵蚀定量评价方程。因此，现阶段我国冻融侵蚀强度等级划分只能通过多因子加权综合评价实现。多因子加权综合评价方法是解决复杂地学问题最有效的方法之一，已在地学多个领域得到广泛应用。在冻融侵蚀研究方面，也有不少学者尝试使用该方面进行冻融侵蚀综合评价和强度划分，如果西藏自治区冻融侵蚀分级评价[26]、三江源地区冻融侵蚀评价[27,28]、四川省冻融侵蚀评价[29]等。在第一次全国水利普查工作中，利用多因子综合评价模型建立了中国冻融侵蚀强度评价模型。其计算公式为

$$A = 0.27 \times FTCD + 0.15 \times PTWC + 0.10 \times PR + 0.26 \times SP + 0.07 \times AP + 0.15 \times VC \tag{4-6}$$

式中 A——冻融侵蚀强度指数，相当于水力侵蚀模型（USLE、RUSLE）中的土壤侵蚀模数，综合评价指数愈大，表示冻融侵蚀愈强烈；

$FTCD$、$PTWC$、PR、SP、AP、VC——分别为年冻融日循环天数、日均冻融相变水量、年降水量、坡度、坡向、植被覆盖度，见表4-9。

表4-9 冻融侵蚀强度评价指标权重

评价指标	可选替代指标	权重
年冻融日循环天数	年冻融循环月数	0.27
日均冻融相变水量	年冻融期降水量、土壤含水量	0.15
年降水量	年降雨侵蚀力、年风蚀气候侵蚀力	0.10
坡度	—	0.26
坡向	太阳辐射	0.07
植被覆盖度	土地利用类型	0.15

4.2.3.5　冻融侵蚀强度分级标准

我国地域辽阔，不同区域冻融侵蚀环境差异巨大，冻融侵蚀形态各异，冻融侵蚀强度不尽相同。全国宜分为青藏高原区、西北高山区和东北高纬度区等 3 个区域，分别确定冻融侵蚀强度分级标准。

根据第一次全国水利普查全国冻融侵蚀普查成果和中国科学院成都山地灾害与环境研究所开展的西南土石山区土壤侵蚀制图计划、中国 30m 分辨率土壤侵蚀制图计划成果，中国冻融侵蚀强度分级标准见表 4-10。

表 4-10　　中国冻融侵蚀强度分级标准

区域	微度侵蚀	轻度侵蚀	中度侵蚀	强烈侵蚀	极强烈侵蚀	剧烈侵蚀
青藏高原	≤46	46～51	51～56	56～69	69～77	>77
西北高山区	≤48	48～53	53～59	59～69	69～77	>77
东北地区	≤32	32～37	37～56	56～69	69～77	>77

4.2.3.6　冻融侵蚀量

土壤侵蚀定量调查与监测是水土保持监测的重要发展方向，冻融侵蚀也是如此。但是相对于水力侵蚀、风力侵蚀，冻融侵蚀定量化研究还处于起步阶段。冻融侵蚀量监测需要区分冻融侵蚀量和冻融侵蚀区土壤侵蚀量两个概念。冻融侵蚀营力主要分为寒冻风化和冻融作用两种，冻融作用又分为冻胀作用、热融作用、冻融蠕流作用、雪蚀作用、冻融水力复合作用、冻融风力复合作用、冻融重力复合作用等多种类型。寒冻风化、冻胀作用、热融作用等主要塑造冻融微地貌形态（或边缘地貌、冻土地貌），冻融蠕流作用、雪蚀作用最接近水土保持专业视角的土壤侵蚀，而对区域土壤侵蚀总量有贡献的冻融侵蚀主要通过冻融作用与水力、风力和重力的复合作用形成。因此在现阶段监测冻融侵蚀量主要应通过监测冻融侵蚀区的土壤侵蚀量来实现，其中重点是监测冻融侵蚀区的水力侵蚀量。

冻融侵蚀区的水力侵蚀量建议利用大型原位坡面径流场、小流域把口站或流域水文站、湖泊沉积物等技术手段进行观测。大型原位坡面径流场布设的基本原则是减轻人为扰动，尤其是在高寒草甸地区。径流小区、测钎、USLE/RUSLE 模型、基于部颁标准的遥感调查方法等方法应用到冻融侵蚀区的水力侵蚀量监测可能产生较大误差。由于冻融侵蚀区土壤砾石含量高，土层薄，并有较大面积的基岩出露，土壤不连续，土壤^{137}Cs 吸附总量有限，^{137}Cs 方法也可能不适合于本区域的土壤侵蚀量监测。在冻融侵蚀区存在大量的内流湖盆、热融湖塘等中小型封闭、半封闭的集水区，或许可以通过湖塘沉积^{137}Cs 断代法近似测定土壤侵蚀模数。我国冻融侵蚀人口稀少，地表过程微弱，土壤侵蚀模数小，基本属于水土保持重点预防保护区，加强对该区域人口活动的监测以及与人口活动密切相关的 NDVI、NPP 等监测意义大于对土壤侵蚀量和土壤侵蚀强度的监测。

4.2.4　我国冻融侵蚀特征

2010—2013 年我国启动了第一次全国水利普查工作，在该项普查工作基本查清了我国 2010 年时期的冻融侵蚀面积、强度及空间分布情况。根据第一次全国水利普查成果，我国冻融侵蚀主要分布在青藏高原、天山山脉、阿尔泰山和大兴安岭地区。其中青藏高原是我国冻融侵蚀的主体部分，总面积约 149.37 万 km^2，约占我国冻融侵蚀区面积的 86.60%；大兴安岭地区是我国第二大冻融侵蚀分布区，总面积约 14.43 万 km^2，占我国冻融侵蚀区总面积的 8.36%；天山山脉横亘于我国新疆维吾尔自治区中部，其冻融侵蚀区面积为 7.42 万 km^2，占我国冻融侵蚀区总面积的 4.30%；阿尔泰山山脉是我国第四大冻融侵蚀分布区，其冻融侵蚀区面积为 1.75 万 km^2，占我国冻融侵蚀区总面积的 1.02%。

我国冻融侵蚀强烈侵蚀、极强烈侵蚀和剧烈侵蚀主要分布在青藏高原南部和东南部以及天山山脉的南坡，其中以冈底斯山脉东段和念青唐古拉山南部冻融侵蚀强度最高，其强度基本都达到中度侵蚀以上。该区域冻融侵蚀强度高是由于气候、地形和植被等多方面因素造成的，其一该区域的年冻融日循环天数可达 240 天以上，最高值达 320 天（位于西藏自治区浪卡子县和措美县交界处一带），也就是一年中有 8～10 个月的时间都处于冻融交替中，强烈的冻融循环作用使岩土体抗剪强度降低而变得支离破碎，土壤侵蚀强度大为增加；其二该区域地形十分陡峻，绝大多数坡面坡度在 25°以上，甚至可达 70°～80°，复杂的地形条件加大增强了该地区土壤侵蚀的潜在可能性；其三该区域冻融侵蚀下界海拔高度在 5000m 左右，已在高山林线之上，基本被一些较低覆盖度的草地和垫状植被覆盖，由于没有林地等良好植被覆盖，加之纬度较低，岩土体表面白天在强烈太阳辐射下升温融化，夜间急速降温冻结，这种冻融作用机制是导致该区域冻融侵蚀强烈发育的又一重要原因。

羌塘高原、唐古拉山脉西段、巴颜喀拉山脉、阿尼玛卿山、喀喇昆仑山脉东段、昆仑山、阿尔金山、天山山脉东段、阿尔泰山、大兴安岭地区基本以微度侵蚀、轻度侵蚀为主。特别是羌塘高原地域广阔，冻融侵蚀以微度侵蚀为主，这与第二次土壤侵蚀遥感调查结果有些不同。这主要是由于该地区位于青藏高原高原面上，地势比较平坦，土壤侵蚀强度低；其次该地区虽然气候十分寒冷，但出于永久冻结中的时间较长，冻融循环天数一般在 160～220 天左右，反而要低于冈底斯山和念青唐古拉山地区；其次就是该地区降水十分稀少，土壤中含水量极少，这也是造成冻融侵蚀强度低的一个原因。

横断山地是我国冻融侵蚀比例最高的地区，几乎全都处于中度侵蚀和强烈侵蚀等级。横断山地是我国典型的生态环境脆弱区，也是冻融侵蚀区中人口相对比较稠密的地区，而且其水力侵蚀、重力侵蚀强度均比较大。因此该地区有必要引起高度的重视。

本章参考文献

［1］ 刘震．水土保持监测技术［M］．北京：中国大地出版社，2004.
［2］ 王礼先，孙保平，余新晓，等．中国水利百科全书：水土保持分册［M］．北京：中国水利水电出版社，2004，48-49.
［3］ 中华人民共和国水利部．水土保持监测技术规程：SL 277—2002［S］．北京：中国水利水电出版社，2002.
［4］ 李智广．水土流失测验与调查［M］．北京：中国水利水电出版社，2005.
［5］ 魏广臣．水土保持监测调查规范与技术指标体系及综合效益分析计算实用手册［M］．北京：中国水利水电出版社，2007，7.

[6] 中华人民共和国水利部．水土保持遥感监测技术规范：SL 592—2012 [S]．北京：中国水利水电出版社，2012.

[7] 邵泽兴，穆超，等．典型地质灾害区域遥感数据获取及应用．地理空间信息，2015，13 (6).

[8] 赵祥，李长春，苏娜．滑坡泥石流的多源遥感提取方法 [J]．自然灾害学报，2009，18 (6)：29-32.

[9] 童立强，聂洪峰，李建存，等．喜马拉雅山地区大型泥石流遥感调查与发育特征研究．[J]．国土资源遥感，2013，25 (4)：104-112.

[10] 杨胜天，朱启疆．人机交互式解译在大尺度土壤侵蚀遥感调查中的作用．[J]．水土保持学报，2000，14 (3)：88-91.

[11] 唐克丽．中国水土保持 [M]．北京：科学出版社，2004，80-82.

[12] 郭索彦．水土保持监测理论与方法 [M]．北京：中国水利水电出版社，2010.

[13] 彭小平．基于TDR技术的边坡自动化监测系统的应用分析 [J]．黑龙江交通科技，2015，9：23-24.

[14] 冯明汉，瘳纯艳，李双喜，等．我国南方崩岗侵蚀现状调查 [J]．人民长江，2009，40 (8)：66-68，75.

[15] 史德明．我国热带、亚热带地区崩岗侵蚀之剖析 [J]．水土保持通报，1984，4 (3)：32-37.

[16] 丘世钧．红土坡地崩岗侵蚀过程与机理 [J]．水土保持通报，1994，14 (6)：31-41.

[17] 牛德奎．赣南山地丘陵区崩岗侵蚀阶段发育的研究 [J]．江西农业大学学报，1990，12 (1)：29-36.

[18] 阮伏水．福建省崩岗侵蚀与治理模式探讨 [J]．山地学报，2003，21 (6)：675-680.

[19] 林敬兰，黄炎和．崩岗侵蚀的成因机理研究与问题 [J]．水土保持研究，2010，17 (2)：41-44.

[20] 陈晓安，杨洁，肖胜生，等．崩岗侵蚀分布特征及其成因．山地学报，2013，31 (6)，716-722.

[21] 梁音，张斌，潘贤章，等．南方红壤丘陵区水土流失现状与综合治理对策 [J]．中国水土保持科学，2008，6 (1)：23-27.

[22] Heritage G L，Milan D J．Terrestrial laser scanning of grain roughness in a gravel-bed river [J]．Geomorphology，2009，113：4-11.

[23] Milan D J，Heritage G L，Hetherington D．Application of a 3D laser scanner in the assessment of erosion and deposition volumes and channel change in a proglacial river [J]．Earth Surface Processes and Landforms，2007，32：1657-1674.

[24] 张大林，刘希林．应用三维激光扫描监测崩岗侵蚀地貌变化-以广东五华县莲塘岗崩岗为例 [J]．热带地理，2014，34 (2)：133-140.

[25] 崔之久．青藏高原冰缘地貌的基本特征 [J]．中国科学．1981，(06)：724-733.

[26] 张建国，刘淑珍，杨思全．西藏冻融侵蚀分级评价 [J]．地理学报．2006，61 (9)：911-918.

[27] 史展，陶和平，刘淑珍，等．基于GIS的三江源区冻融侵蚀评价与分析 [J]．农业工程学报，2012，28 (19)：214-221.

[28] 李成六，马金辉，唐志光，等．基于GIS的三江源区冻融侵蚀强度评价 [J]．中国水土保持，2011 (4)：41-43.

[29] 张建国，刘淑珍，范建容．基于GIS的四川省冻融侵蚀界定与评价 [J]．山地学报，2005，23 (2)：248-253.

第 5 章
水土保持措施监测

水土保持措施是指在水土流失区，人们为了防治水土流失，保护、改良和合理利用水土资源，改善生态所采取的技术措施，即防止水力侵蚀、风力侵蚀、冻融侵蚀、重力侵蚀、化学溶蚀等各类侵蚀所采取的各种治理措施。

根据治理措施特性，水土保持措施可分为工程措施、林草措施、耕作措施和其他治理措施，各类治理措施综合使用也叫综合措施；根据治理对象，水土保持措施可分为坡耕地治理措施、荒地治理措施、沟壑治理措施、风沙治理措施、崩岗治理措施和小型蓄排引水工程等。

水土保持措施监测就是运用多种技术手段和方法，对水土保持措施的发生与发展、数量与质量及其防治效果和效益，所开展的长期、持续的调查、观测和分析工作。通过监测，了解和掌握水土流失预防和治理措施的数量、质量、分布及其消长变化，为改善和优化水土保持综合治理模式，开展水土流失综合防治效益评价提供基础。对于水土保持工程措施，主要是监测工程措施的数量、面积、工程量、坝控面积、库容、淤地面积等；对于林草措施，通常监测乔木林面积、灌木林面积、草地面积、林木密度、树高、胸径、树龄、生物量等；对于耕作措施，通常监测等高耕作种植面积、水平沟种植面积、间作套种面积、草田轮作面积、种植绿肥面积等；对于其他治理措施，根据实际措施类型确定监测指标。

5.1 主要水土保持措施及监测指标

水土保持措施分类方法较多，这里按照措施的治理特性，即工程措施、林草措施、耕作措施分类，阐述相关各类措施包括的主要对象及其主要监测指标[1]。

5.1.1 水土保持工程措施

水土保持工程措施是指为防治水土流失危害，保护和合理利用水土资源而修筑的各项工程，包括治坡工程（如各类梯田、台地、水平沟、鱼鳞坑等）、治沟工程（如淤地坝、拦沙坝、谷坊、沟头防护等）和小型水利工程（如水池、水窖、排水系统和灌溉系统等）。水土保持工程措施通常包括水土保持基本农田、淤地坝、坡面水系工程、小型蓄水保土工程等。

5.1.1.1　基本农田

水土保持基本农田是指梯田、坝地和其他基本农田等3类。

（1）梯田。梯田是指在丘陵山坡地上沿等高线方向修筑的条状阶台式或波浪式断面的田地，是治理坡耕地水土流失的有效措施，蓄水、保土、增产作用十分显著。其监测指标应包括梯田的类型、设计标准、断面要素及其规格尺寸、面积、工程量、田埂材料、运行状态以及田面与田埂利用等情况。

梯田的类型，主要是指根据地面坡度、断面形式、田坎建筑材料和施工方法等进行划分的类型。其中，根据地面坡度不同，可分为陡坡区梯田和缓坡区梯田；根据梯田的断面形式，可分为水平梯田、坡式梯田、陡坡梯田和反坡梯田等；根据田坎建筑材料，可分为土坎梯田、石坎梯田和植物坎梯田等；根据施工方法，可分为人工梯田和机修梯田。

梯田的设计标准，即梯田防御暴雨标准，根据当地降雨特点，分别采用当地最易产生严重水土流失的短历时、高强度暴雨，一般采用10年一遇3～6h最大暴雨，在干旱、半干旱地区，可采用20年一遇3～6h最大暴雨。

梯田面积为可用于种植的面积，单位为hm^2。

梯田工程量是指修筑梯田的动土量和土方移动量。动土量纯指土方体积，单位为m^3；移动量还考虑了运移距离，考虑了工作量的大小，单位为$m^3 \cdot m$。

埂坎利用率是指在修筑土坎梯田地区，已利用的梯埂面积与总梯埂面积之比率，单位为%。

（2）坝地。坝地是指在水土流失地区的沟道里采用筑坝、修堰等方法拦截泥沙淤出的农田。有些地方把劈山填沟造出的沟台地也称坝地。

坝地监测指标主要是面积。在坝地面积统计时，应区别对待沟谷中拦泥淤地对象，并不是所有的拦泥淤地都是坝地。因受地形、地质条件或人力、资金等影响，沟谷中建设的淤地坝大小规格不同，功能作用各异，如拦洪坝、拦泥坝、淤地坝、过路坝、谷坊等，拦泥淤地面积大小不一，利用程度也不一致，有的因“返盐碱”不能利用而放弃，这里的面积指耕作利用部分；若转化为其他用途（造林、种草）或荒废，则不要计入坝地之中。

（3）其他基本农田。其他基本农田是指实施的小片水地、滩地、引水拉沙造田、引洪漫地造田等农田，监测指标主要是面积。

5.1.1.2　淤地坝

淤地坝是指在水土流失地区各级沟道中，以拦泥淤地为目的而修建的坝工建筑物。淤地坝主要分布在黄土高原地区。该区域土层深厚，黄土广布，具有质地均匀、结构疏松、透水性强、易崩解、脱水固结快等特点，是良好的筑坝材料，可以就地取材。筑坝拦泥淤地，对于抬高沟道侵蚀基准面、防治水土流失、滞洪、拦泥、淤地（坝地），减少进入河流泥沙、改善当地生产生活条件、建设高产稳产的基本农田、促进当地群众脱贫致富等方面有着十分重要的意义，是小流域综合治理的一项重要措施。

对于淤地坝，监测指标应包括淤地坝的种类及其数量、建筑物组成、库容、淤地坝工程量、建筑物规格尺寸、控制面积、淤地面积以及运行安全状态（如坝坝体沉降、裂缝、位移与渗漏）等。

淤地坝一般分为小型、中型、大型3类。按照库容大小，小型淤地坝（坝高5～15m，

库容1万～10万m^3)、中型淤地坝（坝高15～25m，库容10万～50万m^3）和大型淤地坝（坝高25m以上，库容50万～500万m^3)，大型淤地坝属于“水土保持治沟骨干工程”。

建筑物组成是由土坝、溢洪道和泄水洞等“三大件”组成。对于小型淤地坝，建筑物一般为土坝与溢洪道或土坝与泄水洞“两大件”；对于中型淤地坝，建筑物多数为土坝与溢洪道或土坝与泄水洞“两大件”，少数为土坝、溢洪道和泄水洞“三大件”；对于大型淤地坝，建筑物一般是土坝、溢洪道和泄水洞“三大件”齐全。

建筑物规格尺寸是指土坝（坝高、坝体断面）、溢洪道和泄水洞等“三大件”的尺寸大小。

淤地坝库容是指淤地坝坝体不同高程等高线与上游沟谷合围而成的容积。

淤地面积是指淤地坝淤积泥沙后，形成可以耕种利用的面积。

淤地坝控制面积是指淤地坝上游集水区域的全部面积。

淤地坝工程量是指修建淤地坝动用的土方和石方总体积。

对于有重大控制作用的大型淤地坝，其作用除拦泥、蓄水、淤地外，还兼有下游防洪安全功能，通常也要对坝体运行的质量安全进行监测，包括坝体的沉降量、裂缝的出现及扩展、坝坡位移、渗漏量等。

对于大型淤地坝，应在掌握上述监测指标的同时，进一步了解工程名称、已淤库容、所属项目名称以及准确的地理位置。其中，工程名称是指淤地坝工程建设设计和审批的名称；已淤库容是指淤地坝已经拦蓄淤积的泥沙容积或体积；所属项目名称是指淤地坝所属的建设设计和审批的项目名称，如国家水土保持重点建设工程、黄河上中游水土保持重点防治工程；地理位置是指淤地坝的坝体轴线中点处的经度和纬度。

对于一条小流域而言，在监测单个淤地坝的同时，应对小流域内的坝系情况进行全面掌握，如坝系中淤地坝的数量、分布、建设时间以及每座淤地坝的监测指标等。

5.1.1.3 坡面水系工程

坡面水系工程是指在坡面修建的用以拦蓄、疏导来自山坡耕地、林草地、荒地以及其他非生产用地上产生的地表径流，防止山洪危害，发展山区灌溉的水土保持工程设施。主要分布在我国南方地区，如引水沟、截水沟、排水沟等。还包括北方部分山区坡面上，沿等高线开挖水平沟，两端封闭，以拦蓄上部坡面径流的措施。鱼鳞坑、竹节沟等坡面水系工程，多为植树造林整地，已纳入植物措施，不统计在坡面水系工程中。

对于坡面水系工程，监测指标应主要包括工程的组成类型、工程材料及工程量、控制面积、工程长度等。

工程的组成类型是指引水沟、截水沟、排水沟等。

控制面积是指工程所能够保护的土地面积。

工程长度是指工程的总长度。

5.1.1.4 小型蓄水保土工程

小型蓄水保土工程是指为拦截天然降水、增加水资源利用率和防止切蚀、沟头前进和沟岸扩张而修建的具有防治水土流失作用的水土保持工程。

对于小型蓄水保土工程，监测指标应包括工程种类、数量、规格（如尺寸、容积)、建筑材料、工程量等。

工程种类主要包括点状和线状工程两大类。点状工程包括水窖（旱井）、山塘、沉沙池、谷坊、涝池（蓄水池）、沟道人字闸、拦沙坝等工程；线状工程包括沟头防护、沟边埂以及北方部分地区的拦洪（导洪）等工程。

5.1.2　水土保持林草措施

水土保持林草措施是指为防治水土流失，保护与合理利用水土资源，采取造林种草及管护的方法，增加植被覆盖率，维护和提高土地生产力的一种水土保持措施，又称植物措施或生物措施。主要包括造林、种草和封山育林、育草等。林草措施能主要有保土蓄水，改良土壤，增强土壤有机质抗蚀力等作用。

5.1.2.1　水土保持林

水土保持林是指水土流失地区以减少、阻拦及吸收地表径流，涵养水源、防止土壤侵蚀、改善农业生产条件为目的而营造的具有水土保持功能的人工林。通过林中乔木和灌木林冠层对天然降水的截留，改变降落在林地上的降水形式，削弱降雨强度及其冲击地面的能量。通过增加地表覆盖物的形式减少雨水对地表物质的侵蚀，可以改善地表物质组成，改善微生物环境，最终改善小气候。

对于水土保持林，监测指标应包括水土保持林的防护类型、林相、林木种类、面积、造林密度、成活率、生物生产量、郁闭度（或覆盖度）及生长状况。

按照防护目的和所处地形部位不同，可将水土保持林分为坡面防护林、沟头防护林、沟底防护林、塬边防护林、护岸林、水库防护林、防风固沙林和海岸防护林。

按照林相，可将水土保持林分为纯林和混交，纯林类型包括灌木纯林、乔木纯林；混交林类型包括针叶树种和阔叶树种混交、乔木和林木混交、乔木与灌木和草本混交。

水土保持林面积主要包括在荒地、“四旁”和退耕还林地、轮歇地及残林疏林地等，由人工造林、补植、抚育等方式，形成具有水土保持功能的林地面积。

林木密度是指单位面积上栽植和生长林木的株数。

造林成活率是指单位面积上的成活株数与造林时的总株数的百分比。我国林业通常是指造林后前三年单位面积成活株数与造林株数之比。

郁闭度是指林地中林木树冠在阳光直射下在地面的总投影面积（冠幅）与此林地（林分）总面积的比，它反映林分的密度。

植被覆盖度通常是指造林面积占土地总面积之比，一般用百分数表示。造林面积还包括灌木林面积、农田林网树占地面积以及“四旁”树木的覆盖面积。

生物生产量简称生物量，泛指单位面积上所有生物利用太阳能同化二氧化碳、制造和积累有机物质的总量。生物生产量是评价生态系统结构与功能和水土保持经济效益的基础。

5.1.2.2　经济林

水土保持经济林是指利用林木的果实、叶片、皮层、树液等林产品供人食用、作工业原材料或作药材等为主要目的而培育和经营的人工林。经济林在我国发展极为普遍，尤其近几十年发展十分迅速。在南方，除橡胶、漆树等经济林外，柑、橘、橙、柚等果木经济林大面积栽培于山丘缓坡地；在北方，苹果、梨、桃、杏等水果及核桃、枣、柿子、板栗等干果发展很快。这些经济林果大都栽植在缓坡梯田或水平梯田上，果农为丰产丰收，一般都配有保水保土措施，如埂、埝、鱼鳞坑和蓄水措施等，有的种植绿肥增加地表覆盖，水土保持效果明显。

对于经济林，监测指标应包括经济林的林木种类、面积、造林密度、经济产量、采伐方式及生长状况等。

5.1.2.3 水土保持种草

水土保持种草是指在水土流失地区，为蓄水保土，改良土壤，发展畜牧，美化环境，促进畜牧业发展而进行的草本植物培育活动。

对于水土保持种草，监测指标应包括水土保持种草的种草方式、草木种类、面积、成活率、生物生产量、覆盖度、收割方式、放牧方式及生长状况等。其中，种草方式可分为条播、穴播、撒播和飞播等。收割方式和放牧方式主要是指根据不同的草类的生长特点和经济目的，确定的收割（或放牧）时期与方式。收割方式可分为分期分区轮收、分期皆收，放牧方式可分为分区轮牧、定期放牧。

5.1.2.4 水土保持封禁治理

封禁治理是指对稀疏植被采取封禁管理，利用自然修复能力，辅以人工补植和抚育，促进植被恢复、控制水土流失、改善生态环境的一种生产活动。包括封禁育林和封禁育草两大类。

对于水土保持封禁治理，监测指标应包括封禁方式、治理类型、面积，以及封育林草的成活率、生物生产量、郁闭度（或覆盖度）及生长状况。其中，封禁方式包括全年全封、季节封禁和轮封轮牧等三种，治理类型包括封禁育林和封禁育草两大类。无论采取哪种方式的封禁治理，只要实施封育管护措施后林草郁闭度达 0.8 以上，均统计为封禁治理面积。高寒草原区植被覆盖度达到 40%、干旱草原区植被覆盖度达到 30%以上时，也统计为封禁治理面积。

5.1.3 水土保持耕作措施

水土保持耕作措施是指在水蚀或风蚀的农田中，采用改变地形，增加植被、地面覆盖和土壤抗蚀力等方法，达到保水、保土、保肥的措施。如等高耕作、等高带状间作、沟垄耕作、少耕、免耕等农业技术措施，其监测指标主要是耕作方式及其面积等。

耕作方式包括增加地面覆盖措施、增加土壤入渗措施。

改变微地形措施分为水平种植和水平沟种植。水平种植也称等高耕作、等高种植、横坡耕作等，它是一种沿等高线耕作种植的方式，能够减轻水土流失，提高作物产量。水平沟种植也叫沟垅种植，它是在坡地上沿等高线用套二犁的方法耕作，形成沟垅相间的地面，蓄水减蚀作用较好。

增加地面覆盖的措施包括间作、套种和草田轮作以及种植绿肥；间作与套种是指在同一坡地上同期种植两种（或两种以上）作物，或先后（不同期）种植两种作物，以增加地面覆盖度和延长覆盖时间，减轻水土流失。采用该法种植的面积为间作套种面积；草田轮作是指在一些地多人少的农区或半农半牧区，实行草田（粮）轮作种植以代替轮歇撂荒，改良土壤，保持水土的耕作方式；种植绿肥指为了培肥地力而短期种植毛苕子、草木樨等豆科牧草，待要种植下茬作物前，将其刈割或直接翻压于土壤中，增加土壤有机质，称种植绿肥。所种植物，称绿肥植物。

增加土壤入渗措施包括增渗保土、留茬播种、残茬覆盖等。增渗保土是指利用物理（含耕作）和化学（含施肥）的方法，改变土壤性状，增加入渗，削弱侵蚀力，提高抗蚀的方法。留茬播种亦称免耕种植，残茬覆盖也称覆盖种植。

5.1.4　其他治理措施

其他治理措施是指基于水土保持工程措施、林草措施、耕作措施，针对特殊防治对象而综合设置的治理措施组合，包括风沙治理措施、重力侵蚀防治措施、泥石流治理措施、生产建设项目治理措施等[2]。

5.1.4.1　风沙治理措施

风沙治理措施主要包括工程固沙、固沙造林、改沙造田、防风护田等，其监测指标主要是这些措施的面积。

工程固沙面积是指利用各种沙障、覆盖等工程措施固定活动沙地的面积。

固沙造林面积包括各种固沙林带、沙区农田防护林网、沿海防风林带、风口造林和片状固沙造林的面积。

固沙种草面积是指在固定、半固定沙地，或丘间地、过牧沙地等，采用多种整地措施（含封禁、翻淤压沙等），种植的草带或大范围种草的面积。

改沙造田面积是指在北方风沙区边缘、黄河古道等条件较优地区，采用引水拉沙、翻淤压沙、客土造田等方式，将原沙地、沙滩改造成可耕种的农田。

防风护田是指在风沙活动区的农地中，采用多种防风减蚀技术措施，如沟垅覆盖种植、农林间作等以保护农田正常生产，这种农田的面积为防风护田面积。

5.1.4.2　重力侵蚀防治措施

重力侵蚀防治措施主要指对由于重力侵蚀造成的泻溜（撒落）、崩塌和滑坡（含滑塌）等的防治，其监测指标主要包括防治面积、数量、工程量等。

防治面积和数量指利用种草、喷浆砌石护面、支撑锚固、排水等措施防护治理潜在滑动坡面及堆积物坡面的实际斜坡面积（非平面面积）和重力侵蚀的个数。

防治措施工程量是指采用各种工程措施，防治重力侵蚀发生和复活的工程量。

5.1.4.3　泥石流治理措施

泥石流治理措施主要包括拦沙坝、导流渠等。拦沙坝是指用以拦蓄粗砂块石等固体碎屑的坝，类型有格栅坝、重力坝、砌石坝等，常修建于泥石流发育的沟谷中。导流渠是指用以排泄输导泥石流，使其堆积在固定无害地区，避免对工矿、村镇建筑、良田等造成淹没危害的工程。常修建于泥石流频繁活动、需要保护的沟道下游。

在泥石流沟道治理中，除拦沙坝、导流渠外还有护坡、护岸、挡墙等其他工程。

泥石流治理措施的主要监测指标是工程数量和工程量。如：监测拦沙坝的数量（座）和库容大小，修建拦沙坝动用的土、石方量；导流渠的条数（条）和长度、修建全部排导工程的土、石方量；还有其他工程的个数和长度等。

5.1.4.4　生产建设项目治理措施

生产建设项目治理措施主要包括拦渣工程、护坡工程、土地整治工程、防洪工程、绿

化工程，其监测指标主要包括各项工程的数量、工程量、面积等。

拦渣工程是指生产建设项目在基建施工和生产运行中产生的弃土、弃石、弃渣、尾矿及其他固体废物，采用拦渣坝、挡渣墙、拦渣堤等工程予以拦挡固定，防止水土流失，这些工程统称为拦渣工程。

护坡工程是指生产建设项目在基建施工和生产运行中，由于开挖地面或堆置弃土、弃渣等形成的不稳定边坡，采用削坡升级、植物护坡、砌石（混凝土、喷浆等）护坡、综合护坡（砌石草皮、格状框条）及滑坡整治（削头、排水、抗滑等）等工程，以稳定坡面，防止坡面侵蚀的工程总称。

土地整治工程指采用回填、平整、覆土等整治措施，以及建梗、墙、涵等保土防护工程，恢复其利用的工程总称。

防洪工程是指生产建设项目在基建施工和生产运行中，为保护工程设施，或保护弃土、弃渣等，避免遭受洪水冲刷等危害，采取修建拦洪坝、排洪渠、涵洞等工程的总称。

绿化工程是指生产建设项目在项目建设区或直接影响区，对经整治的地面可实施绿化的土地，种植花卉、草木，以绿化美化环境，防止水土流失的工程总称。

5.1.5 水土保持措施分类系统

根据《水土保持综合治理技术规范》（GB/T 16453—2008），结合不同类型区水土保持措施特点，可将水土保持措施按照3级进行分类分级。在实际应用时，根据监测尺度及精度要求，选择合适的分类级别。也可根据监测项目要求将部分类别进行合并，水土保持措施分类系统，见表5-1。

表5-1　　水土保持措施分类系统

一级分类	二级分类	三级分类	含义描述
林草措施	造林	人工乔木林	采取人工种植乔木林措施，以防治水土流失
		人工灌木林	采取人工种植灌木林措施，以防治水土流失
		人工混交林	采取人工种植两种或两种以上树种组成的森林措施，以防治水土流失
		飞播乔木林	采取飞机播种方式种植乔木林措施，以防治水土流失
		飞播灌木林	采取飞机播种方式种植灌木林措施，以防治水土流失
		飞播混交林	采取飞机播种方式种植两种或两种以上树种组成的森林措施，以防治水土流失
		经济林	采取人工种植经济果树林措施，以防治水土流失
		农田防护林	为改善农田小气候和保证农作物丰产、稳产而营造的防护林。由于呈带状，又称农田防护林带；林带相互衔接组成网状，也称农田林网。主林带走向应垂直于主风向，或呈不大于30°～45°的偏角。主林带与副林带垂直；如因地形地物限制，主、副林带可以有一定交角。主带宽8～12m，副带宽4～6m，地少人多地区，主带宽5～6m，副带宽3～4m。林带的间距应按乔木主要树种壮龄时期平均高度的15～20倍计算。主林带和副林带交叉处只在一侧留出20m宽缺口，便于交通
		四旁林	指在非林地中村旁、宅旁、路旁、水旁栽植的树木

续表

一级分类	二级分类	三级分类	含　义　描　述
林草措施	种草	人工种草	采取人工种草措施，以防治水土流失
		飞播种草	采取飞机播种种草措施，以防治水土流失
		草水路	为防止沿坡面的沟道冲刷而采用的种草护沟措施。草水路用于沟道改道或阶地沟道出口，沿坡面向下，处理径流进入水系或其他出口。可以利用天然的排水沟或草间水沟。一般用在坡度小于11°的坡面
	封育	封山育乔木林	原始植被遭到破坏后，通过围栏封禁，严禁人畜进入，经长期恢复为乔木林
		封山育灌木林	原始植被遭到破坏后，通过围栏封禁，严禁人畜进入，经长期恢复为灌木林
		封坡育草	由于过度放牧等导致草场退化，通过围栏封禁，严禁牲畜进入和采取改良措施
		生态恢复乔木林	原始植被遭到破坏后，通过政策、法规及其他管理办法等，限制人畜进入，经长期恢复为乔木林
		生态恢复灌木林	原始植被遭到破坏后，通过政策、法规及其他管理办法等，限制人畜进入，经长期恢复为灌木林
		生态恢复草地	由于过度放牧等导致草场退化，通过政策、法规及其他管理办法等，限制牲畜进入，经长期恢复为草地
	轮牧		不同年份或不同季节进行轮流放牧，使草场恢复的措施
工程措施	梯田	土坎水平梯田	在黄土丘陵山坡地上沿等高线方向修筑的条状台阶式或波浪式断面的田地。田面宽度，陡坡区一般 5～15m，缓坡区一般 20～40m；田边蓄水埂高 0.3～0.5m，顶宽 0.3～0.5m，内外坡比约 1∶1。黄土高原水平梯田的修建多为就地取材，以黄土修建地埂
		石坎水平梯田	长江流域以南地区，多为土石山区或石质山区，坡耕地土层中多夹石砾、石块。修筑梯田时就地取材修筑石坎梯田。修筑石坎的材料可分为条石、块石、卵石、片石、土石混合。石坎外坡坡度一般为 1∶0.75；内坡接近垂直，顶宽 0.3～0.5m
		坡式梯田	在较为平缓的坡地上沿等高线构筑挡水拦泥土埂，埂间仍维持原有坡面不动，借雨水冲刷和逐年翻耕，使埂间坡面渐渐变平，最终成为水平梯田。埂顶宽 30～40cm。埂高 50～60cm，外坡 1∶0.5，内坡 1∶1。根据地面坡度情况，一般是地面坡度越陡，沟埂间距越小；地面坡度越缓，沟埂间距越大。根据地区降雨情况，一般雨量和强度大的地区沟埂间距小些，雨量和强度小的地区沟埂间距应大些
		隔坡梯田	根据拦蓄利用径流的要求，在坡面上修建的每一台水平梯田，其上方都留出一定面积的原坡面不修，坡面产生的径流拦蓄于下方的水平田面上，这种平、坡相间的复式梯田布置形式，叫做隔坡梯田。隔坡梯田适应的地面坡度（15°～25°），水平田宽一般 5～10m，坡度缓的可宽些，坡度陡的可窄些。以水平田面宽度为 1，则斜坡部分的宽度比例可为 1∶1～1∶3（或者更大）
	软埝		在小于 8°的缓坡上，横坡每隔一定距离，做一条埂子，埂的两坡坡度很缓。时间久了，通过软埝，可以把坡地变成梯田

续表

一级分类	二级分类	三级分类	含 义 描 述
工程措施	坡面小型蓄排工程	截水沟	当坡面下部是梯田或林草，上部是坡耕地或荒坡时，应在其交界处布设截水沟
		排水沟	一般布设在坡面截水沟的两端，用以排除截水沟不能容纳的地表径流。排水沟的终端连接蓄水池或天然排水道
		蓄水池	一般布设在坡脚或坡面局部低凹处，与排水沟的终端相连，以容蓄坡面排水
		沉沙池	一般布设在蓄水池进水口的上游附近。排水沟排出的水量，先进入沉沙池，泥沙沉淀后，再将清水排入池中
	水平阶（反坡梯田）		适用于15°～25°的陡坡，阶面宽1.0～1.5m，具有3°～5°反坡，也称反坡梯田。上下两阶间的水平距离，以设计的造林行距为准。要求在暴雨中各台水平阶间斜坡径流，在阶面上能全部或大部容纳入渗，以此确定阶面宽度、反坡坡度，调整阶间距离
	水平沟		适用于15°～25°的陡坡。沟口宽0.6～1.0m，沟底宽0.3～0.5m，沟深0.4～0.6m，沟由半挖半填作成，内侧挖出的生土用在外侧作梗，树苗植于沟底外侧。根据设计的造林行距和坡面暴雨径流情况，确定上下两沟的间距和沟的具体尺寸
	鱼鳞坑		坑平面呈半圆形，长径0.8～1.5m，短径0.5～0.8m；坑深0.3～0.5m，坑内取土在下沿做成弧状土埂，高0.2～0.3m（中部较高，两端较低）。各坑在坡面基本上沿等高线布设，上下两行坑口呈“品”字形错开排列。坑的两端，开挖宽深各约0.2～0.3m、倒“八”字形的截水沟
	大型果树坑		在土层极薄的土石山区或丘陵区种植果树时，需在坡面开挖大型果树坑，深0.8～1.0m，圆形直径0.8～1.0m，方形各边长0.8～1.0m，取出坑内石砾或生土，将附近表土填入坑内
	路旁、沟底小型蓄引工程	水窖	一种地下埋藏式蓄水工程。主要设在村旁、路旁及有足够地表径流来源的地方。窖址应有深厚坚实的土层，距沟头、沟边20m以上，距大树根10m以上。在土质地区和岩石地区都有应用。在土质地区的水窖多为圆形断面，可分为圆柱形、瓶形、烧杯形、坛形等，其防渗材料可采用水泥砂浆抹面、黏土或现浇混凝土；岩石地区水窖一般为矩形宽浅式，多采用浆砌石砌筑
		涝池	主要修于路旁，用于拦蓄道路面径流，防止道路冲刷与沟头前进
	沟头防护	蓄水型沟头防护	主要是用来制止坡面暴雨径流由沟头进入沟道或使之有控制的进入沟道，制止沟头前进。当沟头以上坡面来水量不大，沟头防护工程可以全部拦蓄时，采用蓄水型沟头防护
		排水型沟头防护	主要是用来制止坡面暴雨径流由沟头进入沟道或使之有控制的进入沟道，制止沟头前进。当沟头以上坡面来水量较大，蓄水型防护工程不能完全拦蓄，或由于地形、土质限制、不能采用蓄水型时，应采用排水型沟头防护
	谷坊	土谷坊	主要修建在沟底比降较大（5%～10%或更大）、沟底下切剧烈发展的沟段。其主要任务是巩固并抬高沟床，制止沟底下切，稳定沟坡，制止沟岸扩张（沟坡崩塌、滑塌、泻溜等）。由填土夯实筑成，适宜于土质丘陵区。土谷坊一般高3～5m
		石谷坊	由浆砌或干砌石块建成，适于石质山区或土石山区。干砌石谷坊一般高1.5m左右，浆砌石谷坊一般高3.5m左右
		植物谷坊	多由柳桩打入沟底，织梢编篱，内填石块而成，统称柳谷坊。柳谷坊一般高1.0m左右

续表

一级分类	二级分类	三级分类	含 义 描 述
		小型淤地坝	一般坝高5～15m，库容1万～10万m^3，淤地面积0.2～2hm^2，修在小支沟或较大支沟的中上游，单坝集水面积1km^2以下，建筑物一般为土坝与溢洪道或土坝与泄水洞"两大件"
	淤地坝	中型淤地坝	一般坝高15～25m，库容10万～50万m^3，淤地面积2～7hm^2，修在较大支沟下游或主沟的中上游，单坝集水面积1～3km^2，建筑物少数为土坝、溢洪道、泄水洞"三大件"，多数为土坝与溢洪道或土坝与泄水洞"两大件"
		大型淤地坝	一般坝高25m以上，库容50万～500万m^3，淤地面积7hm^2以上，修在主沟的中、下游或较大支沟下游，单坝集水面积3～5km^2或更多，建筑物一般是土坝、溢洪道、泄水洞"三大件"齐全
	引洪漫地		指在暴雨期间引用坡面、道路、沟壑与河流的洪水，淤漫耕地或荒滩的工程
		截水沟	应布设在崩口顶部外沿5m左右，从崩口顶部正中向两侧延伸。截水沟长度以能防止坡面径流进入崩口为准，一般10～20m，特殊情况下可延伸到40～50m
	崩岗治理工程	崩壁小台阶	一般宽0.5～1.0m，高0.8～1.0m，外坡；实土1∶0.5，松土1∶0.7～1∶1.0；阶面向内呈5°～10°反坡
工程措施		土谷坊	坝体断面一般为梯形。坝高1～5m，顶宽0.5～3m，底宽2～25.5m，上游坡比1∶0.5～1∶2，下游坡比1∶1.0～1∶2.5
		拦沙坝	与土谷坊相似
		引水渠	在有水源条件的风沙区采用引水拉沙形式造地。引水渠比降为0.5%～1.0%，梯形断面，断面尺寸随引水量大小而定。边坡比1∶0.5～1∶1
		蓄水池	池水高程应高于拉沙造地的沙丘高程，可利用沙湾蓄水或人工围埂修成，形状不限
	引水拉沙造地	冲沙壕	比降应在1%以上，开壕位置和形式有多种
		围埂	平面形状应为规整的矩形或正方形，初修时高0.5～0.8m，随地面淤沙升高而加高；梯形断面顶宽0.3～0.5m，内外坡比1∶1
		排水口	高程与位置应随着围埂内地面的升高而变动，保持排水口略高于淤泥面而低于围埂
	沙障固沙	带状沙障	用柴草、活性沙生植物的枝茎或其他材料平铺或直立于风蚀沙丘地面，以增加地面糙度，削弱近地层风速，固定地面沙粒，减缓和制止沙丘流动。带状沙障是指在地面呈带状分布，带的走向垂直于主风向
		网状沙障	沙障在地面呈方格状（或网状）分布，主要用于风向不稳定，除主风向外，还有较强测向风的地方
	等高耕作		在坡耕地上顺等高线（或与等高线呈1%～2%的比降）进行耕作的方式
耕作措施	等高沟垄种植		在坡耕地上顺等高线（或与等高线呈1%～2%的比降）进行耕作，形成沟垅相间的地面，以容蓄雨水，减轻水土流失。播种时起垅，由牲畜带犁完成。在地块下边空一犁宽地面不犁，从第二犁位置开始，顺等高线犁出第一条犁沟，向下翻土，形成第一道垅，垅顶至沟底深约20～30cm，将种子、肥料撒在犁沟内
	垄作区田		在传统垄作基础上，按一定距离在垄沟内修筑小土挡，成为区田

续表

一级分类	二级分类	三级分类	含 义 描 述
耕作措施	掏钵（穴状）种植		适用于干旱、半干旱地区。在坡耕地上沿等高线用锄挖穴（掏钵），穴距30～50cm，以作物行距为上下两行穴间行距（一般为60～80cm），穴的直径20～50cm，深约20～40cm，上下两行穴的位置呈“品”字形错开。挖穴取出的生土在穴下方作成小土埂，再将穴底挖松，从第二穴位置上取出10cm表土至于第一穴，施入底肥，播下种子
	抗旱丰产沟		适用于土层深厚的干旱、半干旱地区。顺等高线方向开挖宽、深、间距均为30cm的沟，沟内保留熟土，地埂由生土培成
	休闲地水平犁沟		在坡耕地内，从上到下，每隔2～3m，沿等高线或与等高线保持1%～2%的比降，做一道水平犁沟。犁时向下方翻土，使犁沟下方形成一道土垅，以拦蓄雨水。为了加大沟垅容蓄能力，可在同一位置翻犁两次，加大沟深和垅高
	中耕培垄		中耕时，在每棵作物根部培土堆，高10cm左右，并把这些土堆串联起来，形成一个一个的小土堆，以拦蓄雨水
	草田轮作		将牧草与作物在一定的地块、一定的年限内，按照规定好的顺序进行轮换种植的一种合理利用土地的耕作制度
	间作与套种		要求两种（或两种以上）不同作物同时或先后种植在同一地块内，增加对地面的覆盖程度和延长对地面的覆盖时间，减少水土流失。间作是指两种不同作物同时播种。套种是指在同一地块内，前季作物生长的后期，在其行间或株间播种或移栽后季作物
	横坡带状间作		基本上沿等高线，或与等高线保持1%～2%的比降，条带宽度一般5～10m，两种作物可取等宽或分别采取不同宽度，陡坡地条带宽度小些，缓坡地条带宽度大些
	休闲地绿肥		指作物收获前，在作物行间顺等高线地面播种绿肥植物，作物收获后，绿肥植物加快生长，迅速覆盖地面
	留茬少耕		指在传统耕作基础上，尽量减少整地次数和减少土层翻动，将作物秸秆残差覆盖在地表的措施，作物种植之后残差覆盖度至少达到30%
	免耕		指作物播种前不单独进行耕作，直接在前茬地上播种，在作物生长期间不使用农机具进行中耕松土的耕作方法。一般留茬在50%～100%就认定为免耕
	轮作		指在同一块田地上，有顺序地在季节间或年间轮换种植不同的作物或复种组合的一种种植方式

5.2 水土保持措施监测方法

水土保持措施监测方法主要有资料收集分析法、野外调查法、抽样调查法、遥感调查法等。在实际工作中，应根据防治水土流失的效果，科学判别、确认和划分水土保持措施类型；应根据所要监测水土保持措施的种类不同、涉及范围大小不同、时间跨度不同，选择主要的一种方法或几种方法的组合。一般情况下，工程措施的类型、数量、质量、工程量等采用资料分析及野外调查法，不同类型工程措施及植物措施的面积、数量、分布等采用遥感监测法，大范围、区域性的水土保持措施采用抽样法和遥感调查相结合的方法。

5.2.1　资料收集分析法

资料收集分析法主要是通过收集相关的研究报告、统计年报、工程项目、监理监测、已有调查等资料，获取水土保持措施数据，对收集到的大量数据，进行分类、分析，确定需要的水土保持措施数据[3]。

对于无法从遥感影像上解译或者解译困难、野外现场调查工作量比较大的点状水土保持措施，一般采用资料收集分析法比较好。例如坡面水系工程中引水沟、截水沟、排水沟等的组成类型、工程材料、工程量、工程长度，小型蓄水保土工程中水窖（旱井）、山塘、沉沙池、谷坊、涝池（蓄水池）、沟道人字闸、拦沙坝以及沟头防护、沟边埂、北方部分地区的拦洪（导洪）等工程的工程种类、数量、规格（尺寸、容积）、建筑材料、工程量等。

对于水土保持封禁治理措施，现场观测及遥感解译都比较困难，也可以用资料收集分析法获得包括封禁方式、治理类型、面积，以及封育林草的成活率、生物生产量、郁闭度（或覆盖度）及生长状况等资料。

对于水土保持治理措施中的风沙治理措施、重力侵蚀防治措施、泥石流治理措施、生产建设项目治理措施等，无法从遥感影像解译获得的，都可以采用资料收集分析法。

根据以往经验，收集的主要资料包括省、市、县各级的水土保持治理措施统计资料、图件（主要依靠各省、市、县水土保持部门获取）；国家级和省级重点治理区水土保持治理措施资料；自然及社经情况专题图件（包括各种土地利用现状图、植被图、水土流失和水土保持图等）；科研院所的水土保持措施研究资料，淤地坝监测资料；有关水土保持措施效益分析统计资料、图件及调查报告，研究文献资料等。

在资料分析时，要注意对不同渠道获得的资料进行相互对比，逻辑推理，确定正确的数据。比如水土保持工程措施尽量以水土保持部门资料为主，其他部门（如农业、土地）的资料作为补充和修正。对植物措施中植树造林、封禁治理，应以水利和林业部门资料为主，其中管护、封禁治理应以林业部门资料为主。小型蓄水保土工程（水窖、涝池、引水工程等）与抗旱保收、解决人畜饮水，或贫困区扶贫工程有关，应以水利和扶贫部门资料为主。

5.2.2　野外调查法

野外调查法是指通过野外现场实地勘测、野外观测、地形图调绘、现场调查等方式获得水土保持措施数据。这种方法主要适用于典型样区、小流域、小区域、点状生产建设项目的水土保持措施以及典型水土保持工程的监测[4]。

典型样区、小流域、小区域及点状生产建设项目，涉及范围相对比较小，水土保持措施精度要求比较高，一般可以进行现场调查。

在进行外业调查前，需要对技术人员进行系统培训，把调查的流程、方法、内容和相关表格填写等工作讲解清楚。调查时，按照确定的调查路线，以 1∶10000 比例尺地形图为参考，携带数码照相机、数码摄像机、笔记本电脑等信息记录和存储设备，利用 GPS、

测距仪、皮尺等测量设备，在野外对逐个图斑进行现场调绘，勾绘图斑，通过测量、记录、拍照、摄像等方式对图斑边界、措施质量进行调查和记录，对图斑位置进行 GPS 定位，做到照片、定位坐标、调查时间三统一，并详细填写专门设计的外业调查表格。野外调查时，应对小流域内的主要分水岭干沟和主要支沟逐坡、逐沟和逐乡、逐村地现场进行，按照调查项目和内容取得第一手资料。外业调查完毕，应及时完成外业调查成果整理，包括定位点坐标、照片、外业记录等整理。

淤地坝属于典型水土保持措施，淤地坝的地理位置、结构尺寸、已淤库容、淤地坝安全运行情况等，需要到野外现场调查和测量。淤地坝坝体沉降、位移监测需要设固定监测桩和基准桩（不动点），定期施测监测桩的高程和坐标变化量，计算出沉降量和位移量。通过巡视一般可发现裂缝的出现与扩展，再用钢尺定期测量开裂变化，并记录裂缝分布及位置。在坝下游设置测流堰（槽），实测坝脚或坝体与边坡衔接处是否发生渗漏。当上述指标均已显现，并有较大变化时，表明坝体安全已有问题。

5.2.3 遥感调查法

遥感调查法是指利用遥感技术开展水土保持措施调查的方法。根据遥感平台和精度的不同，分为航空遥感与航天遥感两种。目前，遥感技术发展日新月异，可供选择的遥感信息源种类很多。采用遥感监测方法，可以获得监测区域的水土保持工程措施、林草措施、封禁治理措施的面积等信息，还可以获得部分工程措施的数量、分布等信息[5]。

遥感调查法主要包括信息源采集、信息源处理、野外调查、影像解译与赋码、野外校核、修改与量算汇总、成果分析等 7 个阶段。水土保持措施遥感监测技术流程，如图 5-1 所示。

5.2.3.1 信息源采集

不同监测任务、监测范围，对遥感信息源的分辨率、时相、时间跨度、价格等有不同的需求。一般情况下，全国、大江大河流域范围的遥感影像分辨率不低于 30m，省（自治区、直辖市）、重点防治区范围的遥感影像分辨率不低于 10m，地（市）、县、重点支流尺度遥感影像分辨率不低于 5m，乡镇、小流域尺度遥感影像分辨不低于 2.5m。生产建设项目监测所需遥感信息源分辨率要优于 1m。

遥感影像的时相有明确要求，一般遥感影像时相要求在 5—10 月，有利于植被覆盖、水土保持措施等信息提取。对遥感影像时间跨度也有明确要求，全国、大江大河、省（自治区、直辖市）、重点防治区等遥感信息的时间跨度一般不超过 2 年，地（市）、县、重点支流遥感影像的时间跨度一般不超过 1 年，乡镇、小流域遥感影像的时间跨度一般不超过 6 个月，生产建设项目遥感影像的时间跨度一般不超过 3 个月。根据不同项目的工作经费，在满足工作要求的前提下，宜选取性价比比较高的遥感影像。

遥感影像采用的谱段范围可分为可见光、近红外、热红外和微波等。其中，可见光遥感影像中绿波段适用于植被类型解译，红波段适用于城市用地、道路、土壤、地貌与植被的区分；近红外遥感影像适用于植被类型、覆盖度与水体的识别等。根据监测对象的特点分别选择适合的影像波段，不同业务需求对遥感信息源的需求，见表 5-2。

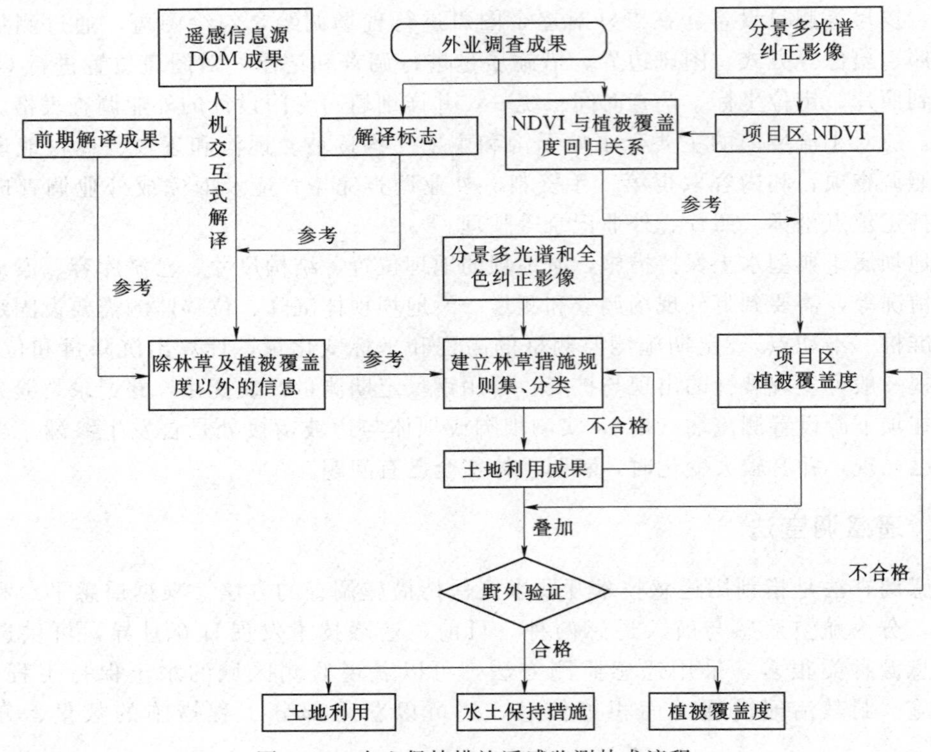

图 5-1　水土保持措施遥感监测技术流程

表 5-2　　　　水土保持措施监测对遥感信息源的需求

空间尺度	分辨率	时相要求	时间跨度	成图比例尺
全国、大江大河	不低于 30m	5—10 月	2 年	不小于 1：250000
省（自治区、直辖市）、重点防治区	不低于 10m	5—10 月	2 年	不小于 1：100000
地市、县、重点支流	不低于 5m	5—10 月	1 年	不小于 1：50000
乡镇、小流域	不低于 2.5m	5—10 月	6 个月	不小于 1：10000
生产建设项目	不低于 1m	1—12 月	3 个月	不小于 1：5000

按照《水土保持监测技术规程》（SL 277—2002），全国、大江大河和省（自治区、直辖市）监测周期为 5～10 年，重点防治区、县和小流域（包括大型生产建设项目区）监测周期根据具体情况确定。根据工作经验，不同空间尺度的遥感监测频次，见表 5-3。如有特殊工作需求，可适当加密监测频次。

表 5-3　　　　水土保持措施监测频次

空间尺度	监测频次	备　注
全国、大江大河	5～10 年	抽样调查单元每年开展调查
省（自治区、直辖市）、重点防治区	3～5 年	可根据工作需求加密频次，抽样调查单元每年开展调查
地（市）、县、重点支流	3～5 年	可根据工作需求加密频次，抽样调查单元每年开展调查
乡镇、小流域	1～3 年	抽样调查单元每年开展调查
生产建设项目	0.5～1 年	根据项目实施进度确定

5.2.3.2 信息源处理

航天遥感信息源处理包括影像纠正、融合、增强、匀色、镶嵌、裁切等。影像几何纠正、正射纠正一般以 1：10000 地形图、DEM 为依据，融合、增强、匀色、镶嵌、裁切等处理在专业遥感软件下逐幅进行。地形图、DEM 从测绘部门购买，地形图通过彩色扫描仪扫描成电子格式。地形图、DEM 和遥感影像均需纠正到相同的投影和坐标系统内。

航空遥感信息源处理包括像控点外业测量、内定向、相对定向、绝对定向、特征点（线）采集、DTM（Digital Terrain Model，数字地面模型）生成、正射纠正和影像拼接等。其后处理在数字摄影测量软件支持下进行。

无人机遥感影像处理包括相控测量、正射纠正、影像拼接等。

在实际工作中，遥感影像的处理技术已经相当成熟，影像提供部门可以在处理软件上批量化生产，应用部门直接拿到的是成品。

5.2.3.3 野外调查

通过野外调查，建立影像解译标志。野外工作包括了解监测区的自然条件、水土流失特点、林地的郁闭度、草地的盖度、各种类型的水土保持措施等情况。在野外逐个调查各种水土保持措施类型，并与遥感影像进行对照。

影像解译标志，也称判读要素，是遥感图像上能直接反映和判别地物信息的影像特征。包括形状、大小、阴影、色调、纹理、图案、位置和布局等。解译者利用其中某些标志能直接在影像上识别地物或现象的性质、类型和状况；或者通过已识别出的地物或现象，进行相互关系的推理分析，进一步弄清楚其他不易在遥感影像上直接解译的目标。

5.2.3.4 影像解译与赋码

目前，解译方法一般为人机交互式解译和面向对象的快速提取解译。人机交互解译是以处理后的遥感影像为主要依据，根据影像的色调、纹理、位置、大小、阴影及其他间接解译标志、有关专题图件和经验，沿影像上水土保持措施的边缘准确勾绘图斑界，并赋予对应水土保持措施类别代码。人机交互解译与工作人员的熟练程度有很大关系，一般情况下，解译精度比较高，但是工作量大，周期长。

面向对象的影像解译快速提取技术是结合任务目标和影像分辨率以及时相编写特定的规则集，计算机自动解译，再人工修正计算机无法识别或识别错误的图斑。两者的解译原则都是从整体到局部、从已知到未知、从宏观到微观，观察影像上的各类水土保持措施的影像特征，然后将所观察的各种影像形式进行“由表及里”“由此及彼”的综合分析研究，进而判明水土保持措施的类型。面向对象的影像解译工作效率比较高，对植物措施的解译精度高，但是工程措施的解译精度相对差点。通常两种方法结合使用。

在人机交互解译过程中，首先要注意掌握地区特点。影像反映的是地物群体，不可能识别每个像元所代表的地物，而只能把许多像元的综合特征定性地判读出来，这样区域知识和解译经验就非常重要。因此，在解译影像前，应对影像覆盖区域的水土保持措施特点进行了解和掌握，搜集并掌握监测区的文字和图件资料，对遥感影像进行预判，不明确的地方借助于实地调查或有关地面资料。其次，要注意水土保持措施空间分布的规律性。利用各种现象之间关系，按照逻辑推理进行判读，比如梯田一般修建在地势比较平坦的梁峁顶部，川台地一般分布在较大河流的两岸，坝地修建在河流水系的支沟、支毛沟等。第三，要注意时相和物候的关系。因不同的物候状况在影像上具有不同的光谱特性，解译植被措施时，了解地面植物生长发育期的特征，对判读植物措施有很大帮助。第四，要注意排除影像上的"噪声"。如云雾信息、局部降雨等，适当参考地形图等其他辅助资料来帮助判别。

5.2.3.5 野外校核

野外校核主要是验证影像解译图斑的准确性与赋码的正确性，并根据验证结果对内业解译结果进行修正，以保证监测成果的准确性和可靠性。同时，解决内业解译中记下的难点和疑点问题。凡从遥感影像提取的各类水土保持措施，均需进行野外校核。

野外校核采用典型调查和路线调查等方法，校核图斑一般采用随机抽样的方法确定。也可以通过其他来源的参考资料，对遥感解译结果与实地情况进行对比验证，确保遥感解译结果的精度。

为完成野外校核工作，需准备数码摄像机、照相机、手持GPS、激光测距仪、望远镜等设备。

5.2.3.6 修改与量算汇总

(1) 查错修改。根据野外校核结果，对不合格的图斑进行查错修改。查错修改后的解译精度应达到90%以上。查错修改基于GIS软件，需由经验丰富的专业人员完成。

(2) 图幅接边。在完成解译结果查错修改后，进行解译成果的图幅接边工作，图幅接边精度按《水土保持监测技术规程》规定执行。图幅接边基于GIS软件，需由经验丰富的专业人员完成。

(3) 面积量算。完成图幅接边后，进行不同类别水土保持措施的面积计算和统计工作。包括梯田、坝地、乔木林、灌木林、草地等水土保持措施面积。

(4) 成果汇总。对解译成果，按不同流域、不同行政区、不同侵蚀类型等分别进行划分、汇总，获得不同监测区域的水土保持措施数据。

5.2.3.7 成果分析

成果分析主要结合有关资料，定性、定量分析监测成果的正确性，并编写监测工作的相关报告、图件。

5.2.4 抽样调查法

抽样调查法是指从全部调查研究对象中，抽选一部分个体进行调查，并据以对全部调查研究对象做出估计和推断的一种调查方法。抽样调查虽然是非全面调查，但它的目的却在于取得反映总体情况的信息资料，因而，也可起到全面调查的作用[6]。

抽样调查样本是按随机的原则抽取的，在总体中每一个个体被抽取的机会是均等的，因此，能够保证被抽中的个体在总体中的均匀分布，不致出现倾向性误差，代表性强。以抽取的全部样本单位作为一个"代表团"，用整个"代表团"来代表总体。而不是用随意挑选的个别个体代表总体。所抽选的调查样本数量，是根据调查误差的要求，经过科学的计算确定的，在调查样本的数量上有可靠的保证。抽样调查的误差，是在调查前就可以根据调查样本数量和总体中各个体之间的差异程度进行计算，并控制在允许范围以内，调查结果的准确程度较高。

在较大区域（如全国、流域、跨省区等）开展水土保持措施监测，用统计上报方法资料精度不够，用遥感方法投资太大，用野外调查方法外业工作量大且周期长，因此，适宜于用抽样调查的方法。抽样调查方法一般包括简单随机抽样、系统抽样、分层抽样、多阶抽样等，实际工作中综合应用。

5.2.4.1 抽样调查设计

（1）设计原则。主要包括以下4种：

1）随机性原则。在总体中抽取样本时，完全排除主观意识的作用，保证总体中每一个个体被抽中的机会是均等的。

2）可操作性原则。抽样调查样本单元数的确定，虽然根据公式可以从理论上确定样本量的上限，但是由于实际工作的经费和时间的限制，使最大样本量的可操作性困难。在抽样调查设计中，必须综合考虑多种因素，采用多种方式确定样本量。

3）高效性原则。在满足一定精度的条件下，应采用不同抽样方法，综合运用多种抽样方法，以减少样本数量，尽量保证用最少的投入取得较为理想的调查效果。

4）标准化原则。抽样调查及其结果需符合有关标准、规范要求。

（2）设计流程。首先根据监测的不同范围和目的，按照水土保持措施监测的内容，确定抽样总体，并综合考虑总体资料推断的必要精度及实际工作的经费和时间限制，选择合适的抽样方法；其次根据抽样方法确定样本单元数和样本单元的形状及大小；然后确定样本的抽取和样本的布设；最后确定样地调查内容和方法，并通过调查成果推算总体特征值和抽样误差，若抽样精度达不到设计精度要求时，应重新计算样本单元数，进行补点，详细设计流程如图5-2所示。

（3）具体设计。主要包括以下5个方面的内容：

1）确定抽样总体。一般以整个监测区域为抽样总体。根据地形地貌和水土保持措施的差异性，针对大范围监测区又可以分为重点监测区和一般监测区。

2）确定抽样方法。根据监测区水土保持措施的差异性、样地调查成本、必要工作精度和实际工作量及可操作性等综合确定。重点监测区采用系统抽样和分层抽样相结合的方法，一般监测区采用多阶抽样和分层抽样相结合的方法。

系统抽样法又称顺序抽样法，是从随机点开始在总体中按照一定的间隔（即“每隔第几”的方式）抽取样本。此法的优点是抽样样本分布比较好，有好的理论，总体估计值容易计算。

分层抽样又称分类抽样或类型抽样，是指根据某些特定的特征，将总体分为同质、不相互重叠的若干层，再从各层中独立抽取样本，是一种不等概率抽样。分层抽样利用辅助信息分层，各层内应该同质，各层间差异尽可能大。这样的分层抽样能够提高样本的代表性、总体估计值的精度和抽样方案的效率，抽样的操作、管理比较方便。但是抽样框较复杂，费用较高，误差分析也较为复杂。

多阶段抽样是采取两个或多个连续阶段抽取样本的一种不等概率抽样。对阶段抽样的单元是分级的，每个阶段的抽样单元在结构上也不同，多阶段抽样的样本分布集中，能够节省时间和经费。调查的组织复杂，总体估计值的计算复杂。

3）样地大小。实验表明，样地面积由1km^2增加到50km^2，其数量减少量很少，即

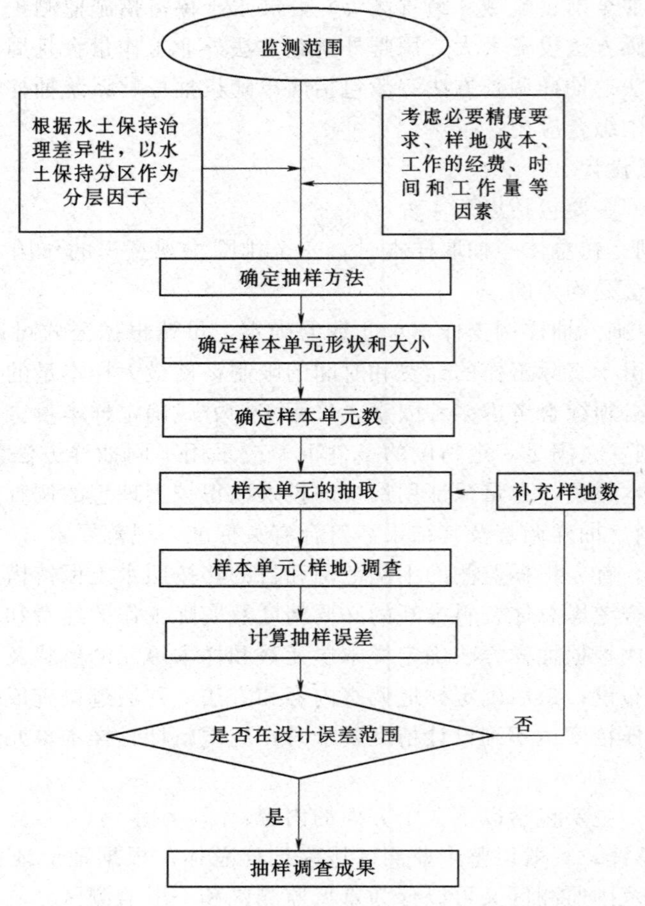

图5-2　水土保持措施抽样设计流程图

样地大小对样地数量的影响不敏感。样地形状和大小主要依据实地调查的可操作性（样地调查花费时间、经费、人力、GPS等）确定。一般地，样地大小确定为$1km^2$左右的小流域比较合适。

4）样地数。对于重点监测区，样地数根据系统抽样计算公式、分层抽样公式和计算结果安全系数三部分确定。

对于一般监测区，样地数根据二阶抽样计算公式、分层抽样公式和计算结果安全系数三部分确定。

5）样地抽取。样地抽取遵循随机抽样原则，样地采用系统抽样方式布置。

①点间距计算。

$$L=\sqrt{\frac{A}{n}}$$

式中　L——点间距，km；

A——抽样总体面积，km^2；

n——样点数。

②随机起点确定。随机起点的确定借助随机数表完成。

③样地布设。在遥感影像上布置 1km×1km 的公里网格，随机选取一个公里网交叉点（总体单元）为起点，然后根据点间距（L）依次抽取下一个公里网交叉点，以此类推，组成样本，对于落在范围界线上的样地，东、北方向参与布设，西、南方向舍去。

④样地编号。以抽样总体为单元，参照水土保持监测点编码，从左向右、由北向南顺序编排样地号，样地号编码为 5 位，代码格式为 ABNNN，AB 代表支流或行政县，NNN 代表样地的编号，用 3 位数字表示，取值 001～999。

5.2.4.2 样地调查

样地调查又称外业调查，由于抽样误差并不包括样地的调查测量误差，因此为了确保监测质量必须认真进行。样地调查方法包括样地定位、样地设置、测量调绘、调查记录等。

样地调查内容主要包括样地基本情况、水土保持措施情况、土地利用现状等内容。具体见表 5-4。

表 5-4 水土保持措施样地调查统计表

样地编号： 样地所属水系：

地理位置：________省________县________乡（镇）________村

地理坐标：东经________至________；北纬________至________

单位：hm^2

坡耕地	梯田	林地			果园	草地	未利用地	工矿用地	其他					
		乔木林	灌木林	经济林					荒草地	沙化地	盐碱地	裸土地	水体	道路

调查人： ；调查时间：

5.2.4.3 推算总体

推算总体时，以各类水土保持措施在样地内的面积为标志值，分别按照分层抽样、系统抽样和二阶抽样方法估计相应的总体特征值。调查总体中各类水土保持措施的数量，通过样本中各类水土保持措施所占样本平均数比例乘以调查总体面积直接推算。

一般地，水土流失区，范围大，地形地貌复杂，水土保持措施受自然条件和人为因素的影响，不同行政区（流域）水土保持治理差异性很大，水土保持措施的分布几乎不具有均质性，因此，应用抽样调查方法进行水土保持措施监测时，须要求有大量的样地数来保证抽样调查的精度，而样地数太多，需投入大量的人力和物力进行野外调查，工作量大，工作复杂烦琐，实施困难。因此，建议在实际工作中，将抽样方法与其他调查方法综合应用。

5.2.5 新技术在水土保持措施监测中的应用

随着水土保持监测工作的开展，先进技术应用于水土保持措施监测，提高了监测的精度和效率。目前，除了上述的遥感技术外，还有以下技术应用于水土保持措施监测。GPS 可以监测水土保持措施面积、工程措施工程量等；三维激光扫描仪可以精确监测水土保持措施工程量；无人机遥感技术监测水土保持措施面积、分布等[7]。

GPS、北斗等导航定位技术是目前最理想的空间对地、空间对空间、地对空间的定位

技术系统。主要特点有：①全球地面连续覆盖，从而保障全球、全天候连续、实时动态导航、定位；②功能多，精度高，可为各类用户连续提供动态目标的三维位置、三维航速和时间信息；③实时定位速度快；④抗干扰性能好，保密性强；⑤操作简单，观测简便；⑥两观测点间不需通视。

导航定位技术已广泛应用于水土保持工程建设、水土流失监测和生态建设项目，取得了明显效果。通过挖掘其技术潜力，可以应用于水土保持措施面积、工程措施工程量等方面的监测。

三维激光扫描系统是利用发射和接收脉冲式激光的原理，以点云（大量高精度三维数据）的方式真实再现所测物体的彩色三维立体景观。利用三维激光扫描仪可以监测微观监测区域水土流失信息、径流小区土壤侵蚀量快速监测、淤地坝坝址区数字地形图快速测量、开发建设项目弃土弃渣量快速监测等，也可以用于水土保持措施监测。

无人遥感技术集成了高空拍摄、遥控、遥测技术、视频影像、微波传输和计算机影像信息处理机的新型应用技术，以无人驾驶飞机作为空中平台，以机载遥感设备，如高分辨率数码相机、轻型光学相机、红外扫描仪，激光扫描仪等获取信息，用计算机对图像信息进行处理，并按照一定精度要求制作成图像。无人机航摄系统是传统航空摄影测量手段的有力补充，相比于传统测量技术来说，具有机动灵活、快速高效、精细准确、安全、作业成本低等特点，在小区域和飞行困难地区高分辨率影像快速获取方面具有明显优势。利用无人机遥感技术，可以有效解决大比例尺水土保持措施监测问题，获得高精度的措施面积和分布等信息。

5.3　水土保持措施监测案例

5.3.1　第一次全国水利普查水土保持措施普查

2010—2013 年，在第一次国务院全国水利普查中同步开展了全国水土保持措施普查。通过水土保持措施普查，摸清现存的、正常发挥作用的水土保持措施的类别、数量和地域分布，了解水土流失综合治理的状况。

5.3.1.1　普查范围、内容及技术路线

在第一次全国水利普查中，水土保持措施普查的区域范围为中华人民共和国境内（未含香港、澳门特别行政区和台湾省）。其中，水土保持治沟骨干工程的普查范围为黄河流域黄土高原，涉及青海、甘肃、宁夏、内蒙古、陕西、山西、河南 7 省（自治区）的 40 个市（地、盟、州）180 个县（市、区、旗）。

水土保持措施普查对象包括水土保持工程措施和植物措施，不包括耕作技术措施。水土保持工程措施主要包括水土保持基本农田（包括梯田、坝地和其他基本农田）、淤地坝、坡面水系工程和小型蓄水保土工程，水土保持植物措施主要包括水土保持林（包括乔木林和灌木林）、经济林和种草等。

水土保持措施普查（不含水土保持治沟骨干工程普查）技术路线是以县级行政区划单位为单元（即将分布在一个县级行政区划单位范围内的各类水土保持措施分别打捆汇总得到整

个县级行政单位的各类水土保持措施数据），由县级普查机构组织实施各个指标数据的采集，经地（市）级、省级普查机构对数据的合理性进行复核论证后上报国家水利普查机构。

水土保持治沟骨干工程普查工作，由县级行政区划单位组织开展，采取资料查阅和现场调查的方法获取各项普查指标的数据，经地（市）级、省级普查机构对数据的合理性进行复核论证后上报国家水利普查机构。

整个水土保持措施普查工作分为资料收集、数据分析、数据审核和数据汇总等 4 个工作环节。其技术路线和工作流程如图 5－3 所示。

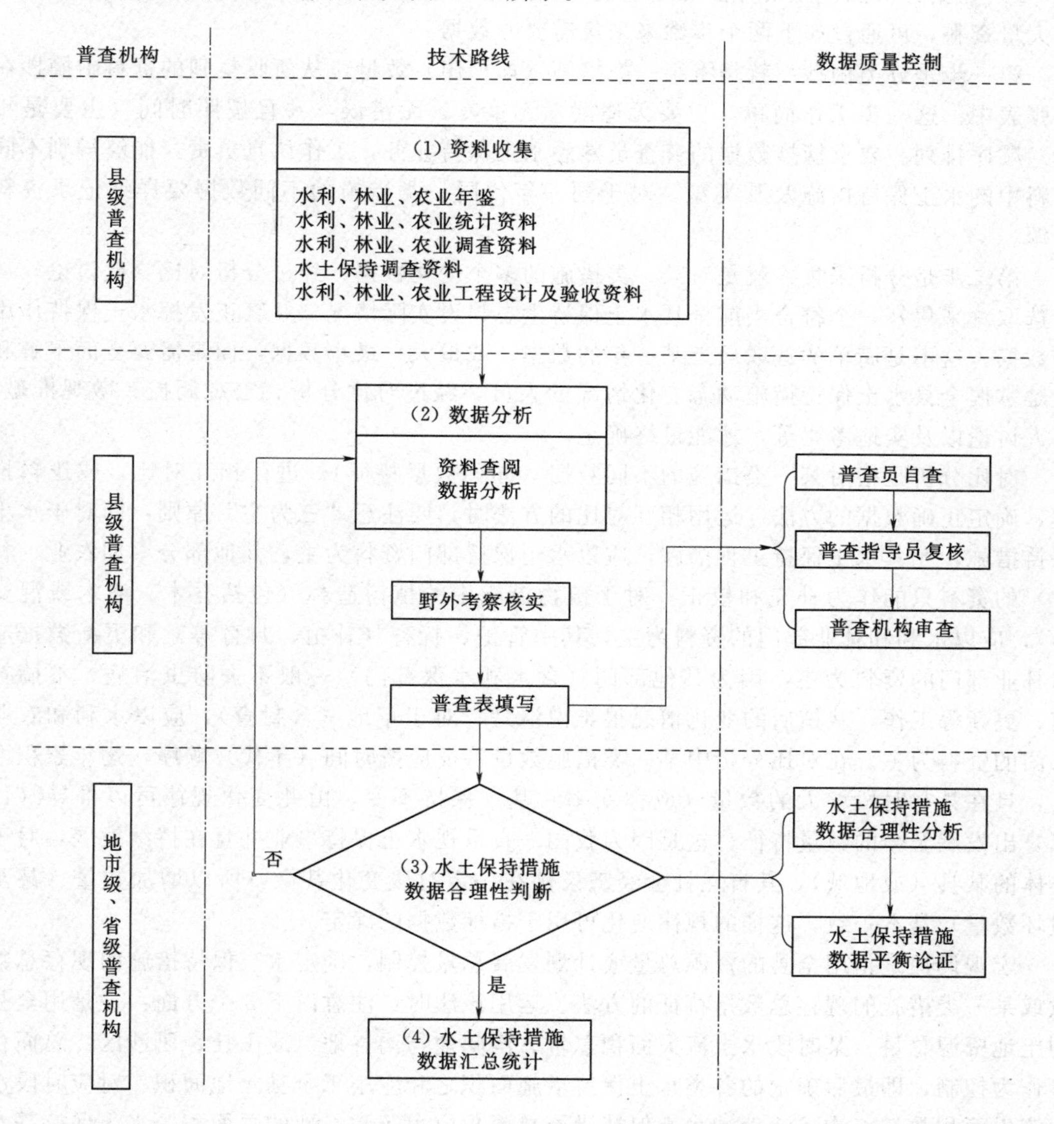

说明：图中（1）、（2）、（3）、（4）分别为水土保持措施普查的资料收集、数据分析、数据审核、数据汇总 4 个工作环节。其中，（2）数据分析中也包含县级数据复核。

图 5－3　水土保持措施普查技术路线与工作流程

5.3.1.2　数据采集与质量控制

(1) 数据采集。本次普查水土保持措施的数据采集采用了两种方法获得：一是数据分析法，主要用于数量巨大的、难以逐个对象调查的、按照县份打捆填报的各类水土保持措施的数据采集，这类对象包括了绝大多数类型的水土保持措施；二是野外实地测量法，主要用于可以逐个对象调查的水土保持措施的数据采集，这类对象就是水土保持治沟骨干工程。

1) 数据分析法。主要方法是通过查阅相关资料获取各类措施的指标数据。对于收集的大量资料，可通过如下两个步骤来采集需要的数据。

第一步是分类摘抄：就是将某一类措施（如梯田）数量，从所收集到的资料中摘抄在一张表中。这一步工作简单，但要无遗漏、无重复、无错误，并且按照时间（主要是年代）顺序排列。要求摘抄数据的普查员熟悉水土保持业务，工作认真负责，能够辨别不同资料中的水土保持措施及其类型，对于同一年代同一类措施的不同数据要详细记录资料来源。

第二步是分析采集：就是对某一类措施的多个变化数据，经过分析对比（或讨论）从中选取（采集）一个符合当前全县水土保持生态建设实际情况，并真正发挥水土保持作用的数据。这不是简单的选取最近某一年的数据，或最大、最小数据，而是需要全面了解和清楚掌握全县水土保持措施动态变化情况的人员，经过对比分析、宏观调控、微观推敲、多人讨论以及实地考察等，才能最终确定。

对比分析是指对某一类措施的不同数据（亦称数量特征），进行相互对比，或逻辑推理，确定正确数据的方法。运用相互对比的方法时，要注意“三为主”原则：即对于水土保持措施，尤其水土保持工程措施，应以水土保持部门资料为主，其他部分（如农业、林业）的资料只能作为补充和校正；对于植物措施中的植树造林（包括乔木、灌木或混交林），应以水利和林业部门的资料为主，其中管护、抚育（补植、封育等）和更新数据应以林业部门的资料为主，因为其他部门（含水利水保部门）一般不去防虫治病、不搞补植、更新等工作，栽植后的变化情况很难说清楚；对于草地（含封育），应以水利和农业部门的资料为主。在对比分析中某一类措施数量特征应按时间（年代）顺序，逐年累积增大，且在某一时段增大的数量（或称变率）基本保持不变，由此变化规律可以推导（计算）出发展至今的数量特征。这是因为我国一直重视水土保持事业并且在持续发展，对于具体的某县（或地域），其自然社会经济条件在一定时段变化甚微，所以增加数量（甚至毁坏数量）基本一致，这样的规律变化可用于指标数据的确定。

宏观调控是指用全县的资源总量或计划发展总量控制，确定水土保持措施的现存总数量或某一类措施的现存总数量特征的方法。运用该法时，注意以下 3 个方面：一是用全县的土地资源总量、某时段水土流失面积总量、沟间地与沟谷地（或山丘、风沙区）总面积等作为控制，即最后确定的各类水土保持措施面积之和应小于全县土地面积、对应时段水土流失面积数量，沟谷治理的水土保持措施总面积应小于沟谷地的总面积，水土保持基本农田总面积应小于沟间地的总面积（谷底小片的水地除外）；沙丘区的水土保持措施面积应小于活动和半活动沙丘区面积等；二是用全县土地利用计划、规划总量或经济发展（农果牧产品、产值总量）总量作为控制，确定水土保持措施总量或者某一类措施的正确数

量；三是用会议文件、上报文件中的数据作为控制，确定水土保持措施总量或者某一类措施的正确数量。一般地，行政或行业会议、每年上报上级管理部门（行政业务）的报告与文件，都是经过当时的业务或行政会议研究、审核确定的，考虑比较周全，既有发展速度，也有用途转变，更有损失毁坏，应具有较高的真实性，以此为据对照分析确定相关指标数据。

微观推敲是指对于某一类措施而言，从多年发展的重大历史事件中观察、分析，得出目前保存数量的方法。由于该法涉及具体的水土保持措施和历史事件，需要做细致的微观分析，未经历或不了解县史发展的人员很难应用此法。以下举例说明如何运用该方法：水土保持基本农田数量是历年水土保持工作的积累，同时随重大工程治理有较大增长变化，当贯彻“退耕还林还草”政策，或有大片移民搬迁区域，或受洪涝、泥石流、滑坍等自然灾害情况时，数量又有减少，这就需要从累计中扣除损失。植物措施数量与国家“退耕还林还草”、封育恢复植被等政策实施有关，也与县域经济发展转型有关，如发展经济林、中药材、种草、牧业、荒沟荒坡植树等政策执行。小型蓄水保土工程（水窖、涝地、引水工程等）与抗旱保收、解决人畜用水，或贫困区扶助工程等有关。治沟骨干工程通常由国家出资、群众投劳实施，因此常与国家重大水土保持工程建设有关。通过查阅分析这些相关资料可以推知某一类措施的数量。

限于普查员、普查指导员的经历、年龄，应该对搜集的资料在一定范围内组织相关人员进行讨论，回忆历史，甄别事件，确定取得数据最可依据的资料和辅助材料。

总之，无论采用何种方法，都要符合县域的实际情况，采集的数据要合理、正确，数据来源要明确、清楚，分析推理要充分、科学。

2）野外实地测量法。对于水土保持治沟骨干工程普查所要求的指标，有些极难从工程建设、验收的资料中找到，例如工程的精确地理位置（经度与纬度坐标）、工程的结构尺寸、已淤库容及工程现状照片等，都需要到野外现场调查和测量。即使是治沟骨干工程库容上下限为 50 万～500 万 m^3 之间，工程的设计资料在此范围，但由于各种原因，实际库容也可能出现变更，需要现场查验，才能保证得到真正的指标数据。

野外调查采集法也适用于那些开展水土保持年代较晚、措施类型单一或比较集中的地区。事实上，在第一次全国水利普查中，有些地区就以村镇为单位，经过现场调查，取得各类水土保持措施的实际存有量数据，然后上报到县普查机构，再经审定、汇总统计实现指标采集。

（2）数据填报。水土保持措施普查数据填报是将上述分析调查采集的水土保持措施（含治沟骨干工程）的数量，按普查要求填入《水土保持措施普查表》和《水土保持治沟骨干工程普查表》，并签名、加盖县级普查机构公章后，逐级上报到地（市）级和省级普查机构。

填写《水土保持措施普查表》和《水土保持治沟骨干工程普查表》时，应注意各项规定和要求，避免对相关的概念含义、指标计量单位、数量构成的错误理解和填写的格式错误。

（3）复查、复核与审核。为确保水土保持措施普查工作顺利开展和普查成果的质量，需要对填报的普查表、统计汇总表以及工作报告等进行认真仔细审查。对于县级普查机构来说，包括了普查员的自查、普查指导员的复核和本级机构的审查，因普查表是由本机构组织填写完成，需再次检查、核准无误才能上报；对于地（市）级和省级、国家级来说，应逐级进行数据接收和审核，这是上级对下级工作成果进行审查、核准与认可。

1）县级的复核与审查。县级普查机构的复核与审查极为重要，它关系着全国普查成果的源头真实和基础可靠，因此复核与审查必须格外严格，通常要分三步进行：首先是普查员的自查，再是普查指导员复核，最后由县级普查机构审查完成。县级复核与审查的重点主要包括 5 个方面：一是检查有无“缺少”或“遗漏”的信息和指标；二是检查有无填报“错误”；三是检查采集指标所使用的原始资料来源、采用的分析（或调查）方法以及水土保持措施机构是否正确、合理，以保证普查结果的合理性和科学性；四是审查各类水土保持措施数据与基层乡镇地域分布的吻合性，防止脱离实际的“捏造”，保证普查结果的真实性；五是审查所采集并汇总的水土保持工程措施、植树造林、种草措施的数量与相关部门掌握的数据及全县实际情况的相符程度，以使普查结果得到县内各部门、各层次的认可。

2）地（市）级和省级审核。地（市）级与省级普查机构的事业管理和政策理论水平相对较高，对宏观全局的情况掌握多，但对辖区范围内的具体实际细节了解较少，因而对普查表审核的重点与县级不同。这两级审核的重点包括 3 个方面：一是表中数据的采集来源，即数据来源于调查和实测，还是来自于年鉴、报告、规划等文件，以便为整个区域的口径统一打下基础；二是资料分析、逻辑推理的具体方法，对包括分析方法、计算公式和系数采用等都应仔细讨论研究，看看是否正确、合理，以判断普查表数据的真实可靠；三是针对辖区的自然、经济社会条件以及历年水土保持工作开展情况，对整个区域各个县份数据的空间分布进行认真审查和调整（亦称区域间平衡），以便统一汇总上报尺度、反映真实情况。由于省级和地（市）级的范围较大，有的涉及几个大流域，因而在平衡分析时还要考虑流域间平衡问题。地（市）级和省级的审核多采用会审方式。

省级的审核一般需要在流域普查机构代表参与下进行，以便反映区域间、流域间水土流失综合治理的特点和差异。

(4) 数据汇总。水土保持措施普查的数据汇总由省级普查机构完成并上报国家普查机构。数据汇总是建立在对整个省份的各地（市）、各县份的普查数据和相关成果的全面审核基础上，数据可靠、单位正确、精度一致，最后相累加得全省份的普查汇总数据。

省级的汇总数据及汇总表格式应能反映地（市）级和县级的行政区划、大江大河流域、水土保持区划等方面的水土保持措施情况，以便为国家从不同角度分析和掌握水土保持措施的分布与数量打下基础。在数据汇总与分析的基础上，省级普查机构应编写普查工作报告，阐述水土保持普查数据的资料来源与采集方法、各类措施的空间分布、省内水土流失综合治理特点、水土保持生态建设历史发展以及对普查成果的自我评价等，以便为国家普查机构总结普查工作和部署以后的工作提供基础素材。在普查数据汇总表、普查工作报告之外，省级普查机构还要将普查资料录入磁盘，与纸制的表格、工作报告一并上报，以便建立全国水土保持措施普查数据库。

(5) 质量控制。提高普查成果质量、获得真实可靠的普查数据，是水土保持措施普查工作成败的关键，也是实现普查目标的基本保障。普查质量控制的目标是确保普查工作依法开展、规范实施，确保普查对象应查尽查、不重不漏，确保普查内容应填尽填、完整规范，确保普查数据真实可靠、来之有据，确保普查成果符合各项目标要求。质量控制贯穿整个普查工作的始终，各级普查机构应按照普查工作的阶段划分，组织实施检查督导、审核验收、抽查评估等质量控制工作，及时发现和纠正工作过程中发生和出现的问题，做好数据保证。

为实现高质量的水土保持措施普查成果，国家级普查机构制定了水土保持措施普查质量标准和质量控制规定，各级普查机构按照普查实施方案和数据质量控制规定，结合当地实际情况，编制普查质量控制实施方案，明确各个阶段质量控制的实施安排以及检查督导、数据审核和质量抽查工作计划。各县份、地（市）和省份的普查机构应严把质量关，对于复核、审核未通过的普查表，应全部退回并监督整改、重报。国家普查机构应加强国家级数据接收审核工作，对于存在疑问和不合理数据的省份，应明确指出问题，提出整改意见，直到上报数据科学、合理；应对正式填表上报的普查数据质量依据统计分析原理进行质量抽查和评估，分析普查数据的差错率和可信度水平，形成质量评估报告。

水土保持措施普查的质量控制工作要求资料收集、数据分析采集、数据审核、汇总分析等各个阶段均达到规定要求。

数据汇总后，还有通过国家级审核。包括形式审查、数据审核、事后质量抽查等。

形式审查主要是检查上报电子数据和纸质数据的资料类别是否齐全，内容是否完整、一致；表格是否有遗漏、空缺，签名、盖章是否齐全；工作报告是否按照编制大纲要求编写，以及普查技术路线和工作流程是否规范等。

数据审核是指按照普查实施方案和数据质量的规定和要求，审查县级普查表数据指标填写是否符合质量控制要求；检查地（市）级和省级汇总数据是否统计正确，纸质数据与电子数据是否一致，治沟骨干工程表中的数据与空间数据是否一致；检查县级、地（市）级和省级的数据是否对应一致，成果能否达到全面性、完整性、规范性、一致性、合理性和准确性等质量控制的要求。

根据审核结果，按省份编写审核意见并正式下发到各省份，要求各省份随时接受国家普查机构的数据审核与质询，并根据审核意见进行数据复核和整改工作，并以电子表和勘误册形式按照普查规定重新上报县级普查表、省级汇总表和省级工作总结报告。

事后质量抽查是在地方完成数据采集和数据填表上报并形成全国普查成果后，由国家级普查机构组织开展的一次独立性调查，通过对选取抽样对象（样本）的又一次重新调查和数据填报，对比分析和评价全国普查成果的总体质量水平。

国家级事后质量抽查工作由国家普查机构统一组织，流域普查机构参与，各省级普查机构承担。国家级普查机构负责设计事后质量抽查方案，选择抽查样区和样本，组建事后质量抽查队伍，开展培训动员，监督指导抽查过程，开展抽查结果的分析处理。流域普查机构负责本流域管理范围内质量抽查过程的监督、检查与指导。各省级普查机构负责国家级质量抽查人员选调，协调被抽查样区所属县级普查机构做好普查情况介绍、材料提供、现场联络等工作。国家级事后质量抽查组按时完成所分配样区样本的数据采集、填表和封装工作，编制抽查工作报告，及时提交国家级普查机构。

国家级事后质量抽查的样区和样本由国家普查机构确定。抽样方法依据普查对象的特点确定，可采用两个阶段分层随机抽样法或简单随机抽样法。抽查内容按普查方法和指标的可获得性拟定，如抽查水土保持措施普查过程的规范性和数据合理性、沟骨干工程数量和指标数值的准确性等。根据抽样调查结果，可对水土保持措施普查成果进行误差分析，给出普查成果的合理性评价。

5.3.1.3 水土保持措施普查结果

（1）水土保持措施面积。水土保持措施面积 99.16 万 km^2。其中，工程措施 20.03 万 km^2，植物措施 77.85 万 km^2，其他措施 1.28 万 km^2。各省（自治区、直辖市）水土保持措施面积见表 5-5。

（2）黄土高原淤地坝。共有淤地坝 58446 座，淤地面积 927.57km^2，各省（自治区、直辖市）淤地坝的数量及其占总数量的比例见表 5-6。其中，库容在 50 万～500 万 m^3 的治沟骨干工程 5655 座，总库容 57.01 亿 m^3。

表 5-5　各省（自治区、直辖市）水土保持措施面积

省（自治区、直辖市）	小计 /km^2	工程措施 /km^2	植物措施 /km^2	其他措施 /km^2
合计	991619.6	200297.2	778478.8	12843.6
北京	4630.0	552.6	4077.4	0.0
天津	784.9	26.4	758.5	0.0
河北	45311.4	4334.3	40967.4	9.7
山西	50482.4	14247.7	36093.1	141.6
内蒙古	104256.3	5493.9	98588.5	173.9
辽宁	41714.3	5055.4	35564.1	1094.8
吉林	14954.5	800.5	14146.7	7.3
黑龙江	26563.6	1552.2	21255.3	3756.1
上海	3.6	0.0	3.6	0.0
江苏	6491.4	2361.6	4129.8	0.0
浙江	36013.1	4122.5	30917.8	972.8
安徽	14926.7	2421.2	12505.5	0.0
福建	30643.1	8316.3	22326.8	0.0
江西	47109.0	11346.3	35537.7	225.0
山东	32796.8	11785.5	21011.3	0.0
河南	31019.5	8904.6	21691.4	423.5
湖北	50251.1	4604.6	44760.1	886.4
湖南	29337.4	14569.4	14768.0	0.0
广东	13033.8	3299.5	9714.2	20.1
广西	16045.4	10589.8	5455.1	0.5
海南	662.9	41.0	589.9	32.0
重庆	24264.4	6340.2	17924.2	0.0

续表

省（自治区、直辖市）	小计/km²	工程措施/km²	植物措施/km²	其他措施/km²
四川	72465.8	16328.9	56071.6	65.3
贵州	53045.3	14454.2	38591.1	0.0
云南	71816.1	10126.2	61544.6	145.3
西藏	1865.2	293.5	1325.2	246.5
陕西	65059.4	14726.4	50027.8	305.2
甘肃	69938.2	18936.3	46756.1	4245.8
青海	7636.9	1593.4	6038.4	5.1
宁夏	15964.7	3072.5	12892.2	0.0
新疆	9550.5	0.3	9463.5	86.7

表 5-6　各省（自治区）淤地坝的数量

省（自治区）	淤地坝				其中：治沟骨干工程			
	数量		淤地面积		数量		总库容	
	座数	比例/%	数量/km²	比例/%	座数	比例/%	数量/万 m³	比例/%
合计	58446	100	927.57	100	5655	100	570069.4	100
山西	18007	30.81	257.51	27.76	1116	19.73	92418.0	16.21
内蒙古	2195	3.75	38.42	4.14	820	14.50	89810.4	15.75
河南	1640	2.81	30.83	3.32	135	2.39	12470.3	2.19
陕西	33252	56.89	556.90	60.04	2538	44.88	293051.6	51.41
甘肃	1571	2.69	23.88	2.57	551	9.74	38066.4	6.68
青海	665	1.14	0.72	0.08	170	3.01	9622.1	1.69
宁夏	1112	1.90	18.97	2.05	325	5.75	34630.6	6.07
新疆	4	0.01	0.34	0.04	—	—	—	—

5.3.2 黄河流域重点支流水土保持措施遥感监测

2006—2012 年，开展了黄河流域多沙粗沙区重点支流黄甫川流域的水土保持遥感监测。监测内容主要包括梯田（3m 以上宽度）、乔木林、灌木林、果园、天然草地、人工种草、淤地坝（包括坝地）和水库等。

5.3.2.1 区域概况

黄甫川—黄河中游多沙粗沙区，是黄河重要的产流产沙支流之一，位于黄河河口镇—龙门区间，在陕西府谷县巴兔坪汇入黄河。流域总面积为 3426km²，流域内植被稀少，土壤结构疏松，属典型的大陆性半干旱气候，降雨量年内分配极不均匀，多年平均降水量 400mm 左右，水土流失严重。1983 年被列为全国八片水土保持重点治理区之一。

5.3.2.2　水土保持措施遥感监测实施

黄甫川流域于 2006 年和 2011 年分别开展过两次水土保持遥感监测，基本的工作流程和方法如下：

首先，采用 DMC 数字航摄像机航拍开展黄甫川 3745.4km^2（含流域边界延伸面积）数字航摄。其中，2006 年获得了 1∶30000 比例尺真彩色、彩虹外和黑白数码航空影像各 1286 张，影像分辨率达 0.36m；2011 年获得了 1∶26000 比例尺真彩色、彩虹外和黑白数码航空影像 2200 张，影像分辨率达 0.312m。

然后，开展外业调查工作，建立了图像解译标志；进行遥感图像解译与野外验证工作；进行修改、量算汇总与分析工作；完成成果分析工作与完成图件、报告编制和成果入库等工作。

2006 年，完成黄甫川流域水土保持措施解译图斑 6.60 万个（平均每个图斑 4.92hm^2）。按照解译图斑编号等间距抽查的方法，完成解译成果 4510 个图斑属性编码抽查，水土保持措施图斑属性判对率为 94.70%；抽取 128 个野外验证点进行验证，图斑判对率为 94.53%。2011 年，完成水土保持措施图斑解译 7.00 万个（平均每个图斑 4.64hm^2）。按照解译图斑编号等间距抽查的方法，水土保持措施图斑属性判对率为 94.25%。

5.3.2.3　水土保持措施遥感监测成果

2006 年，黄甫川流域水土保持治理措施面积 1153.49 km^2，占全流域面积的 35.54%。基本农田共 195.03km^2，其中：梯田 18.38km^2，坝地 16.17km^2，水地 160.49km^2；水保林共 931.28km^2（占流域面积的 28.69%），其中：乔木林 189.90km^2，灌木林 599.73km^2，未成林 141.65km^2，果园 3.80km^2；草地面积 23.72 km^2，其中：人工种草 5.67km^2，天然草地 18.27km^2；淤地坝 390 座。流域水土流失治理以水保林为主，占流域面积的 28.69%。

2011 年，流域治理面积 1206.93km^2，占流域面积的 37.18%。其中梯田 24.88km^2，坝地 15.49km^2，沟台地 153.8km^2；乔木林 1963.6 km^2，灌木林 587.92km^2，未成林 2003.75km^2；人工种草 5.45km^2，天然草地 18.27 km^2，果园 3.76km^2。流域内共有淤地坝 555 座。

5.3.2.4　水土保持措施遥感监测成果动态分析

通过 2006 年和 2011 年水土保持措施专题图空间运算，获得水土保持措施转移矩阵，计算出 2006—2011 年期间各项水土保持措施变化情况。2006—2011 年期间各项水土保措施总变化量 156km^2，交换变化量 78km^2，净变化量 78km^2。

各项措施中未成林变化最大，其变化量为 91km^2，占流域总面积的 2.8%，其中 2011 年新增 78km^2，2006 年 13km^2 的未成林转换为其他地类。2006—2011 年，随着退耕还林还草政策的实施和当地产业结构的调整，有 8km^2 的沟台地实施了退耕还林，有 57km^2 其他地类进行了治理，从影像上可以看到鱼鳞坑；对 13km^2 覆盖度低于 45%的其他灌木林地进一步进行了治理。同时，2006 年 13km^2 的未成林到 2011 年转换为乔木林、灌木林，说明未成林长势良好，达到了乔木和灌木的标准。

灌木林的变化量为 58km^2，占流域总面积的 1.79%，其中 2011 年新增 23km^2，2006 年 35km^2 的灌木林转换为其他地类，灌木林净变化减少了 12km^2。同时，2006—2011 年，随着未成林的成长，有 11km² 未成林变为灌木林；对 12km² 其他地类进行了治理。同时，2006 年 17km² 的灌木林地因修路、工矿及居民建筑等占用。

总体上，2006—2011 年，水土保持措施两期没有变化的面积为 919km²，其中坝地、人工种草、果园两期面积没有变化，但淤地坝数量增加了 165 座。梯田、乔木林、未成林面积分别增加了 8km²、3km²、65km²，灌木林地面积减少了 12km²，沟台地面积减少了 7km²。2011 年水土保持措施面积共增加了 57km²，主要为新造林地。

5.3.3 黄河上中游水土保持措施调查

2006—2013 年，开展了黄河上中游水土保持措施调查项目。该项目是针对较大监测范围（流域、省级），采用资料收集、典型调查、系数核实相结合的方法，进行水土保持措施调查[8]。

5.3.3.1 水土保持措施调查技术流程

根据水土流失及其治理特点，将黄河上中游区域划分为数量合理的调查单元，通过对调查单元内典型样区调查，获得样区单项水土保持措施校核系数，综合分析后按照面积关系计算获得各县级行政区各单项水土保持措施校核系数，实现对水土保持措施统计年报的校核，获得区域内各县级行政区和重点支流各项水土保持措施数量。其技术流程如图5-4所示。

5.3.3.2 统计资料及图件收集整理

收集以县级行政区为单元的水利水保统计等资料、县级行政区界线等专题图，进行必要的整理、细化。收集各县级行政区水土保持措施统计年报、小流域治理等资料，对统计年报缺失资料进行必要的插补，对明显不合理的统计数据进行修正，作为水土保持措施校核的基础。

（1）水土保持措施统计资料。水土保持统计资料主要包括：黄土高原地区 1996—2007 年水土保持统计年报、《黄河流域水土保持基本资料》（1999 年数据）、2000—2006 年黄河流域水土保持联系制度表等。统计内容主要包括各年度各县（区）梯（条）田、坝地、水浇地，造林（乔木林、灌木林、经济林），果园，种草，封禁治理，小型水土保持工程（谷坊、水窖、涝池、沟头防护等），淤地坝（骨干坝、中小型坝）等的新增量和累计量。

（2）小流域综合治理统计资料。对 1996—2007 年间，国家、地方投资实施治理并验收的小流域综合治理项目进行统计，收集水土保持措施数量基本资料。主要包括：梯（条）田、坝地、水地，造林（乔木林、灌木林、经济林）、果园、人工种草，封禁治理等措施的面积，以及小型水土保持工作（谷坊、水窖、涝池、沟头防护等）、淤地坝（骨干坝、中小型坝）的数量等。

（3）社会经济资料。收集黄土高原地区 1996 年、2006 年、2007 年等 3 年统计年鉴。黄土高原涉及的县（区、旗）总人口、农业人口、总户数、农业户数、总劳力、农业劳力、人口密度、人口增长率、农业各业产值等。

（4）生产建设项目水土流失资料。收集 1996—2007 年大中型生产建设项目人为新增水土流失面积、位置、数量等。

县级行政区统计资料

水土流失分区界线

省、县级行政区界线

插补、修正

细化

重点治理区、黄河重点支流

TM 卫星影像

图斑归并

调查单元

地面调查样区

遥感调查样区

地面调查

遥感调查

对比分析

样区调查结果

样区不同措施校核系数和质量比例

算术平均

调查单元不同措施校核系数和质量比例

面积加权平均

县级行政区不同措施校核系数

各年度县级行政区不同措施数量

各年度各调查单元不同措施数量和质量（比例）

面积关系

各年度各水土流失分区不同措施数量和质量（比例）

各年度各支流不同措施数量和质量（比例）

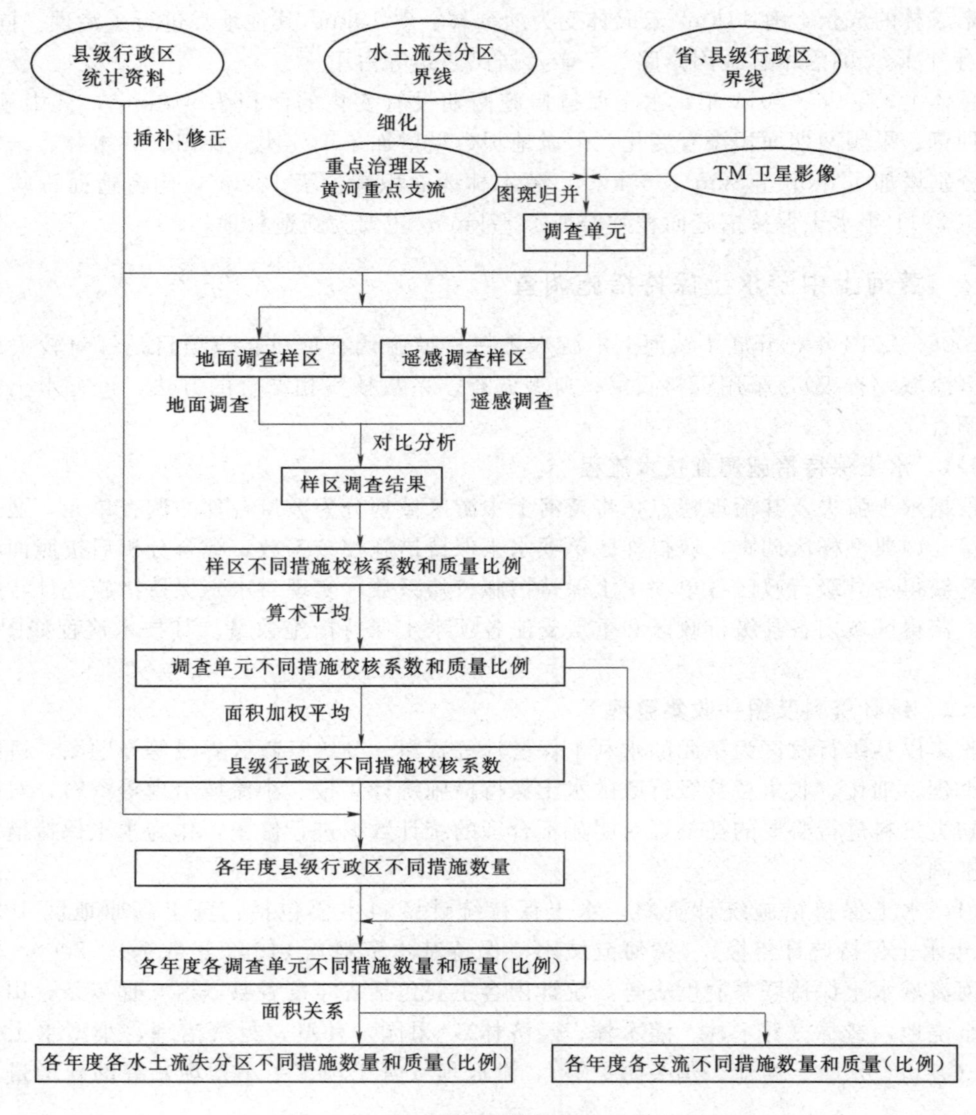

图 5-4　水土保持措施调查技术流程图

（5）其他资料。主要包括以下资料：

1）水利统计资料。主要包括各年度不同行业用水量（农业、工业、城镇生活、农村人畜用水）。

2）各支流灌区灌溉资料。

3）支流水库蓄水、淤积和蓄水拦沙实测资料等。

4）已有研究成果、总结报告、各省（自治区）以县为单位的土地利用资料和图件等。通过对各县（市、区、旗）数据的来源、统计情况进行调查及分析，各省（自治区）统计项目、统计制度一致，统计口径基本一致，表明水土保持年报系列比较完整、来源可靠。但由于统计数据是当年治理当年上报，很少考虑保存率和成活率，加之数据来源渠道多、方法多、个别年份统计人员变更，不同省（自治区）统计口径不完全相同，或个别措施重复统计，致使有些县（市、区、旗）统计数据缺失，某年份数据急剧增加或减少等明显不符合实际的情况，需根据项目水土保持措施校核需要，按照统一的分类，对水土保持措施统计年报资料进行归类，对缺失的数据进行插补，对明显不符合实际的统计数据进行修正后方可作为水土保持措施校核的基础。

5.3.3.3 调查样区选择

应用地理信息系统软件对水土流失分区专题图与县级行政区界线图进行叠加，并进行图斑归并，生成兼顾自然与人为因素的若干个调查单元。

基于水土保持统计资料，结合卫星影像的纹理、结构、色调等特征，在调查单元内分别选择地面调查样区和遥感调查样区。

（1）样区选取原则。主要包括以下 4 点：

1）应在调查单元内选择。

2）每个调查单元内原则上布设一个调查样区。

3）调查样区水土保持措施类型、数量及其分布、质量和样区水土流失治理程度等应能代表所调查的单元。

4）在重点治理区调查样区布设可适当加密，样区分布应涵盖每个水土流失分区、重点治理支流、重点治理县以及一些重点支流的上中下游及左右岸。

（2）样区形式与要求。样区调查以地面调查为主，选择典型小流域或典型行政乡、村；为与地面调查相互补充和对比，还应选择遥感调查样区，形式为典型县（或典型乡镇）。

1）地面调查样区。①在收集整理有关统计上报等资料的基础上选择样区；②样区水土流失治理程度一般在 45%～70%之间；③样区尽量为完整的小流域或行政乡、村，面积宜在 30km^2 左右；④所选样区应具有代表性、典型性，其治理程度、措施结构、分布及质量能代表所在县级行政区、不同水土流失分区的水土保持措施总体分布情况，样区内梯（条）田、坝地、水保林、经济林、种草、封禁治理等措施尽量齐全；⑤样区水土保持综合治理及成果图等资料尽量齐全；⑥针对坝地分布不一定与小流域治理项目密切相关等特点，应根据上述样区选择结果，结合水土流失分区划分，通过对各省级行政区坝地面积统计数据排序分析，选择典型县级行政区或乡、村的坝（系）进行专项调查。

2）遥感调查样区。①根据水土流失治理省（自治区）之间有差别的特点，各省（自治区）均应布设遥感调查样区；②根据各省级行政区水土流失分区和治理措施分布特点，结合调查单元划分结果选择，各省级行政区内水土流失重点治理区需重点布设；③样区水土保持措施在本水土流失分区为中等以上，水土流失治理程度在本省级行政区内一般应处于中等；④样区水土保持措施类型应尽量齐全；⑤面积适中的典型县级行政区或有统计资料的典型乡镇可作为样区，县级行政区优先选择；⑥结合地面调查样区分布布设遥感调查样区，以便于两者相互补充和对比。

（3）样区选取结果。根据上述样区选择方法，共选择了 321 个地面调查样区，其中小流域 275 个、行政村 46 个（青、甘、陕、晋分别为 6 个、9 个、3 个、28 个）。

选择了 35 个坝地调查样区，在青海、甘肃、河南 3 省分别选择了 1 个、5 个、5 个，在宁夏、内蒙古、陕西、山西 4 省（自治区）各选择了 6 个样区。选择了遥感调查样区涉

及22个县，总面积33027km²。

5.3.3.4 样区水土保持措施调查

分别采用地面调查和遥感调查两种方法对地面调查样区和遥感调查样区进行水土保持措施数量、分布及质量调查。

（1）地面调查。主要包括以下3种：

1）小流域样区调查。根据小流域水土保持措施分布图，按不同水土保持措施类型，对梯田、水保林、种草各单项措施抽取20%的图斑逐一进行调查核实。

考虑流域上中下游、左右岸、交通道路等因素后，随机确定外业抽样的图斑号。调查小流域面积较小或图斑数量较少时，调查图斑数量比例一般适当增大。当调查小流域图斑总数量不大于80个图斑时，调查图斑数量比例提高到30%；当调查小流域图斑总数量不大于60个图斑时，调查图斑数量比例提高到40%；当调查小流域图斑总数量小于20个时，每个图斑全部调查，确保了调查图斑数量对流域治理措施和水平的代表性。

依据调查样区水土保持措施分布图抽取图斑位置，以1∶10000比例尺地形图为参考，携带照相机、摄像机、笔记本电脑等信息记录和存储设备和GPS、测距仪、皮尺等测量设备到野外，逐个图斑进行现场调绘，对图斑边界、面积、措施质量进行调查和核实，对图斑位置进行定位，做到照片、定位坐标、调查时间三统一，并详细填写外业调查表格，见表5-7。

表5-7　样区水土保持措施调查表

<table>
<tr><td rowspan="2">图斑编号</td><td rowspan="2">措施类型</td><td rowspan="2">实施年份</td><td rowspan="2">地貌部位</td><td rowspan="2">整地方式</td><td rowspan="2">造林类型</td><td colspan="2">图斑面积</td><td rowspan="2">质量等级</td><td rowspan="2">备注</td></tr>
<tr><td>原图面积</td><td>调查面积</td></tr>
<tr><td></td><td></td><td></td><td></td><td></td><td></td><td></td><td></td><td></td><td></td></tr>
<tr><td></td><td></td><td></td><td></td><td></td><td></td><td></td><td></td><td></td><td></td></tr>
<tr><td></td><td></td><td></td><td></td><td></td><td></td><td></td><td></td><td></td><td></td></tr>
<tr><td colspan="10">水土流失分区：　　　　实施年份：　　　　治理度：</td></tr>
<tr><td colspan="10">样区原来各项措施面积：梯田　hm²；人工林　hm²；种草　hm²；坝地　hm²；封禁　hm²</td></tr>
<tr><td colspan="10">样区核查各项措施面积：梯田　hm²；人工林　hm²；种草　hm²；坝地　hm²；封禁　hm²</td></tr>
<tr><td colspan="10">样区各项措施的校核系数：梯田　；人工林　；种草　；坝地</td></tr>
<tr><td colspan="10">调查单元号：　；所属县、乡村：　；经纬度：东经　北纬　；所属支流：</td></tr>
<tr><td colspan="10">样区面积：　km²；基本农田面积：　hm²；粮食单产：　kg/亩</td></tr>
<tr><td colspan="10">调查人：　　　　调查时间：</td></tr>
</table>

调查图斑边界的确定：坡面水土流失治理中重复治理、多次治理、大流域套小流域、不同项目来源交叉治理，因此，小流域验收和竣工图只能反映治理的内容和数量，只对圈定的图斑内措施边界、质量、保存情况进行现场测定和勾绘，图斑外部与图斑内部措施相同时，界外治理不予考虑，按后阶段治理对待。以坡面治理整地工程和保存数量为划界的依据，覆盖度作为质量评判的依据。

为更完整和准确的反映调查流域、调查图斑的真实情况，以单个图斑照片资料作为检验图斑质量评判的依据，每个图斑在调查的同时进行拍摄。

2）行政村样区调查。在当地水土保持部门工作人员的引领下，勾绘图斑，照相，现场GPS定位并填写外业调查表格。然后对图斑进行量算，得出水土保持措施的图斑面积，按照上报统计的措施面积计算措施校核系数和治理度。

3）坝地样区调查。坝地调查是在前面确定的调查样区中，选择一个乡或一条坝系进行调查。对已经淤积形成了一定数量坝地、没有蓄水的淤地坝进行坝地调查。调查方法是先确定淤地坝的数量与位置，查阅坝地统计资料；二是选择调查区域进行现场调查，记录坐标，勾绘草图，采用GPS或皮尺进行分段量测，测量断面的宽度和断面间距，主沟道断面测量断面密度大，支沟断面密度小，一边量一边记录，并在图上标志，拍摄沟道照片。同时还需调查淤地坝建设年代、控制面积、淤积库容、运用方式、淤地面积等。

（2）遥感调查。由于调查范围涉及黄土丘陵沟壑区、高原沟壑区、土石山区和黄土阶地区等9个水土流失分区，且不同水土流失分区水土保持措施规格尺寸不同，不同规格的水土保持措施需要不同分辨率的遥感影像才能识别。在黄土丘陵沟壑区，尤其是其第一副区，地形破碎，水土保持措施规格尺寸较小，梯田田面宽度多在5～10m，甚至小于5m。根据遥感影像判读经验，一般至少连续3个像元才能分辨出地物，因此，用于梯田等地物类型识别的遥感信息源的空间分辨率应不低于5m。

林、草等水土保持措施质量等级通过其覆盖度来判定，选择林、草植被生长旺盛、较易分辨植被类型和覆盖度的5—10月遥感影像为宜。

根据遥感调查任务，获取水土保持措施数量、质量及分布信息，林、草等水土保持措施质量等级通过植被覆盖度来判定，需要多光谱遥感影像识别林、草等措施的覆盖度。

按照遥感调查技术路线，调查了23个样区，总面积33027km^{2}的水土保持措施数量和分布。

5.3.3.5 水土保持措施校核

基于样区调查结果计算获得各调查样区、各调查单元不同水土保持措施的校核系数和质量比例，并通过面积关系计算获得各县级行政区不同措施校核系数。通过遥感调查结果与地面调查结果分析确定校核系数。

（1）校核系数计算。针对各调查单元和各县级行政区梯田、水保林、种草、坝地等水土保持措施数量进行校核系数计算。因项目地面调查时间为2010年，样区水土保持治理资料年份各异，遥感调查样区主要集中在2007年和2009年，难以进行1996—2007年各项措施系数校核计算。因此，1996—2007年某项水土保持措施校核系数均采用与2007年相同的校核系数。

按照调查样区某项措施校核系数⟶调查单元某项措施校核系数⟶县级行政区某项措施校核系数逐级计算。

1）调查样区某项措施校核系数采用现场勾绘图斑汇总面积与相应统计资料面积之比。

2）调查单元某单项措施的校核系数为该调查单元各调查样区某项措施校核系数的算术平均值，若该调查单元内只有一个调查样区，直接采用样区校核系数。

3）县级行政区某项措施校核系数为该县级行政区所涉及调查单元面积与其相应措施校核系数的面积加权平均值。当调查单元无有效调查样区时，其校核系数借用相似调查单元相应校核系数。

黄河上中游地区各地（市）级行政区水土保持措施数量校核系数见表5-8。

表5-8　　黄河上中游地区各地（市）级行政区水土保持措施数量校核系数

省（自治区）	地（市）	水土保持措施校核系数			
		梯田	水保林	种草	坝地
青海	西宁市	0.90	0.73	0.65	0.75
	海东地区	0.90	0.77	0.60	0.75
	海北藏族自治州	0.85	0.76	0.72	—
	海南藏族自治州	0.86	0.79	0.79	—
	黄南藏族自治州	0.90	0.88	0.76	—
甘肃	庆阳市	0.92	0.73	0.42	0.65
	平凉市	0.95	0.81	0.46	0.53
	天水市	0.94	0.79	0.44	0.36
	定西市	0.93	0.74	0.43	0.77
	兰州市	0.85	0.62	0.41	0.44
	白银市	0.86	0.62	0.44	0.44
	临夏州	0.88	0.65	0.50	0.70
	甘南藏族自治州	0.80	0.60	0.50	0.75
	武威市	0.87	0.61	0.45	0.75
宁夏	固原	0.90	0.84	0.72	0.79
	吴忠	0.88	0.76	0.66	0.93
	中卫	0.88	0.76	0.67	0.87
	石嘴山	—	0.80	0.49	—
	银川	0.89	0.82	0.50	—
内蒙古	阿拉善盟	—	0.51	0.30	—
	巴彦淖尔	0.87	0.67	0.47	0.70
	包头市	0.96	0.75	0.48	0.78
	鄂尔多斯市	0.78	0.72	0.44	0.60
	呼和浩特市	0.85	0.76	0.46	0.81
	乌海市	—	0.79	0.50	—
	乌兰察布	0.91	0.75	0.66	0.78
陕西	榆林市	0.74	0.76	0.72	0.70
	延安市	0.78	0.78	0.52	0.73
	咸阳市	0.91	0.83	0.54	0.80
	西安市	0.88	0.78	0.52	0.80
	渭南市	0.86	0.78	0.34	0.80
	铜川市	0.96	0.86	0.26	0.85
	商洛市	0.78	0.71	0.42	0.80
	宝鸡市	0.86	0.73	0.46	0.79

续表

省（自治区）	地（市）	水土保持措施校核系数			
		梯田	水保林	种草	坝地
山西	太原市	0.81	0.80	0.33	0.88
	朔州市	0.81	0.75	0.09	0.52
	忻州市	0.80	0.74	0.28	0.93
	晋城市	0.82	0.78	0.56	0.91
	吕梁市	0.78	0.74	0.35	0.90
	临汾市	0.79	0.75	0.35	0.81
	运城市	0.85	0.78	0.36	0.95
	晋中市	0.83	0.81	0.27	0.88
	长治市	0.62	0.62	0.19	0.95
河南	巩义市	0.85	0.88	—	0.84
	济源市	0.94	0.87	0.35	0.79
	洛阳市	0.91	0.90	0.31	0.81
	三门峡市	0.87	0.88	0.40	0.68
	郑州市	0.93	0.90	—	0.86
	焦作市	0.93	0.90	—	0.86

4）省（自治区）水土保持措施数量校核系数。以校核后各省（自治区）水土保持措施面积除以整理后相应措施面积，得到各省（自治区）各项措施校核系数见表5-9。

表5-9　黄河上中游省（自治区）水土保持措施校核系数统计表

省（自治区）	梯田	水保林	种草	坝地	全省（自治区）
青海	0.90	0.75	0.64	0.75	0.81
甘肃	0.91	0.73	0.43	0.52	0.76
宁夏	0.89	0.80	0.69	0.89	0.81
内蒙古	0.86	0.73	0.46	0.70	0.69
陕西	0.82	0.77	0.58	0.72	0.77
山西	0.80	0.76	0.32	0.88	0.77
河南	0.90	0.89	0.33	0.76	0.90
黄河上中游	0.87	0.76	0.51	0.78	0.77

从表5-8可看出：整个黄河上中游地区水土保持措施数量综合校核系数为0.77，校核系数由大到小的顺序依次是梯田、坝地、水保林、种草，分别为0.87、0.78、0.76、0.51。在各项水土保持措施中，梯田的校核系数最大，种草的校核系数最小。原因是梯田一旦修建好之后面积一般不会大幅度减少，坝地面积在一般情况下也不会减少（大面积水毁除外），反而会随着时间的推移逐年增大，水保林尤其是经济林，栽植后有一个生长周期，受树龄的影响，其面积会随着时间的推移有一定幅度的减少，

草的生命周期更短，一般 3～5 年。经分析，黄河上中游地区总的校核系数结果符合水土保持措施的上述特点。

对于黄河上中游地区的每个省（自治区）而言，其特点仍然是梯田的校核系数最大，种草的校核系数最小，个别省（自治区）水保林的校核系数大于坝地的校核系数或与坝地持平，这反映了各省（自治区）水土保持措施结构存在一定的差异，同时也从一个侧面反映了退耕还林及生态环境建设在省际的差异。

总体上，水土保持重点治理区校核系数较高、一般治理区较低，小流域治理和重点工程治理项目集中地区校核系数较高，基本符合黄河上中游水土保持重点省（自治区）、重点治理区水土保持措施数量和保存率均较高的特点。梯田、坝地校核系数在山西、陕西、甘肃、宁夏、青海等省（自治区）的黄土丘陵沟壑区、黄土高原沟壑区等重点水土流失治理区较高；水保林校核系数在河南、山西、陕西、宁夏较高，受降水量等因素影响，水保林校核系数在黄河上中游地区基本呈现由西向东、由北向南增大的趋势；种草因周期短、受人为等因素影响较大等原因，虽无明显特点，但也呈现封山禁牧家畜圈养和畜牧业发达地区草的核实率较高、放牧区和畜牧业不发达地区草的核实率较低的趋势。

在非水土流失重点治理区如平原区、阶地区，个别水土保持措施也较高，主要原因是校核系数的大小并不代表水土保持措施数量的多少，而反映的是校核面积与统计面积之间的比值，在非水土流失重点治理区水土保持措施分布较少，受调查样地数量等因素限制，校核系数有可能较高。

（2）水土保持措施数量校核结果。黄河上中游地区各省级行政区水土保持措施数量校核结果按年份统计见表 5－10。截至 2007 年，黄河上中游地区校核水土保持措施总面积 168559.33km²，其中梯田 39622.99km²，水保林 91171.40km²，种草 17102.80km²，坝地 3145.83km²，封禁治理 17516.31km²。从措施配置看，梯田面积占治理面积的 23.51%，水保林占 54.09%，种草占 10.15%，坝地占 1.87%，封禁治理占 10.39%。

表 5－10　　黄河上中游 1996—2007 年水土保持措施结果校核统计表　　单位/km²

年份	梯田	水保林	种草	坝地	封禁	合计
1996	28876.92	56054.89	10519.77	2252.62	9207.18	106911.38
1997	30288.08	59281.42	10544.26	2350.86	9472.07	111936.69
1998	31978.85	62150.60	11156.31	2484.73	9744.91	117515.40
1999	33455.52	64789.74	11968.74	2642.19	10128.60	122984.79
2000	34706.90	66848.03	12519.96	2751.58	10624.98	127451.45
2001	34989.56	69217.03	13062.94	2747.34	10708.83	130725.70
2002	36267.98	73454.86	13948.05	2871.37	12706.94	139249.20
2003	36999.65	78442.75	14967.01	2936.81	13578.21	146924.43
2004	37713.21	82557.19	15657.81	2999.70	12884.36	151812.27
2005	38480.28	86103.55	16324.22	3064.74	14251.56	158224.35
2006	39187.40	88630.09	17001.30	3103.42	16055.25	163977.46
2007	39622.99	91171.40	17102.80	3145.83	17516.31	168559.33

(3) 水土保持措施质量。通过调查，统计出调查单元水土保持措施质量比例，推算出不同等级水土保持措施的质量，再按不同行政区和重点流域进行汇总。

1) 计算结果。黄河上中游各省（自治区）不同质量等级水土保持措施数量见表5-11。

表5-11　黄河上中游各省（自治区）水土保持措施质量分级数量表

省（自治区）	梯田/hm²			水保林/hm²			种草/hm²		
	Ⅰ级	Ⅱ级	Ⅲ级	Ⅰ级	Ⅱ级	Ⅲ级	Ⅰ级	Ⅱ级	Ⅲ级
青海	38345	61494	89123	29139	69080	135832	4141	8553	29306
甘肃	1161861	651943	12112	385068	1045483	189744	3473	281158	177201
宁夏	28762	203004	63688	78376	408017	238992	37118	217502	96612
内蒙古	18957	45637	10903	22365	777566	655191	283	97841	217032
陕西	455978	233466	204781	740381	1229458	861607	70600	171725	236605
山西	28000	128127	348848	181792	1204972	351046	12361	20592	24326
河南	88990	60303	27976	228924	188770	95335	0	3814	39
占黄土高原数量及比例/%	1820893	1383974	757431	1666045	4923346	2527747	127976	801185	781121
	46	35	19	18	54	28	7	47	46

2) 结果分析。从表5-11可看出：整个黄河上中游地区梯田以Ⅰ级为主，约占46%，Ⅱ级梯田约占35%，Ⅲ级梯田约占19%；黄河中游主要以农业生产为主，且大多数农地没有灌溉条件，只能靠天吃饭，多数地区人多地少，梯田作为基本农田，具有蓄水保土作用，是当地救命田。近年来修的梯田全采用机修，保证了梯田质量，并且在梯田施工中，采取国家投资一部分、政府匹配一部分、农民自己出资一部分3家共同出资的建设方式，保证了梯田的质量和数量。

水保林以Ⅱ级为主，约占54%，其次为Ⅲ级，约占28%，Ⅰ级水保林约占18%；种草以Ⅲ级、Ⅱ级为主，分别占47%、46%，Ⅰ级种草约占7%；林草措施面积虽然较以前有较大增长，主要是2002年以后全面实施的退耕还林还草政策，同时，近年来实施的水土保持治理项目大多实行了水土保持监理制度，保证了林的成活率，较少出现以前“年年种树不见树”的现象，但由于林地郁闭有一个过程，所以林草措施质量仍以Ⅱ级为主。

本次调查获得了黄河上中游各县级行政区梯田、水保林、种草、坝地的校核系数和1996—2007年相应水土保持措施校核数量，为黄河上中游水土保持措施效益评价工作提供了基础数据。

本章参考文献

[1] 李智广，等. 水土保持监测技术指标体系［M］. 北京：中国水利水电出版社，2006.
[2] 何兴照，刘则荣，喻权刚，等. 黄土高原小流域水土保持监测评价［M］. 北京：中国计划出版社，2008.
[3] 郭索彦，鲁胜力，李智广. 水土保持治理措施普查方法［M］. 北京：中国水利水电出版社，2014.
[4] 李智广，张光辉，刘秉正，等. 水土流失测验与调查［M］. 北京：中国水利水电出版社，2005.

[5]　喻权刚，等. 黄河流域水土保持遥感监测理论与实践［M］. 北京：中国水利水电出版社，2013.
[6]　陈膺强. 应用抽样调查［M］. 北京：北京师范大学出版社，2010.
[7]　喻权刚. 新技术在开发建设项目水土保持监测中的应用［J］. 水土保持通报，2007.
[8]　何兴照，王富贵，赵帮元，等. 黄河上中游水土保持措施调查与效益评价［M］. 西安：陕西人民出版社，2015.

第 6 章 生产建设项目水土保持监测

生产建设活动的人为侵蚀伴随着我国工业化、城市化的发展而呈现越来越严重的趋势。自 20 世纪 90 年代，我国就将生产建设活动造成的人为水土流失监测纳入正常的水土保持监测[1-3]，不同学者先后对监测内容、方法、技术指标、频次、水土流失量预测等开展了系列研究[4-11]，并取得一定成果。水利部先后颁布了《水土保持监测技术规程》（SL 277）、《开发建设项目水土保持技术规范》（GB 50433）、《开发建设项目水土流失防治标准》（GB 50434）等系列标准[12-16]，用于规范生产建设项目水土保持监测工作。依法依规开展生产建设项目水土保持监测，对施工建设过程中的水土流失进行适时监测和监控，掌握建设过程中项目区水土流失的变化动态，分析项目存在的水土流失问题和隐患，为生产建设项目水土流失预测，为及时采取相应的防控措施、最大限度地减少水土流失提供信息，也为进一步完善水土保持设施设计提供依据，有效控制生产建设活动引起的人为水土流失，保护和合理利用水土资源，促进生态文明建设，实现人与自然和谐发展。

6.1 监测的主要任务与程序

6.1.1 监测的目的与任务

6.1.1.1 监测的目的

生产建设项目水土保持监测是法律法规规定的法定职责，是贯彻落实《水土保持法》的重要举措。《中华人民共和国水土保持法》第四十一条规定对可能造成严重水土流失的大中型生产建设项目，生产建设单位应当对生产建设活动造成的水土流失进行监测，并将监测情况定期上报当地水行政主管部门。《水土保持生态环境监测网络管理办法》（2000 年 1 月水利部令第 12 号发布实施，2005 年 7 月水利部令第 24 号修改）第十条规定有水土流失防治任务的生产建设项目，建设和管理单位应设立专项监测点对水土流失状况进行监测，并定期向项目所在地县级监测管理机构报告监测成果。各级水行政主管部门、各生产建设单位都应开展水土流失监测，及时报告，让生产建设项目的水土流失防治处于舆论和广大人民群众的监督之下，不断提高防治成效，为控制人为水土流失保护生态环境相关政策和技术规范等的发布，积累资料，提供指导。

生产建设项目水土保持监测为生产建设项目的实施和监管服务。通过对项目建设全过程的监测，掌握生产建设项目水土流失情况、水土保持措施布设及水土保持效果等，不仅有利于整个工程建设的安全，有利于水土保持措施甚至主体工程设施的施工，而且有利于保护项目区内的水土资源和生态环境。水土保持监测是水行政主管部门监督管理的前沿，通过全程监测监控，实现全过程、全方位的监督管理，提高监督管理工作的针对性、时效性和有效性。

生产建设项目水土保持监测可掌握人为水土流失规律。生产建设项目造成的侵蚀是以人为活动为主要营力，叠加自然营力，构成以干扰和破坏地面，塑造地貌和排放大量废弃物为明显特征的一类侵蚀，有其特有的性质。生产建设项目造成的侵蚀强度极大，侵蚀类型复杂，危害严重，而且动态变化迅速，是以前少见的，需要从技术创新、方法创新和体制创新方面，坚持不懈地探索人为水土流失规律，通过动态监测，探讨不同条件下水土流失变化和水土保持效果，分析总结变化规律及其对环境的影响，不断丰富水土保持监测的基础理论和应用技术，推动整个水土保持科学技术迈上新台阶。

6.1.1.2　监测任务

生产建设项目水土保持监测是为了落实好水土保持方案，加强水土保持设计和施工管理，优化水土流失防治措施，协调水土保持工程与主体工程建设进度；及时、准确掌握生产建设项目水土流失状况和防治效果，提出水土保持改进措施，减少人为水土流失；及时发现重大水土流失危害隐患，提出水土流失防治对策建议；提供水土保持监督管理技术依据和公众监督基础信息，促进项目区生态环境的有效保护和及时恢复。监测的重点包括水土保持方案落实情况，取土（石、料）场、弃土（石、渣）场使用情况及安全要求落实情况，扰动土地及植被占压情况，水土保持措施（含临时防护措施）实施状况，水土保持责任制落实情况等。监测内容包括水土流失影响因素、水土流失状况、水土流失危害和水土保持措施实施情况及效果等。

（1）水土流失影响因素监测。影响因素包括气象、水文、地形地貌、地表组成物质、植被等自然影响因素；项目建设对原地表、水土保持设施、植被的占压和损毁情况；项目征占地和水土流失防治责任范围变化情况；项目弃土（石、渣）场的占地面积、弃土（石、渣）量及堆放方式；项目取土（石、料）场的扰动面积及取料方式。

（2）水土流失状况监测。水土流失状况包括水土流失的类型、形式、面积、分布及强度；各监测分区及其重点对象的土壤流失量。

工程建设前，根据水土保持方案，监测防治责任范围内土壤流失面积。工程建设过程中，根据监测分区、监测点和设施布设情况，按照监测频次，监测水土流失情况，采集影像资料，记录相关情况。

（3）水土流失危害监测。监测水土流失对主体工程造成危害的方式、数量和程度；水土流失掩埋冲毁农田、道路、居民点等的数量、程度；对高等级公路、铁路、输变电、输油（气）管线等重大工程造成的危害；生产建设项目造成的沙化、崩塌、滑坡、泥石流等灾害；对水源地、生态保护区、江河湖泊、水库、塘坝、航道的危害，直接进入江河湖泊的弃土（石、渣）情况。发现水土流失危害事件，要现场通知建设单位，并开展监测，并记录水土流失危害监测信息，编制水土流失危害事件监测报告并提交建设单位。

(4) 水土保持措施实施情况及效果监测。监测内容包括植物措施的种类、面积、分布、生长状况、成活率、保存率和林草覆盖率；工程措施的类型、数量、分布和完好程度；临时措施的类型、数量和分布；主体工程和各项水土保持措施的实施进展情况；水土保持措施对主体工程安全建设和运行发挥的作用；水土保持措施对周边生态环境发挥的作用。

应根据水土保持方案、施工组织设计、施工图等，建立水土保持措施名录。主要包括各类措施的数量、位置和实施进度等。工程建设过程中，应按监测方法和频次，开展水土保持措施监测，并做好记录。

由于生产建设项目的扰动过程是不断变化的，造成的水土流失在不同地段、不同时段也有所不同，要全面监测十分困难，因此在整个建设过程中对一些主要部位和时段进行全过程的详细监测，以掌握项目建设所造成的水土流失，这些部位即为监测重点区域。监测重点区域的水土流失具有代表性和典型性，对治理措施布设设计和防治工作部署具有重大意义，并为水土流失及其危害预测、预防、治理以及水土保持设施验收评估等提供可靠信息。

6.1.2 监测的基本程序

生产建设项目水土保持监测一般划分为监测准备、动态监测、监测总结 3 个阶段。监测准备阶段主要工作为编制监测实施方案，组建监测项目部，监测人员进场。动态监测阶段主要工作包括全面开展监测，加强对重点区域如扰动土地、取土（石、料）、弃土（石、渣）等情况监测；监测单位每次现场监测后，应向建设单位及时提出水土保持监测意见；编制与报送水土保持监测报告。监测总结阶段主要工作为汇总、分析各阶段监测数据成果，分析评价防治效果，编制与报送水土保持监测总结报告。

6.1.2.1 监测实施方案编制与报送

监测实施方案主要内容应包括建设项目及项目区概况、水土保持监测的布局、内容、指标和方法、预期成果及形式、工作组织等，实施方案提纲见本章附录 1。编制监测实施方案前应收集项目区自然情况及有关规划、区划、水土保持治理情况资料，主体工程的初步设计、施工组织设计、绿化设计资料，项目水土保持方案报告书和水土保持专项设计资料。现场调查主要包括施工现场的交通情况、占地面积、水土流失面积与分布、水土保持措施类型和数量，水土保持监测重点区域的位置、数量和监测时段。

监测实施方案编制应明确监测内容和方法，监测点的种类、数量与位置，满足水土保持监测工作的需要。大型建设项目监测实施方案应开展专家咨询论证。

建设单位应在主体工程开工后及时向相关水行政主管部门报送水土保持监测实施方案。水利部批复水土保持方案的项目，由建设单位向项目所涉及各流域机构报送，同时报送项目所涉及各省级水行政主管部门。地方水行政主管部门批复水土保持方案的项目，由建设单位向批复方案的水行政主管部门报送。

6.1.2.2 监测项目部组建

应在现场设立监测项目部，大型生产建设项目可以根据工作情况设立监测项目分部。主要职责包括负责监测项目的组织、协调和实施，负责监测进度、质量、设备配置和项目

管理，负责与施工单位日常联络，收集主体工程进度、施工报表等资料，负责日常监测数据采集，做好原始记录，负责监测资料汇总、复核、成果编制与报送，开展施工现场突发性水土流失事件应急监测。

6.1.2.3　监测人员进场

工程开工后，监测人员进场，建设单位应组织召开监测技术交底会议，由水土保持监测单位、监理单位，工程设计单位、主体工程监理单位、施工单位的有关负责人参加会议，会议介绍水土保持法等法律法规，生产建设项目水土保持管理的相关规定，介绍监测实施方案，包括水土保持监测技术路线、布局、内容和方法，监测工作组织与质量保证体系等，建立项目水土保持组织管理机构，明确监测单位在机构中的职责。

6.1.2.4　动态监测

（1）监测方式和手段。项目要指定专职人员开展定期监测或监测机构派人员驻点监测。

扰动地表面积、弃土（石、渣）量、水土保持措施实施情况等内容以实地量测为主。线路长、取弃土（石、渣）量大的公路、铁路等大型生产建设项目，需结合卫星遥感和航空遥感等手段调查扰动地表面积和水土保持措施实施情况。根据项目建设特点，可以布设监测样地，卡口监测站、测钎监测点，开展水土流失量的监测。

（2）监测频次。建设类项目在整个建设期（含施工准备期）内必须全程开展监测；生产类项目要不间断监测。

正在使用的取土（石、料）场、弃土（石、渣）场的取土（石、料）、弃土（石、渣）量，正在实施的水土保持措施建设情况等至少每10天监测记录1次；扰动地表面积、水土保持工程措施拦挡效果等至少每1个月监测记录1次；主体工程建设进度、水土流失影响因子、水土保持植物措施生长情况等至少每3个月监测记录1次。遇暴雨、大风等情况应及时加测。水土流失灾害事件发生后1周内完成监测。

6.1.2.5　监测总结

监测期末，进行监测工作总结。主要工作为汇总、分析各阶段监测数据成果，分析评价防治效果，编制与报送水土保持监测总结报告，提纲见本章附录2。

6.2　监测分区与监测点布设

6.2.1　监测分区

6.2.1.1　分区目的

一个完整的建设项目是由若干具有不同功能的部分构成的，这些不同部分的施工工艺、建筑物形式是不同的，由此所引发的水土流失的强度和时段也不尽相同，需要采取的防治措施也不相同。为了准确监测建设活动引发的水土流失及防治措施的效果，应布置不同的监测设施或采取相应的监测方法，这就有必要进行分区。

监测分区是监控水土流失的重要基础工作。其任务是综合分析水土流失影响因素，详细了解水土流失营力、类型、强度和形式，全面认识水土流失的发生、发展特征和分布规律，并根据水土流失及其影响因素在一定区域内的相似性和区域间的差异性，提出监测范围的分区方案，划分出不同的监测类型区，为确定监测的重点地段和监测点布局提供依据。

6.2.1.2 分区原则

水土保持监测分区要突出反映不同区水土流失特征的差异性、和同一区水土流失特征的相似性，要求同一区自然营力、人为扰动以及水土流失类型、防治措施基本相同，而不同区之间则有较大差别。因此，分区原则主要为：

（1）不同区之间的显著差异性。不同监测区之间，影响水土流失的主要自然因素和人为扰动条件（含侵蚀营力、扰动形式和强度等）具有明显差异，水土流失防治方向、治理措施具有明显差异。这些差异直接决定了监测方法和监测设施设备的差异，以及监测指标的不同。

（2）同一区内部的明显一致性。在同一监测区内部，影响水土流失的主要自然因素和人为扰动条件具有明显的一致性，水土流失防治方向、治理措施具有明显一致性。这些一致性直接决定了反映水土流失及其营力主要特征的监测指标的相似或相同，进而决定了监测方法以及必需的监测设施设备的相似或相同。

（3）多级分区的系统性。监测分区应按照从总体到部分、从高级分区到低级分区进行；同一分区级别应有唯一的分区依据，不同级别具有不同的分区依据，且具有一定的关联性，形成层次分明的分区体系。一般是高级分区应具有控制性和全局性。如以水土流失的主导营力、形态等为依据进行分区，同时以自然地理界线为分区的主要界线等。低级分区应结合工程布局和施工区特点进行分区。如结合工程功能布局、项目建设区和直接影响区等。

（4）兼顾行政区域的完整性。水土保持监测分区应照顾行政区域的完整性，以便按照行政区分析社会经济条件及项目建设对社会经济的影响，同时为主体工程建设顺利施工和安全建设服务、为水土保持行政监督服务。

6.2.1.3 分区体系

生产建设项目水土保持监测范围应包括水土保持方案确定的水土流失防治责任范围，以及项目建设与生产过程中扰动与危害的其他区域。

分区时要综合考虑项目区自然条件和工程特性，自然条件主要有水土流失类型、地貌类型、土地利用类型；工程特性则主要有工程的功能单元类型，并结合国内已有分区成果进行。

（1）水土流失类型区划分。水土流失类型分区，又称土壤侵蚀类型分区，是根据土壤侵蚀外营力以及影响侵蚀发育的主导因素（包括地貌、土壤类型）的相似性和差异性，进行监测分区。经过研究发展和完善，在《土壤侵蚀分类分级标准》（SL 190—2007）中以发生学原则（主要外营力）为依据，将全国分为水力侵蚀、风力侵蚀、冻融侵蚀三大侵蚀类型区。对于空间跨度较大的项目，如青藏铁路，还可以用复合水土流失类型区，如水力-风力复合侵蚀区、水力-冻融复合侵蚀区、风力-冻融复合侵蚀区等。

（2）地形地貌类型区划分。在《土壤侵蚀分类标准》（SL 190—2007）中以形态学原则（地质、地貌、土壤等）为依据进行了全国二级区的划分，共划分 9 个二级类型区。其中，水力侵蚀为主的一级区分为西北黄土高原区、东北黑土区、北方土石山区、南方红壤丘

陵区和西南土石山区等5个二级类型区；风力侵蚀为主的一级区分为三北戈壁沙漠及沙地风沙区、沿河环湖滨海平原风沙区等2个二级类型区；将冻融侵蚀为主的一级区分为北方冻融土侵蚀区、青藏高原冰川侵蚀区等2个二级类型区。

（3）土地利用类型区划分。根据目前国家发布的《土地利用现状分类》（GB/T 21010—2007），结合土地的用途、经营特点、利用方式和覆盖特征对水土流失的影响，适当进行归并，即将商服用地、工矿仓储用地、住宅用地、公共管理与公共服务用地、特殊用地统一为居民点及工矿用地。因此，土地利用类型划分为耕地、园地、林地、草地、居民点及工矿用地、交通运输用地、水域和其他用地等8类。

（4）功能单元类型区划分。功能单元是指生产建设项目主体工程为实现某一生产（任务）目的而采用某一工艺操作和全套设施设备所占用土地，如堆渣的尾矿库等。功能单元类型区与生产建设项目的工程特性及施工工艺密切相关。按照行业特点和生产性质将生产建设项目分为矿业开采工程、企业建设、交通运输建设、水工程建设、电力工程、管道工程、城镇建设工程、农林开发建设等8类，不同类型项目具有不同的功能单元类型。表6-1中列出了各类项目的功能单元分区供参考。

表6-1　　生产建设项目水土保持监测区分类表

分区类型	分区名称	
水土流失类型区	水力侵蚀区、风力侵蚀区、冻融侵蚀区、水力-风力复合侵蚀区、水力-冻融复合侵蚀区、风力-冻融复合侵蚀区	
地貌分区	西北黄土高原区、东北黑土区、北方土石山区、南方红壤丘陵区、西南土石山区、三北戈壁沙漠及沙地风沙区、沿河环湖滨海平原风沙区、北方冻融土侵蚀区、青藏高原冰川侵蚀区	
土地利用分区	耕地、园地、林地牧草地、居民点及工矿用地、交通运输用地、水域、其他用地	
功能单元分区	矿业开采工程	采掘场、工业场地、塌陷区、转运场、排水区、尾矿库、排土（矸）场、运输道路
	企业建设	厂址区、取料场、尾矿尾沙库、弃土（石、渣）场、堆料场
	交通运输建设	路基、施工场地、取土（石、料）场、弃土（石、渣）场、施工便道、隧道、桥涵施工段
	水工程建设	建设场地、取土（石、料）场、弃土（石、渣）场、移民拆迁及安置区
	电力工程	厂址区、取土（石、料）场、弃土（石、渣）场、贮灰场、运输系统、水源及供水系统
	管道工程	管道敷设区、临时堆土区、弃土（石、渣）场、施工作业带、堆料场、施工道路
	城镇建设工程	建筑区、堆料场、弃土（石、渣）场、施工场地、施工道路
	农林开发建设	施工开挖填筑面、场地平整、施工便道、弃渣场

生产建设项目水土保持监测分区应以水土保持方案确定的水土流失防治分区为基础，结合项目工程布局进行划分。对于跨度大、范围广的大型生产建设项目，一级监测分区应按照《土壤侵蚀分类分级标准》（SL 190—2007）划定的全国各级土壤侵蚀类型区的二级类型区执行。二级监测分区应在一级监测分区的基础上，结合工程布局进一步划分。

6.2.2　监测点布设

生产建设项目水土保持监测点是定位、定量、动态采集水土流失及其因子、治理措施状况的监测样地（或样区），包括定位监测点，还包括不定期巡查的监测点。按照监测的目的、作用及监测技术配置，将监测点分为观测样点、调查样点和补充样点。

6.2.2.1 监测点类型

（1）观测样点。观测样点是设置在选定的位置，根据监测要求建设安装监测设施设备，观测并采集水土流失影响因子、流失方式与流失量、水土保持措施数量与质量等指标的监测点。观测数据主要用来进行水土流失发生、发育及其危害评价、水土保持措施消长，定量分析并回答生产建设项目造成的水土流失及其治理效益。

观测样点的位置，并不限制在生产建设项目范围内，可以选择与项目区自然条件相似、相近地区水土保持试验站（点）的观测点，作为观测样点，以便进行对比分析。

与调查样点比较，观测样点的监测指标较多，并要按照设计的监测周期进行连续的采集数据。

（2）调查样点。调查样点是仅选定位置、确定面积、设立标志，定期进行相关指标调查的监测点，并无观测设施设备。这些监测点主要是用来进行单一的或多个水土流失因子、水土流失方式、水土保持措施类型及其发育的调查，一方面是对监测点样本数量的补充，另一方面可以用调查结果辅助说明（或分析）生产建设项目造成的水土流失及其治理效益。

与观测样点比较，调查样点的监测指标较少，而且可以只调查某一方面或单个指标，并不强求必须调查水土流失量。

（3）补充样点。补充样点是临时确定的一些样点，只有样点号而不设样点标志。主要是用来补充观测样点和调查样点的不足，增加监测对象的比例；或者记录偶然、特殊或典型的现象，以便突出反映事物的某一侧面，作为资料积累和分析研究。

针对样点所肩负的主要任务，可将样点分为水蚀观测样点、风蚀观测样点、植物措施调查样点、工程措施调查样点。一般水蚀和风蚀监测样点可以监测某类的植物措施和工程措施的指标，但植物和工程措施调查样点不能监测前者的指标。补充样点主要是针对植物措施和工程措施调查设立的，也有针对水土流失危害设立的。

6.2.2.2 样点布局

（1）样点布局原则。水土保持监测点布设，应按监测分区，根据监测重点布设，同时兼顾项目所涉及的行政区，统筹考虑监测内容，尽量布设综合监测点；每个监测点及其监测点总体能够充分反映监测区域（或其一部分）的水土流失特征，与项目构成和工程施工特性相适应，且相对稳定，满足持续监测要求，满足工程建设评估验收要求。因而监测点布设应遵循如下原则：

1）监测点的典型代表性。生产建设项目水土保持监测范围分区，反映了整个监测范围内水土流失及其因子的分布及其变异特征。同一监测分区，水土流失及其因子相近或相似；不同监测分区，水土流失及其因子差异较大。

一般地，监测点应该按照监测分区布设，每个监测分区都应该布设监测点；同时，监测点应该布置在监测重点地段，以便具有充分的典型代表性。在重点地段内，监测点究竟布设在什么地方，还要实际踏查，考虑其他相关因素原则，以及监测指标的采集。若要监测水土流失变化，则要在扰动破坏区和渣土转运堆积区内选取点位；若要求监测水土流失

对周边的危害，则可能在直接影响区内选取点位。

当然，在每个监测分区中，可以布设一个监测点，也可布设多个监测点。监测点的具体点位和数量由监测设计决定。

2）监测点适应工程特性。监测点布设时，要充分了解工程特性，并与其相一致。工程特性含有建设施工和工程构成两个方面，前者主要包括工程的施工流程、工艺手段及其对周边的扰动与影响等特性，后者包括工程的主要构件、分布与构成方式等特性。在全面了解和掌握这些特性的基础上，结合监测范围及其分区水土流失影响因素，科学布设监测点。

一般地，应该在项目的各个功能分区中都布设监测点，以便反映每个功能分区的水土流失及其治理成效。

3）监测点的相对稳定性。生产建设项目施工进展快、对周边的影响变化大，对监测工作干扰也比较强烈，甚至造成损坏监测设施设备或中断监测工作，因而在布置监测点时要十分注意监测点的稳定性，以保证动态监测的持续性，使得监测点在整个时段内都能发挥作用。“稳定”主要指监测点位置的稳定和监测点不被后续施工扰动，包括监测样区的大小、监测样区内的物质、监测设施设备等没有被工程施工或其他人为活动扰动。因而，要选取那些位置不变，工程施工并不扰动监测样区形态，既靠近扰动中心、干扰又相对小，并能保持一定时间（设计监测期）的地点作为监测点。

4）监测点的数量足够。从统计学角度讲，水土保持监测点的集合其实是从整个监测范围中抽取的样本，每个监测点就是一个样本个体。为了保证监测的可靠性，提高监测质量，监测点的数量必须达到一定要求，才能用这些样本估算总体（整个监测范围）的特征，估算结果才是“无偏估计”；否则，监测成果就不能真实地反映整个监测范围的水土流失及其治理状况。

此外，对有些工程建设项目，还要设置对比监测点。通过对比监测，既解决或弥补了该区流失背景值缺乏问题，也直观地反映了因为工程建设所造成水土流失量增加，或工程建设过程中采取水土保持措施减水减沙的作用。

（2）样点布设方法。主要包括以下两种方法：

1）样点设置技术。水土保持监测点设置是用数理统计学中的抽样技术进行的。统计学中的抽样技术已有很大的发展，形成了不同用途的抽样理论和技术。目前比较常用的有随机抽样、系统抽样、分层抽样和成数抽样等。

2）监测点数量的确定。对于点型生产建设项目，一般空间分布有限，侵蚀类型和形式单一，地形简单，可以先确定项目的基本功能单元，再对重点地段布设样点进行监测。线型生产建设项目，其空间跨度大，侵蚀类型和形式复杂，首先应划分监测分区，然后在不同区段内按项目的基本功能单元设立监测点。这实际上是采用了分层抽样技术。

在实际工作中，常常基于工作经验及其对监测范围内各种自然条件与项目特性的分析，确定一个兼顾经济和效用的最低数量标准，即利用抽样强度确定样点数量。

利用抽样强度确定监测点数量的顺序是：首先，预确定监测范围应该设置的总监测点的数量 N。其次，按照每个监测分区的面积百分比分解监测点数量，对于少于 1 个监测点的监测分区，至少设置 1 个监测点；对于多于 1 个监测点的监测分区，按照“四舍五入”

的原则确定监测点数量。各个监测分区设置的监测点数量之和 n，一般地 $n \geqslant N$。这样，既保证监测点的代表性，又保证监测点的设置比例不少于确定的抽样强度。

水土保持措施的监测点，可按《水土保持综合治理验收规范》（GB/T 15773）规定的抽样比例确定。监测点数量应满足水土流失及其防治效果监测与评价的要求，植物措施监测点数量可根据抽样设计确定，每个有植物措施的监测分区和县级行政区应至少布设 1 个监测点。工程措施监测点数量应综合分析工程特点合理确定，对于点型项目，弃土（石、渣）场、取土（石、料）场、大型开挖（填筑）区、贮灰场等重点对象应至少各布设 1 个监测点；线型项目，应选取不低于 30%的弃土（石、渣）场、取土（石、料）场、穿（跨）越大中河流两岸、隧道进出口布设监测点，施工道路应选取不低于 30%的工程措施布设监测点。

土壤流失量监测点，每个监测分区应至少布设 1 个，当线型项目一个监测分区中的项目长度超过 100km 时，每 100km 应增加 2 个监测点。

6.2.2.3 水蚀监测样点设计

（1）坡面径流小区。坡面径流小区可以观测坡面产流量、土壤流失量、治理措施及其控制径流、泥沙等内容，适用于扰动土体、弃土（石、渣）等较稳定的坡面，也可用于砾石较少的弃土（石、渣）坡面，不适用于由弃石组成的堆积坡面。布设径流小区的坡面应具有代表性，且交通方便、观测便利。规格可根据具体情况确定。全坡面径流小区长度应为整个坡面长度，宽度不应小于 5m。简易小区面积不应小于 10m^2，形状宜采用矩形。径流小区的组成和平面布设应依据《水土保持试验规程》（SL 419）规定结合第 3 章水力侵蚀监测内容执行。

（2）简易观测场。简易土壤流失观测场是选择有代表性的坡面布设测钎，选址应避免周边来水的影响，利用一组测钎观测坡面水土流失厚度的设施，常采用 9 根直径小于 0.5cm、长 50～100cm 类似钉子形状的测钎，按网格状等间距设置，测钎应沿铅垂方向打入坡面，编号登记入册，如图 6-1（a）所示。当坡面大而较完整时，可从坡顶到坡脚全面设置测钎，并增大测钎密度，如图 6-1（b）所示。简易土壤流失观测场的测钎间距，依观测场面积大小而定，面积大，测钎间距也大；反之，间距小。一般为 3m×3m 或 5m×5m。

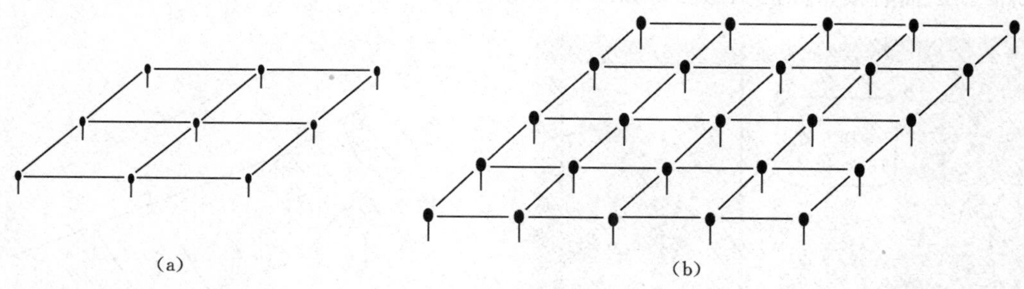

图 6-1 简易土壤流失观测示意图

（3）集沙池。一般在坡面下方设置蓄水池、在堆渣体的坡脚周边设置沉沙池、在排水沟出口建沉沙池等。如图 6-2 所示。集沙池规格应根据控制的集水面积、降水强度、泥

(a) 坡脚设置集沙池(可以加盖)

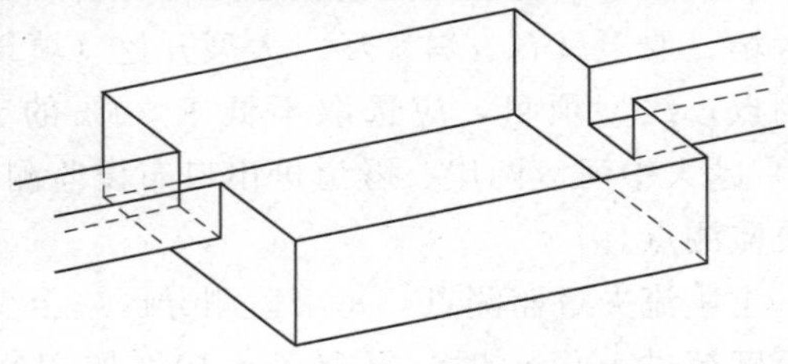

(b) 排水沟上的沉沙池

图 6-2　泥沙收集器沉沙池

沙颗粒和集沙时间确定。边墙砌筑应满足稳定要求，材料为混凝土或浆砌砖、石。为了不使悬移质溢出，或设置在土壤颗粒细小的坡面，收集器的容积设计应较大，并经常巡查监测。

(4) 细沟侵蚀调查样地设置及调查。在野外监测细沟水土流失时，样地一般应选取坡面上细沟发育具有代表性的区段，但样地选择因坡面大小采取不同的方法。当坡面较小时，一般应选择沿坡面从上端至下端的一个条带，作为带状样地，宽度不应小于 5m；当坡面较大时，可以沿坡面选择一、两条线（如坡面的对角线），监测断面宜均匀布设在侵蚀沟的上、中、下部。当侵蚀沟变化较大时，应加密监测断面，如图 6-3 所示。

细沟土壤流失量常常采用断面量测法和填土置换法来观测。

1) 断面量测法。断面的测定可以用立体扫描法，也可用测尺直接量测法。立体扫描法比较精确，可以直接计算得到流失土壤的体积；直接测量方法有一定误差，应当加密测量断面。断面直接量测法示意图，如图 6-4 所示。

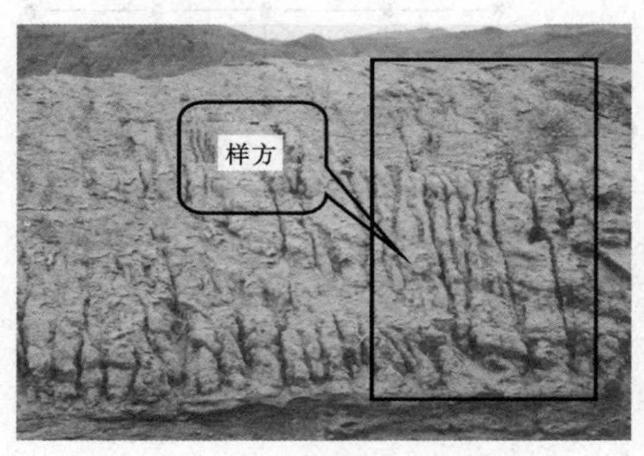

图 6-3　坡面细沟断面量测法观测样地选择示意图

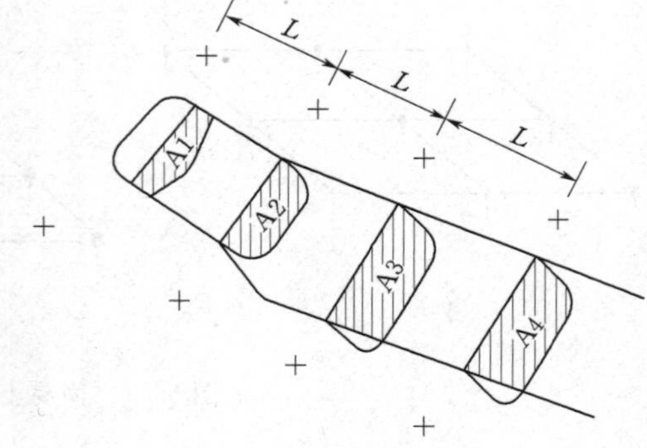

图 6-4　断面量测法测定细沟土壤流失量基本原理图

2）填土置换法。填土置换法是用一定量的备用细土（V_0）回填到细沟中，并稍压密实，刮去多余细土与细沟两缘齐平，直至填完细沟，量出剩余备用细土体积（V_t），两者之差即为细沟侵蚀体积（$V=V_0-V_t$）。容积法的测量精度受填土密实程度影响较大，因此，在填土时应尽量保证回填土的容重与坡面土壤容重一致。

（5）控制站法。控制站法适用于边界明确、有集中出口的集水区内生产建设活动产生的土壤流失量监测。每次降雨产流时应观测泥沙量、计算土壤流失量。控制站的选址与布设应依据《水土保持监测技术规程》（SL 277）和《水土保持试验规程》（SL 419）规定执行。建设时，应根据沟道基流情况确定监测基准面。水尺应坚固耐用，便于观测和养护；所设最高、最低水尺应确保最高、最低水位的观测；应根据水尺断面测量结果，率定水位流量关系。断面设计时，应注意测流槽尾端堆积；结构设计和建筑材料选择应保证测流断面坚固耐用。

若需与未扰动原地貌的流失状况对比时，可选择全国水土保持监测网络中邻近的小流域控制站作参照。

6.2.2.4　风蚀监测样点设计

（1）简易风蚀观测场。简易风蚀观测场，应选择具有代表性、无较大干扰的地面作为监测点，一般为长方形或正方形，面积不应小于10m×10m～20m×20m。每块样地设置标桩不少于9根，下垫面均匀一致，周围设围栏保护，避免强烈干扰。标桩设置采用方格形、梅花状、带状，尽量避免线状，标桩间距不应小于2m。如果标桩按照长方形设置，常常将长方形的长边顺着主风向，短边与主风向垂直；如果标桩按照“田”字形设置，则可以不考虑风向。一般地，风蚀标桩的长度应该在1～1.5m甚至更长，宜埋入地面下0.6～0.8m，宜露出地面0.4～0.9m，如图6-5所示。

图6-5　西气东输工程甘肃酒泉段的简易风蚀观测场

若需与未扰动原地貌的风力侵蚀状况对比时，可选择全国水土保持监测网络中邻近的风力侵蚀观测场作参照。

（2）风蚀强度监测设备。主要包括以下3种：

1）集沙仪。主要用来监测风沙流强度。集沙仪种类多样，详见第4章。目前，我国使用的集沙仪有观测单一风向的单向集沙仪，有观测各个风向的旋转式集沙仪；有仅观测近地面3.0cm（或3.0～5.0cm）高度的单路集沙仪，还有可以多层观测不同高度输沙量的多路集沙仪，如图6-6所示。集沙仪不宜少于3组，进沙口应正对主风向。根据监测区风向特征，可选择单路集沙仪或多路集沙仪。

2）风蚀桥。主要用来监测风蚀强度，即测定风蚀深度，如图6-7所示。为了提高测

图 6-6　旋转式多路集沙仪

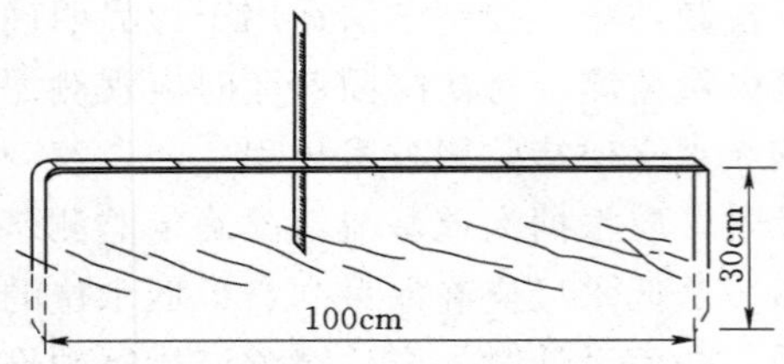

图 6-7　风蚀桥

量精度，桥身尽量细小光滑，避免扰动气流，保证风沙流以原状掠过桥下。在固定风蚀桥时要与优势风向垂直，且将桥腿打入地下时尽量减少对周围沙体的扰动。

3）测钎。测钎是细长光滑的金属杆件，要求尽量细小光滑，且有一定强度，不易被弯曲或折损，以减少阻力或避免拦挂污物。主要是用来测定风蚀强度，即测定风蚀厚度。测钎长度一般几十厘米，有人试用测钎时附带一个金属圆片，中心开一个小孔，串在测钎上，如图 6-8 所示。能够自由上下移动（在测定风积厚度是应用最广泛），这样量测比较方便。测钎多采用方格网状排列方式、等间距布设，间距在 5m 左右。

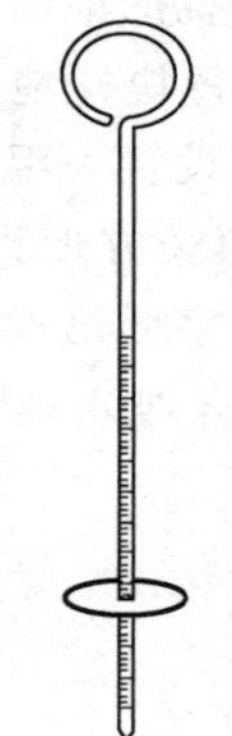

图 6-8　风蚀测钎

6.2.2.5　植物措施调查样点设计

要评价生产建设项目植物措施的质量和效果，就应该掌握植物措施的面积、成活率、保存率、盖度、郁闭度等指标。这些指标主要靠样地调查获得。

综合分析植物措施的立地条件、分布与特点，选择有代表性的地块作为监测点，在每个监测点内选择 3 个不同生长状况的样地进行监测。

（1）样地面积确定。样地是植物生长特征十分典型的地段。乔木林的典型特征有树种、树高、胸径、密度及郁闭度等，草灌木的典型特征有种类组成、高度及生长状况、密度及覆盖度等。因而样地设计，应是具有典型性的代表地段。

根据经验，亚热带地区森林样地面积应在 400～900m^2，暖温带 200～600m^2，温带 200m^2 以内；灌木地面积 100～200m^2，草地 100m^2 以内。人工林可按行抽取一定比例的单株进行实测。一般选有代表性的地块作为标准地，标准地的面积为投影面积，乔木林为 10m×10m～30m×30m，灌木林为 2m×2m～5m×5m，草地为 1m×1m～2m×2m，绿篱、行道树、防护林带等植物措施样地长度应不小于 20m。

（2）林草面积核查。可以用 GPS 等测量工具现场量测林草地面积，并调绘在地形图上进行面积核查。

（3）成活率及保存率。苗木成活率是指成活苗木的数量占栽植苗木数量的百分率。苗木成活率应当在栽植 6 个月后进行监测，苗木规范规定除寒冻区外，干旱地区成活率达

75%为合格，80%以上为优良；其他地区需达85%为合格，90%以上为优良。

苗木的保存率是指保存苗木的数量占栽植苗木数量的百分率。苗木的保存率在栽植后两年进行监测。要求绿化苗木保存率达80%为合格，90%以上为优良。

乔木和灌木的成活率及保存率，均在调查样地中调查，数出所有成活、保存植株后计算；草本的成活率及保存率也采用样地调查法，调查样地内草本的成活丛（株）数或保存丛（株）数。一般每平方米有苗10株或以上即为合格样方，用合格样方除以调查总样方，得成活率或保存率。

（4）植被盖度测定。植被盖度是指观测区域内植物枝叶覆盖（垂直投影）面积占地表面积的百分比。它是一个重要的植物群落学指标。盖度常用百分比表示，计算公式为

$$\text{盖度}(\%)=\frac{\text{灌、草叶片的投影面积}}{\text{灌木、草地的面积}}\times 100 \tag{6-1}$$

盖度测定常用目估法，即在一定面积大小的样地内，目视判断样地内植被覆盖所占的比例，该法简单易行，但主观随意性大，目估精度与测量人的经验密切相关。具体方法见第3章。

（5）林分郁闭度。郁闭度是指乔木林冠互相衔接郁闭地面的程度，用“小数法”表示。计算式为

$$\text{郁闭度}=\frac{\text{林木树冠垂直投影面积}}{\text{林地面积}} \tag{6-2}$$

如某林分的树冠水平投影面积占林地面积的70%，则该林分的郁闭度就是0.7。1.0为最高郁闭度，0.1～0.2为疏林地，林分郁闭度通过样地调查来确定。常用方法为树冠投影法即实测立木投影范围勾汇到图上，再量算面积，计算出郁闭度。

6.2.2.6 工程措施调查样点设计

工程措施监测点应根据工程措施设计的数量、类型和分布情况，结合现场调查进行布设。应以单位工程或分部工程作为工程措施监测点。单位工程和分部工程的划分应按《水土保持工程质量评定规程》（SL 336）规定执行。每个重要单位工程都应布设监测点。重要单位工程的界定应按《生产建设项目水土保持设施验收技术规程》（GB/T 22490）规定执行。当某种类型的工程措施在多处分布时，应选择两处以上作为监测点。

水土保持工程措施的施工和质量评定一般由工程监理单位负责。水土保持监测主要是了解这些措施的分布、数量是否与方案中的规定相符，并结合水蚀风蚀观测分析其水土流失防治效果。由于数量较多，在监测中采用抽样的方法进行。

样点确定后，在施工前后应拍摄影像资料进行对比，工程竣工后，观察其稳定性以及水土保持作用的发挥情况。根据《生产建设项目水土保持设施验收技术规程》（GB/T 22490—2008）的规定，对于重要的水土保持工程措施，应该全面核查其外观质量，并对关键部位的几何尺寸进行量测，其他单位工程，核查主要分部工程的外观质量，测量关键部位的几何尺寸。措施外观质量和几何尺寸可以采用目视检查和皮尺（钢卷尺）测量，必要时采用GPS、经纬仪或全站仪测量；对于混凝土浆砌石强度可以采用混凝土回弹仪检查，必要时可以做破坏性检查。

6.2.2.7 重点区域的监测要求

依据不同行业不同类型生产建设项目扰动特点，根据《开发建设项目水土保持技术规

范》(GB 50433—2008),确定不同行业生产建设项目的重点监测区域(地段),见表6-2。

表6-2　　不同行业生产建设项目的重点监测区域(地段)

生产建设项目类型	重点监测区域(地段)
采矿类工程	露天采矿的排土排石场、地下采矿的弃土(石、渣)场和地面塌陷区,以及铁路、公路专用线,施工道路和集中排水区周边
交通铁路工程	弃土(石、渣)场、取土(石、料)场、大型开挖(填筑)面、土石料临时转运场,集中排水区下游、施工道路
电力工程	活力发电工程施工中弃土(石、渣)场、取土(石、料)场、临时堆土(石、渣)场、施工道路和火力发电厂运行期贮灰场。核电工程应为主体工程施工区、弃土(石、渣)场、施工道路。风电工程应为主体工程施工区、场内外道路。输变电工程应为塔基、施工道路和施工场地
冶炼工程	弃土(石、渣)场、取土(石、料)场,堆料场、尾矿(石、渣)场,施工和生产道路
水利水电工程	弃土(石、渣)场、取土(石、料)场、施工道路、大型开挖(填筑)面、排水泄洪区下游、临时堆土(石、渣)场
管道工程	弃土(石、渣)场、伴行(临时)道路、穿(跨)越河(沟)道、坡面上的开挖沟道和临时堆土(石、渣)场
建筑及城镇建设	地面开挖、弃土(石、渣)场和土石料临时堆放场
农林开发建设工程	土地整治区、施工道路、集中排水区周边
其他工程	施工或运行中易造成水土流失的部位和工作面

取土(石、料)场、弃土(石、渣)场及临时堆放场的监测内容包括数量、位置、方量、表土剥离、防治措施落实情况等。

(1)弃土(石、渣)场。弃渣期间,应重点监测扰动面积、弃渣量、土壤流失量以及拦挡、排水和边坡防护措施等情况。弃渣结束后,应重点监测土地整治、植被恢复或复耕等水土保持措施情况。大型弃土(石、渣)场弃渣量监测可通过实测或调查获得。实测时,应在弃渣前后进行大比例尺地形图测绘,并进行比较计算弃渣量。水土保持措施监测应以调查为主,掌握措施实施以及弃渣先拦后弃、堆放工艺等情况。土壤流失量监测可采用全坡面径流小区、集沙池、控制站等方法,或利用工程建设的沉沙池、排水沟等设施进行监测。对位于风力侵蚀区的弃渣场,应进行风力侵蚀量监测。对已设置拦挡措施的弃渣堆积体,应监测流出拦渣墙(或拦渣坝)的渣量。

(2)取土(石、料)场。取料期间,应重点监测扰动面积、废弃料处置和土壤流失量。取料结束后,重点监测边坡防护、土地整治、植被恢复或复耕等水土保持措施实施情况。废弃料处置应定期进行现场调查,掌握废弃料的数量、堆放位置和防护措施。开挖后形成的边坡的土壤流失量监测采用全坡面径流小区和集沙池等方法,或利用工程建设的沉沙池、排水沟等设施进行监测,或量测坡脚的堆积物体积。取土(石、料)场的土壤流失量监测,可采用集沙池、控制站等方法,或利用工程建设的沉沙池、排水沟等设施进行监测。对位于风力侵蚀区的取土(石、料)场,应进行风力侵蚀量监测。

(3)大型开挖(填筑)区。施工过程中,应通过定期现场调查,记录开挖(填筑)面的面积、坡度,并监测土壤流失量和水土保持措施实施情况。土壤流失量监测可采用全坡面径流小区、集沙池、测钎、侵蚀沟等方法,或利用工程建设的排水沟、沉沙池进行监测。施工结束后，应重点监测水土保持措施情况。

(4) 施工道路。施工期间，应通过定期现场调查，掌握扰动地表面积、弃土（石、渣）量、水土流失及其危害、拦挡和排水等水土保持措施的情况。土壤流失量监测可采用集沙池、测钎、侵蚀沟等方法，或利用工程建设的排水沟、沉沙池进行监测。施工结束后，应重点监测扰动区域恢复情况及水土保持措施情况。

(5) 临时堆土（石、渣）场。临时堆土（石、渣）场应重点监测临时堆土（石、渣）场数量、面积及采取的临时防护措施。在堆土过程中，应通过定期调查，结合监理及施工记录，确定堆放位置和面积，并拍摄照片或录像等影像资料，监测水土保持措施的类型、数量及运行情况。堆土使用完毕后，应调查土料去向以及场地恢复情况。

此外，对于取土（石、料）场、弃土（石、渣）场的监测，应根据水土保持方案报告书、初步设计等，结合无人机监测、遥感监测和实地调查，建立包括位置、面积、方量和使用时间等的取土（石、料）场、弃土（石、渣）场名录，现场记录取土（石、料）场、弃土（石、渣）场相关情况，采集影像资料。监测过程中发现取土（石、料）场、弃土（石、渣）场存在周边有居民点、学校、公路、铁路等重要设施，且排水、拦挡等防治措施不完善；靠近水源地、江河湖泊、水库、塘坝等，没有落实防治措施；位于沟道内，上游汇水面积较大，且排水、拦挡等防治措施不完善；与水土保持方案对比，位置、规模、数量发生变化的，要补充调查有关情况，并及时告知建设单位。

近年来，无人机监测被广泛应用于生产建设项目水土保持监测，作为获取空间数据的重要手段，具有机动灵活、实时传输、影像分辨率高等特点，是卫星遥感的重要补充，可获得三维地形信息和二维面积、土地利用等信息，被用于监测生产建设项目水土流失面积、流失量，土地扰动面积、取（弃）土量和水土保持措施实施情况监测等。

6.3 监测指标及评价

生产建设项目水土保持监测是对人类活动引起的水土流失开展的监测，相同指标的监测方法在前面章节已有详细介绍，本节不再重复，仅对区别于前面章节的指标或监测要求做以说明。

6.3.1 水土流失影响因素监测及评价

水土流失影响因素的监测方法主要有资料收集分析法、调查法、现场测量法等 3 种。不同影响因素监测方法不同，或用其中一种方法，或用几种方法相互验证。

气象因素包括降雨、风速风向等，不仅要掌握多年平均状况，而且要有监测时段的状况。前者作为分析对比用，主要通过查阅文献和收集资料取得；后者用来分析研究水土流失及其治理的动态，主要通过现场观测得到。

地貌因素包括工程建设区域的地貌类型（区）、地理位置、地貌形态类型与分区、海拔与相对高差。

土壤（地面组成物质）因子主要监测指标为土壤类型，一般采用现场调查的方法，结合相关资料研究成果（如工程建设区域的土壤分布图）确定。

植被因子主要监测指标有项目建设区域的植被覆盖率、植被类型、林地郁闭度、草地盖度等。

土地利用类型监测通常采用实地调查或利用遥感影像解译结合现场校核的方法。

6.3.2　水土流失状况监测及评价

生产建设项目水土流失状况评价根据水蚀、风蚀、冻融侵蚀等采取不同的方法，不同侵蚀类型的土壤流失量计算根据采取的监测方法或布设的监测设施设备的不同而不同。由于生产建设项目属于人为扰动产生的侵蚀，具有时间短、扰动剧烈、破坏原地貌比较严重、没有明显闭合边界等特征，扰动因素难以用物理模型量化，其土壤流失量的量化多采用经验模型估算。坡面上的土壤侵蚀量多采用径流小区法获得，弃渣场、取土场的流失量可采用流出拦挡措施的泥沙量，也可根据出口处沉沙池的监测数据获得。

生产建设项目因其没有明显的边界，不能像闭合小流域一样清楚地说明其流失量，可对不同监测范围的土壤流失强度和流失量进行分别评价，评价点型项目总的土壤流失量时，可采用求和法将各监测分区的土壤流失量求和获得项目总的土壤流失量；评价线性项目土壤流失量时，要将不同级分区不同时间段的土壤流失量求和至整个项目监测范围获得总的流失量，可根据评价对象进行分别说明，如项目取土场的流失量、临时堆土的流失量。

对于重要监测对象，如取土场的土壤流失量应该是流出取土场的边界即为流失，如果是坡面取土场，坡脚底部设立的径流小区急流槽或集沙池观测获得的单位面积土壤流失量与面积的乘积为该坡面取土场的流失量。弃土场均要求先拦后弃，应以拦挡措施为边界算得弃土场的流失量。在评价生产建设项目产生的土壤流失量时要注意介绍清楚获得数据的方法和范围，对于点型项目和线型项目，项目不同监测分区的侵蚀量差别很大，不能用某一个分区的数据代替整个项目的流失量；取土场或弃渣场等某一特定监测对象的流失量不能代表项目建设区的流失量。

6.3.2.1　水土流失状况监测指标

生产建设项目水土流失状况监测指标根据流失类型的不同可以分为以下几个部分：

（1）水蚀状况监测指标。可以分为坡面水蚀监测指标和建设区（分区）水蚀状况监测指标。坡面水蚀的主要监测指标包括土壤流失形式、坡面产流量、土壤流失量等指标。项目建设区水蚀的主要监测指标包括水土流失面积、流失强度、流失量、侵蚀模数等。

（2）风蚀状况监测指标。在风力侵蚀为主的区域，风蚀状况的主要监测指标包括水土流失（风蚀）面积、土壤侵蚀强度、降尘量等指标。

（3）其他侵蚀状况监测指标。重力侵蚀主要监测指标包括侵蚀形式及其数量。侵蚀形式如崩塌、崩岗、滑坡、泻溜等，数量如撒落量、崩岗发生面积、滑坡规模、滑坡变形量等。混合侵蚀（泥石流）主要监测指标包括泥石流特征、泥石流浆体总量、泥石流冲击物等。冻融侵蚀主要监测指标包括冻土厚度、冻融侵蚀面积等。

（4）弃土弃渣状况。主要包括弃土弃渣的渣场位置、面积、堆渣量、弃渣流失量。

6.3.2.2　土壤流失量监测

水土流失状况监测主要考虑土壤侵蚀的类型、形式及不同类型和形式的土壤流失量。

土壤侵蚀类型、形式通过调查询问、查阅资料一般都可准确获知，而水土流失量由于其影响因素复杂，项目区在监测时段内一直处于强烈的人为扰动下，要获得实测数据需面对较大的挑战。

（1）水蚀量监测方法。在水蚀区，工程建设区域内各种堆积坡面、开挖坡面、扰动坡面和塑造地貌坡面的侵蚀变化均可用坡面水蚀观测方法。坡面水蚀观测的基本方法有3种：一是设置径流小区观测，二是设置简易土壤流失观测场，三是直接设置泥沙收集器。第一种多适用于定点精确观测，第二种可结合定点调查或变动干扰较大的区域监测，第三种其实是第一种的简易设施（泥沙收集器类似于小区的集流桶）。径流小区法在第3章已有介绍，以下阐明当前应用的新设备、新方法。

1）简易土壤流失观测场观测。简易土壤流失观测方法就是测钎法，观测流失前后测钎出露高度差，求算流失厚度。土壤流失量计算公式为

$$S_T=\gamma_s SL\cos\theta\times 10^3 \tag{6-3}$$

式中　S_T——土壤流失总量，g；

γ_s——侵蚀泥沙容重（密度），g/m^3；

S——观测区坡面面积，m^2；

L——平均土壤流失厚度，mm；

θ——观测区坡面坡度，（°）。

在利用该方法时，应该注意新的堆积体常常会产生自然沉降。因此，在观测测钎顶端到地面高度时，应密切注意是否有自然沉降。若堆积体不发生沉降，则式（6-3）中的L的值为$L=\frac{1}{n}(L_1+L_2+L_3+\cdots+L_n)$；若堆积体发生沉降，就应该扣除沉降产生的影响。这时，式（6-3）中的L的值为$L=\frac{1}{n}[(L_1+L_2+L_3+\cdots+L_n)-nh]$，其中$h$为堆积体的平均沉降高度。

2）三维激光扫描法。应用扫描仪可以直接量测和计算坡面侵蚀量。其中激光微地貌扫描仪，如图6-9（a）所示，利用激光的反射与聚焦成像原理，将地表形态转换成不同物像点位置的电信号，再经计算机处理成数字地形模型，从而得出坡面侵蚀的结论。三维激光扫描仪，如图6-9（b）所示，采用非接触式高速激光测量方式，获取地形或复杂物体的几何图形数据及影像数据，对采集的数据通过软件处理，建立空间位置坐标或模型，得到空间信息和坡面侵蚀结论。

3）集沙池观测。工程建设中，常常在坡面排水沟上建筑沉沙池，尤其是在降雨较多的地方。集沙池法适用于径流冲刷物颗粒较大、汇水面积不大、有集中出口汇水区的土壤流失量监测。按照设计频次观测集沙池中的泥沙厚度。宜在集沙池的4个角及中心点分别量测泥沙厚度，并测算泥沙密度。土壤流失量可采用式（6-4）计算

$$S_T=\frac{h_1+h_2+h_3+h_4+h_5}{5}S\rho_s\times 10^4 \tag{6-4}$$

式中　S_T——汇水区土壤流失量，g；

h_i——集沙池四角和中心点的泥沙厚度，cm；

S——集沙池底面面积，m^2；

ρ_s——泥沙密度，g/cm^3。

(a) 激光微地貌扫描仪

(b) 徕卡 HDS6000三维激光扫描仪

图 6-9　扫描仪

4）相关沉积法观测。在工程建设区域内常存在洼坑、浅洼地或人工修建的池、塘等小型蓄水工程，这些蓄水微地形可拦蓄暴雨侵蚀的径流泥沙全部和一部分，随即观测被拦蓄的径流、泥沙量即为毗邻坡面的水土流失量。

当蓄水微地形（洼坑）不大，可用直尺直接测量水深、泥深（或多点量测），并量测面积，计算出积水量和泥沙量；如果蓄水微地形面积大，或水较深时，可用设置断面法，驾船分别量测各断面上若干个水深、泥深，再计算断面平均水深、泥深，并与断面间距的乘积作为部分径流、泥沙体积，最后累加得总体积。

采用这种方法需要注意以下 3 个方面。一是洼坑中没有人工倒入的土（石），若倒入土（石）时，数量可知或予以及时雨时清理；二是没有溢流现象，若发生溢流，可以测算其数量（数量必须可测）；三是应在洼坑等微地貌附近布设固定基准桩（注意避开干扰）用于校核洼坑地形、断面和淤积等的变化。若设置固定测量断面，还应布设断面控制桩。

在得到径流量（W）、泥沙量（V_s）和侵蚀区域面积（A）后，用下式计算径流和侵蚀强度（M_W、M_s）

$$M_W=\frac{W}{A} \tag{6-5}$$

$$M_s=\frac{V_s\gamma}{A} \tag{6-6}$$

式中　M_W、M_s——径流和泥沙流失强度，m^3/km^2，t/km^2；

W——流失的径流量，m^3；

V_s——流失泥沙的体积，m^3；

γ——流失泥沙的密度，t/m^3；

A——流失区面积，km^2。

（2）风蚀量监测。风蚀强度受多种因素影响，主要有地表植被覆盖度、地面物质颗粒大小及组成、地表起伏状况、起沙风的多少、降水情况等。因而，在风蚀调查时，要对工程建设区域可能为有的多种地表特征、气候特征等进行全面调查，以便获得风蚀强度值，以备比较分析使用。

1）简易风蚀观测场观测。简易风蚀观测场观测方法是用测钎插入风蚀（或风积）区地面，观测起沙风前和起沙风后测钎出露的高度，用高度差来表示风蚀强度，即平均风蚀深度（亦可转化成风蚀模数）。该法风蚀量的计算公式同式（6-3），但需将式中 γ_s 换成沙土容重。

生产建设项目的风蚀观测，可以一场风、也可以某一固定时段（旬、月、季、年）观测一次。当观测每场风的侵蚀时，需量测风蚀前测钎的出露高度（刻度），起沙风过后，再测量风蚀后出露的测钎高度，前后两次测值之差，即为测点风蚀（或风积）厚度；计算全部测钎的风蚀平均厚度，即为该场起沙风（或该段时间内）的侵蚀厚度。

风力侵蚀强度公式为

$$L_E=\frac{1}{n}(|L_1|+|L_2|+|L_3|+\cdots+|L_n|) \quad (6-7)$$

式中 L_E——土壤侵蚀厚度，mm；

n——n 为起沙风次数；

L_1——第 1 次起沙风风蚀（风积）厚度，mm。

L_2、L_3、L_n 等以此类推。

2）风蚀桥观测。该法是用风蚀桥插入风蚀（或风积）区地面，观测起沙风前和起沙风后风蚀桥面至地表高度的变化，用两者的高度差来表示风蚀强度（亦可转化成风蚀模数）。因此，风蚀桥观测法是测钎法测深的改进方法。

当风掠过风蚀桥下，吹蚀地表物质，造成桥面至地面高差发生变化，这些高差的平均值即为该桥（观测点）处平均风蚀深（或风积厚）。同理，可以得到年平均风蚀深（或风蚀模数）。由此可见，风蚀桥的观测点密度大，而且避免了测钎对地面及风蚀的干扰，从而提高了观测精度。

3）集沙仪观测。使用时，将集沙仪收集口正对来风方向，一般要求下缘与地表紧密吻贴，收集地面以上某一高度处面积（一般为宽度 3.0cm、高度 4～5cm 的矩形）的风沙量，并记录起沙风起止时间。一场起沙风结束后，将集沙仪收集袋（或收集箱）内沙粒全部取出称重（或分层取出称重），即可得到风吹蚀物质的重量。将建设区垂直风向的长度乘以集沙仪收集高（如 50cm），即为通过该区的风沙流断面面积，再乘以上述单位面积吹蚀物，或与单位面积单位时间风蚀物与起沙风的历时相乘，得该次起沙风的风蚀量。观测一年中（或监测期）的多次风蚀量，可得年（或监测期）总风蚀量。计算公式为

单次起沙风的风蚀量：

$$G_i=10G\frac{HL}{A} \quad (6-8)$$

单位面积风蚀量：

$$g_{it}=\frac{G}{A} \tag{6-9}$$

单位面积单位时间风蚀量：

$$g_i=\frac{G}{At} \tag{6-10}$$

监测期的风蚀量：

$$G_T=\sum_{i=1}^{n}G_i \tag{6-11}$$

以上式中　G_i——单次起沙风的风蚀量，kg；

G——集沙仪收集的全部沙粒的重量，g；

H——集沙仪收集高，cm；

L——建设区垂直风向的长度，m；

A——集沙仪收集断面面积，cm^2；

g_{it}——单次起沙风单位面积风蚀量，g/cm^2；

g_i——单次起沙风单位面积单位时间风蚀量，$(g/cm^2)\cdot min$；

t——单次起沙风的历时，min；

n——监测期内的起沙风次数；

G_T——监测期内的风蚀量，kg。

由此可知，每架集沙仪收集的风沙气流宽度很小（如仅 3.0cm），这是尽量减小对气流的影响所必须，显然对一个扰动强烈且差异较大的工程建设区域来说，代表性不足。因此，在设置时，应该考虑区域内的主要风向以及工程扰动的主要部位。在风向单一下的情况下，集沙仪布设在扰动区下风方形成一条带，扰动强度大的区域布设密度较大，扰动相对弱或扰动均匀区密度较小（约 20～30m 一架）。如若区域内工程扰动空间差异大，应该布设多个条带，分别测量不同空间的风蚀强度。若区域内优势风不明显，即在建设期间有可能出现多个方向的起沙风，可以按风向人工重新布设集沙仪（固定式），也可以用旋转式集沙仪。

6.3.2.3　不同尺度的土壤流失量计算

监测点、监测分区和监测范围等不同尺度监测范围内监测获得的土壤流失量可以用来评价该监测范围内的土壤流失强度，通过对比未采取水土保持措施监测点数据评价获得水土保持措施效益，评价水土流失防治目标达到情况。通过单项措施监测点获得的土壤流失量数据可以评价不同措施的防护效果，为将来的措施配置提供依据和数据支持。

根据同一监测分区不同监测点的土壤流失量推算整个监测分区的土壤流失量，由监测分区的土壤流失量可以推算获得整个监测范围的土壤流失量。单个监测点的监测获得的土壤流失量值不能用来代替整个项目的流失量水平，否则会夸大或低估生产建设项目造成的水土流失。

监测分区的土壤流失量可在分析本监测分区内各监测点空间分布的基础上，通过监测点土壤流失量采用简单平均数加入法、面积加权加入法等计算得到。

简单平均数加入法计算公式为

$$S_j = \frac{A_j}{n}\sum_{i=1}^{n} S_i \tag{6-12}$$

式中 S_j——第 j 个监测分区的土壤流失量，t；

A_j——第 j 个监测分区的面积，km^2；

n——第 j 个监测分区的监测点数量，个；

S_i——第 i 个监测点观测数据计算的单位面积土壤流失量，t/km^2；

j——1，2，3，…，m，监测项目划分的监测分区数量，个；

i——1，2，3，…，n，某监测分区内土壤流失量监测点数量，个。

面积加权加入法计算公式为

$$S_j = \sum_{i=1}^{n}(A_i S_i) \tag{6-13}$$

式中 n——第 j 个监测分区的监测点数量，个；

A_i——第 i 个监测点的控制面积，km^2。

监测分区内所有监测点的控制面积总和为第 j 个监测分区的面积，km^2；

监测范围的土壤流失量可由各监测分区的土壤流失量计算得到：

$$S_T = \sum_{j=1}^{m} S_j \tag{6-14}$$

式中 S_T——监测范围的总土壤流失量，t；

m——监测分区数量。

6.3.3 水土保持措施监测

水土保持措施监测，主要采用无人机遥测、定期实地勘测与不定期全面巡查相结合的方法，同时记录和分析措施的实施进度、数量与质量、规格，及时为水土流失防治提供信息。对大型工程（或重要单位工程），除定期调查外，还应查看工程运行情况，判别其稳定性。

在水土保持方案及其后续设计中，已经明确了各种水土保持设施的建设时期、数量、工程量和质量要求。但由于种种原因，在工程建设过程中常常发生调整，或位置变化、或建设期变更、或数量增减、或标准变化，致使建成的水土保持措施与设计有所差异。因此，临时应实地勘测（或巡查）随时进行，应该对照水土保持方案及其后续设计，对水土保持措施的实施时间、建设地址、数量与规格尺寸、控制水土流失效果等进行实地监测，并及时将相关信息反馈建设的管理、施工和监理等单位，以保质保量地发挥作用。

6.3.4 水土流失危害监测

水土流失危害监测应包括对当地、周边、下游和对主体工程本身可能造成的危害形式和程度，以及产生滑坡和泥石流的风险等。

6.3.4.1 危害数量和程度监测

水土流失危害数量是指危害范围内受害对象的数量，即各类受害对象的多少（如个体数量、总体损失等）；危害程度是指受害和受损的程度，用受害范围内各类受害对象的产

出（或损失）与无害区域对应对象产出的比较来反映。

水土流失危害数量需要通过危害范围的普查（或抽样调查）取得。当危害范围较小时，采用普查的方式进行；当危害范围较大，采用抽样调查的方式进行。如果危害范围跨越不同类型区时（如土壤侵蚀类型区、地貌类型区等），应该分区进行。

水土流失危害程度的监测包括危害范围受害对象和无害区域对应对象两个方面，通过对比分析相关指标，评价和估算危害大小。

6.3.4.2　危害面积监测

在生产建设项目水土流失危害中，与面积大小有关的包括：扰动破坏地貌面积、洪涝淹没面积、地下水降低面积、泥石流毁坏埋没面积、污染受害面积等。这些面积还可以按照土地利用类型细分为耕地、园地、林地、草地、商服用地、工矿仓储用地、住宅用地、公共管理与公共服务用地、特殊用地、交通运输用地、水域及水利设施用地、其他土地等用地的面积；亦可以分出各种水土保持措施的面积，如梯田、坝地、造林、种草、土地整治等用地的面积。

上述危害面积可用无人机等航测或绘图量测的方法，即：将危害界线勾绘在大比例尺地图上，然后量算并平差，算出受害范围及各种受害对象的面积。

6.3.5　监测结果评价

6.3.5.1　水土流失情况评价

水土流失情况评价的主要内容应包括水土流失防治责任范围、地表扰动面积、弃土（石、渣）状况以及水土流失的面积、分布与强度等的变化情况。按监测分区、监测时段统计地表扰动面积、弃土（石、渣）量及有效拦挡量，分析动态变化情况。根据监测点和实地调查获得的土壤流失量，按监测分区、监测时段评价水土流失的面积、分布与强度的变化情况。在监测与评价过程中，如发现水土流失防治责任范围与水土保持方案不一致及弃土（石、渣）场、取土（石、料）场等的位置、规模发生重大变化，应分析原因并通知建设单位。

6.3.5.2　水土保持效果评价

水土保持效果评价主要包括水土保持措施实施情况、防治效果及水土流失防治目标达标情况。施工准备期、施工期、试运行期都应评价水土流失防治效果，建设生产类项目应对生产运行期的防治效果进行评价。防治效果应按照《生产建设项目水土保持技术规范》（GB 50433）的规定，从治理水土流失、林草植被建设、水土保持设施运行状况、保护和改善生态环境等方面进行评价。监测期末，还应评价项目建设对周边生态环境的影响。

按监测分区、监测时段统计水土保持措施的类型、数量和分布情况，并与水土保持方案确定的措施体系进行对比，如有变化，应分析原因。

依据《生产建设项目水土流失防治标准》（GB 50434）的规定，施工期，分析拦渣率与土壤流失控制比，并与水土保持方案确定的防治目标进行对比，评价达标情况；试运行期和生产运行期，分析扰动土地整治率、水土流失总治理度、拦渣率、土壤流失控制比、林草植被恢复率和林草覆盖率，并与水土保持方案确定的防治目标进行对比，分析达标情况。若未达到水土保持方案确定的防治目标，应分析原因，及时提出改进建议。

生产建设活动未造成水土流失危害或危害仅在建设区内时，效益计算的“基准面积”为建设区面积；当发生的危害超出建设区时，“基准面积”为建设区面积与危害区面积之和。

（1）扰动土地整治率。扰动土地整治率是指在项目建设区内，经过整治后可以投入使用的土地面积占扰动总土地面积的百分比，它反映了生产建设项目对扰动破坏土地的整治程度。计算式为

$$扰动土地整治率(\%)=\frac{土地整治面积}{“基准面积”范围内的扰动土地面积}\times 100 \quad (6-15)$$

扰动土地是指在“基准面积”范围内，因建设和生产活动的采掘、开挖、取土、堆放所占用和破坏的土地资源。包括地面扰动破坏、毁林毁草、表土清除、开挖堆积（堆放）、人机活动碾压以及地面出现裂隙和沉降（裂隙塌陷、水渍、盐渍等）、渣石裸露（沙漠化、石漠化、渣土污染等）、地表崎岖不平（坑穴、坡面等）的土地。这些扰动破坏土地有的属于一次性短期扰动，如管线工程，由开挖到回填一般不超过半年，或更短；有的属于长期反复扰动破坏，如施工道路、弃渣场地等。

通常，扰动土地面积由每年动态监测获得，监测可采用实测法，分测量量算法、实测量算法和无人机遥测法。测量量算法应用于土地面积大、工程用地类型多的项目，由测量制图完成，或测量勾图完成；实测量算法适用于土地面积较小的项目，用测尺量算得出；无人机遥测法均可以应用。

土地整治是指对扰动土地采用平覆、平整和生物、化学等措施，把因建设造成的地面沉降、坡面破坏、渣石裸露、地表崎岖不平的土地恢复成可以重新利用、且无水土流失的土地，包括工程建设修建的永久建筑物所占用扰动土地。一般整治土地措施有削高填低、覆土平整、治涝排碱、稳定坡面、恢复植被、改良土壤等，以恢复土地的农、林、牧、副、渔的利用价值并维持其一定生产量。土地整治多在工程建设后期进行，可在竣工期用实测法得到。

因而，扰动土地面积、土地整治面积及扰动土地整治率，实际是按照下列各式计算：

$$扰动土地面积=“基准面积”-\sum 建设未扰动地块的面积 \quad (6-16)$$

$$土地整治面积=\sum 各种整治措施恢复使用的土地面积 \quad (6-17)$$

$$扰动土地整治率(\%)=\frac{\sum 各种整治措施恢复使用的土地面积}{“基准面积”-\sum 建设未扰动地块的面积}\times 100 \quad (6-18)$$

（2）水土流失总治理度。水土流失总治理度是指在“基准面积”范围内，水土流失治理面积占“基准面积”范围内水土流失总面积的百分比，它反映了生产建设项目对“基准面积”范围内水土流失面积总治理程度。计算式为

$$水土流失总治理度(\%)=\frac{水土流失治理面积}{“基准面积”范围内的水土流失总面积}\times 100 \quad (6-19)$$

1）水土流失总面积。凡在“基准面积”范围内，水土流失（含水蚀、风蚀、重力、冻融及混合侵蚀）强度超过容许土壤流失量以上的地块（或地区）均属于水土流失面积。包括因生产建设项目生产建设活动导致或诱发的水土流失面积以及尚未达到容许土壤流失量的未扰动土地面积。一般确定水土流失面积应依照《土壤侵蚀分类分级标准》中的规定进行，并注意是在“无人为强烈干扰”下的限定，以免错判。

一般是通过调查勾绘或测量非水土流失地块（或区域），然后从“基准面积”范围总

面积中减去而得到水土流失总面积。

2）水土流失治理面积。水土流失治理面积是指对水土流失区域采取水土保持措施，并使土壤流失量达到容许流失量以下的土地面积。这些措施包括前述治理工程、土地整治及林草建设等实施的面积即为水土保持措施面积，且土壤流失控制在容许流失量以下。有的虽已实施治理措施，但水土流失尚未达到标准要求，不能计入水土流失总治理度的面积中。

（3）土壤流失控制比。土壤流失控制比是指在“基准面积”范围内，经实施各项水土保持措施后区内的年平均土壤流失量与该区容许土壤流失量之比，它反映了水土流失治理控制土壤流失量的相对大小。其计算式为

$$土壤流失控制比=\frac{容许土壤流失量}{治理后“基准面积”范围内的年平均单位面积土壤流失量} \tag{6-20}$$

1）容许土壤流失量。容许土壤流失量是指与成土速率一致的流失速率，或能达到保护土壤（土地）资源，并能长期保持土壤肥力和维持土地生产力基本稳定的最大土壤流失量。容许土壤流失量按表6-3的规定执行。

2）“基准面积”范围内年平均土壤流失量。“基准面积”范围内年平均土壤流失量，是“基准面积”范围内总的土壤流失量与“基准面积”的比值，即单位面积上的年土壤流失量（或者流失模数）。

对于“基准面积”范围比较集中，或者处在一个流域内（或者大部分处在流域内），或者具有集中的径流泥沙出口，可通过设立的流域径流泥沙观测站经过实际观测得到。应该注意的是，在观测数值必须包括悬移质和推移质。

对于缺乏上述观测条件时，也可通过坡面径流小区的观测值与其代表的面积之积的累加值求得总土壤流失量，然后流失总面积除而得到。严格地说，用小区法所得的土壤侵蚀量没有考虑泥沙在搬运途中的泥沙沉积和拦蓄，数值偏大；若能调查出沉积和拦蓄的泥沙量并予以校正，则亦能取得流失量的真值。这样，土壤流失控制比可以按照下式计算

$$土壤流失控制比=\frac{200\times(500,1000)}{\sum_{i=1}^{n}(M_{si}A_i)/A} \tag{6-21}$$

式中 M_{si}——第i监测小区年平均侵蚀模数，(t/km^2)a；

A_i——第i监测小区代表的区域面积，km^2；

A——该工程“基准面积”范围内水土流失总面积，km^2。

（4）拦渣率。拦渣率是指在“基准面积”范围内，采用拦渣坝、沉沙坝等拦渣工程，对各种废弃土（石、垃圾及尾矿砂、矿渣等）固体物质拦蓄和建设中应用，以防止流失的数量（称拦渣量）占项目建设产生的固体废弃物总量的百分比。它反映了工程建设（或生产）对固体废弃物质控制的程度以及对环境保护的贡献。计算式为

$$拦渣率(\%)=\frac{拦渣工程拦蓄的弃土(石、渣)等固体物质量}{“基准面积”范围内的弃土(石、渣)等固体物质总量}\times100 \tag{6-22}$$

1）弃土（石、渣）等固体物质总量。弃土（石、渣）总量包括项目或建设生产过程中产生的全部弃土、弃石、弃渣的数量。这些弃土（石、渣）有的是清除表土、取料废渣、有的生活垃圾，还有生产产生的矿渣、尾矿砂、煤矸石等。由于废弃物种类不一，且

分散在不同的位置，因此监测有以下 3 种方法监测：①利用设计资料校核估算。即：校核工程设计中的土、石开挖量，减去工程建设中实用土石量（如回填、砌石等）；再加生活垃圾及道路等部分废渣量。②利用矿渣比、剥采比等计算。如洗选矿等，可求出选一吨矿（或采一吨煤）产生多少废矿砂（称为矿渣比、剥采比等），这样依据生产能力就可计算出矿渣、尾矿砂等数量。③测量监测。即对工程建设各个产渣场地实施测量，求得总量。

2）拦蓄固体废弃物质量。拦蓄固体废弃物质量包括：各种拦渣工程的拦蓄量，以及坑洼、塌陷等回填的利用等。具体测定方法：一种是直接测量拦蓄和利用的渣土、渣石等固体废弃物量；另一种是监测渣土流失量与固体物质总量的差值，即可得到拦蓄量。

应该注意的是，由于渣土、渣石的开挖、搬运和堆积改变了原土（石）体的密度，成为虚方，应折算成实方。

这样，拦渣率可以按照下式计算

$$\text{拦渣率}(\%)=\frac{\text{拦渣(土、石)量}+\text{利用渣土(石)量}}{\text{“基准面积”范围内的弃土(石、渣)等固体物质含量}}\times 100 \tag{6-23}$$

（5）林草植被恢复率。林草植被恢复率是指在“基准面积”范围内，采取植树、种草（花卉）及封育等措施，恢复地面植被保持水土的面积占区内可恢复植被面积的百分比。它反映了工程建设区植被恢复重建的程度。计算式为

$$\text{林草植被恢复率}(\%)=\frac{\text{林草植被面积}}{\text{“基准面积”范围内可恢复植被面积}}\times 100 \tag{6-24}$$

1）可恢复植被面积。可恢复植被面积是“基准面积”范围内，在当前技术、经济条件下可能恢复植被的土地面积，不包含国家规定应恢复农耕地的面积。在水蚀区，“可恢复植被面积”指的是扣除主体工程、道路、生产生活附属等占地面积以及裸露基岩、水体等面积以外的其他面积；在风沙区，除去流动沙丘、裸露基岩以外的其他面积；在高寒地区，除去寒漠区、裸露基岩以外的其他面积。

2）林草植被面积。林草植被面积是指在“基准面积”范围内，已有人工、天然的林地和草地的总面积。包括植树、种草（花卉）且成活率、保存率达到设计和验收标准的面积，以及天然林地和草地的面积。《水土保持综合治理验收规范》（GB/T 15773—2008）规定：人工植树种草，当年成活率在 80%以上、3 年后保存率在 70%以上为合格；封育管护的林草地，林、草郁闭度和盖度在 80%以上为合格。对于天然林地和草地，林地郁闭度达到 0.2 以上（不含 0.2）、灌木林和草地的盖度达到 0.4 以上（不含 0.4）计入林草植被面积。

由此，植被可恢复系数也可以按照下式计算

$$\text{林草植被恢复率}(\%)=\frac{\text{人工林地面积}+\text{人工草地面积}+\text{封育管护林草面积}+\text{天然林草面积}}{\text{“基准面积”范围内可恢复植被面积}}\times 100 \tag{6-25}$$

（6）林草覆盖率。林草覆盖率是指在“基准面积”范围内，林草植被覆盖面积占“基准面积”的百分比。它反映工程建设中绿化和生态恢复程度的大小。计算式为

$$\text{林草植被覆盖率}(\%)=\frac{\text{林草植被面积}}{\text{“基准面积”}}\times 100 \tag{6-26}$$

“基准面积”前已阐明，可通过实测或校核工程项目水土保持方案书中面积确定。

林草植被覆盖面积是林草枝、叶、杆对地表的覆盖、遮掩的面积，它是林草植被面积和覆盖度（简称盖度）的乘积。

林草植被覆盖面积由样地调查和计算得来。样地调查内容有林（草）地面积和林地的平均郁闭度，以及灌木、草地的平均覆盖度，然后算出林草覆盖面积。这一工作十分麻烦，现在为了简便，一般把林草地覆盖度（郁闭度）大于 0.6 的当做 1.0 处理，把小于 0.3 的当做 0 处理，把在 0.3～0.6 之间的取用实际值，即盖度>0.6 的林草地按全覆盖面积计，盖度<0.3 的林草地不计入覆盖面积，盖度在 0.3～0.6 之间，则用实际盖度乘林草面积得到覆盖面积。因此，计算林草植被覆盖率的通式为

$$\text{林草植被覆盖率}(\%)=\frac{\sum_{i=1}^{n}(\text{林草植被面积}\times\text{覆盖度})}{\text{项目建设“基准面积”}}\times 100 \qquad (6-27)$$

6.4 监 测 成 果

为确保监测质量和监测成果的准确性、科学性，监测方式方法、内容等必须遵守国家规定的统一技术标准、规范和规程，保证监测质量，并定期将监测成果报告当地水行政主管部门。此外，当出现水土流失隐患和重大危害事件时，须立即向当地水行政主管部门报告，争取避险、抢险的有利时机，防止造成重大灾害性事件和更大的损失。

6.4.1　监测成果形式

监测成果包括监测实施方案、记录表、水土保持监测意见、监测季度报告、监测年度报告、监测汇报材料、监测总结报告及相关图件、影像资料等。

监测成果应采用纸质和电子版形式保存，做好数据备份，并按照档案管理相关规定建立档案。

6.4.2　监测成果要求

在施工准备期之前，应进行现场查勘和调查，并根据相关技术标准和水土保持方案编制《生产建设项目水土保持监测实施方案》。水土保持监测报告应包括季度报告表、专项报告和总结报告。工程建设期间，应于每季度的第一个月内报送上季度的《生产建设项目水土保持监测季度报告表》，同时提供大型或重要位置的弃土（渣）场的照片等影像资料；因降雨、大风或认为原因发生严重水土流失及其危害事件的，应于事件发生后 1 周内报告有关情况。水土保持监测任务完成后，整理、分析监测季度报告和监测年度报告，分析评价土壤流失情况和水土流失防治效果，应于 3 个月内报送《生产建设项目水土保持监测总结报告》。

监测总结报告应内容全面、语言简明、数据真实、重点突出、结论客观。应包含水土保持监测特性表、防治责任范围表、水土保持措施监测表、土壤流失量统计表、扰动土地整治率等六项指标计算及达标情况表。应附照片集。监测点照片应包含施工前、施工期和施工后 3 个时期同一位置、角度的对比。附图应包含项目区地理位置图、水土保持监测点

分布图、防治责任范围图、取土（石、料）场、弃土（石、渣）场分布图等。附图应按相关制图规范编制。

对点型项目，图件应包括项目区地理位置图、扰动地表分布图、监测分区与监测点分布图、土壤侵蚀强度图、水土保持措施分布图等。对线型项目，图件应包括项目区地理位置图、监测分区与监测点分布图，以及大型弃土（石、渣）场、大型取土（石、料）场和大型开挖（填筑）区的扰动地表分布图、土壤侵蚀强度图、水土保持措施分布图等。

数据表（册）应包括原始记录表和汇总分析表。

影像资料应包括监测过程中拍摄的反映水土流失动态变化及其治理措施实施情况的照片、录像等。照片集应包含监测项目部和监测点照片。同一监测点每次监测应拍摄同一位置、角度照片不少于三张。照片应标注拍摄时间。监测成果应按照档案管理相关规定建立档案。

6.4.3 监测成果报送要求

水利部批复水土保持方案的项目，由建设单位向项目所在流域机构报送上述报告和报告表，同时抄送项目所涉及省级水行政主管部门。项目跨越两个以上流域的，应当分别报送所在流域机构。地方水行政主管部门批复水土保持方案的项目，由建设单位向批复方案的水行政主管部门报送上述报告和报告表。报送的报告和报告表要加盖生产建设单位公章，并由水土保持监测项目的负责人签字。《生产建设项目水土保持监测实施方案》和《生产建设项目水土保持监测总结报告》还需加盖监测单位公章。

6.5 本 章 附 录

附录 1　　生产建设项目水土保持监测实施方案提纲

一、综合说明

二、项目及项目区概况

1. 项目概况

2. 项目区概况

3. 项目水土流失防治布局

三、水土保持监测布局

1. 监测目标与任务

2. 监测范围及其分区

3. 监测点布局

4. 监测时段和进度安排

四、监测内容和方法

1. 监测内容

（1）施工准备期前（是指主体工程施工准备期前一年）

（2）施工准备期

（3）施工期

（4）试运行期

2. 监测指标与监测方法

3. 监测点设计

五、预期成果

1. 水土保持监测季度报告表

2. 水土保持监测总结报告

3. 数据表（册）

4. 附图

5. 附件

六、监测工作组织与质量保证体系

1. 监测技术人员组成

2. 主要工作制度

3. 监测质量保证体系

附录2　生产建设项目水土保持监测总结报告提纲

一、综合说明

二、项目及水土流失防治工作概况

1. 项目及项目区概况

2. 项目水土流失防治工作概况

三、监测布局与监测方法

1. 监测范围及分区

2. 监测点布局

3. 监测时段

4. 监测方法与频次

四、水土流失动态监测结果与分析

1. 水土流失防治责任范围监测结果

（1）水土保持方案确定的水土流失防治责任范围

（2）各时段水土流失防治责任范围监测结果

2. 弃土（石、渣）监测结果

（1）设计弃土（石、渣）情况

（2）弃土（石、渣）场位置及占地面积监测结果

（3）弃土（石、渣）量监测结果

3. 扰动地表面积监测结果

4. 水土流失防治措施监测结果

（1）工程措施及实施进度

（2）植物措施及实施进度

（3）临时防治措施及实施进度

5. 土壤流失量分析

（1）各时段土壤流失量分析

（2）重点区域土壤流失量分析

五、水土流失防治效果分析评价

1. 扰动土地整治率

2. 水土流失总治理度

3. 拦渣率

4. 林草覆盖率

5. 土壤流失控制比

6. 林草植被恢复率

六、结论

1. 水土流失动态变化

2. 水土保持措施评价

3. 存在问题及建议

4. 综合结论

本章参考文献

[1] 郭索彦. 水土保持监测理论与方法 [M]. 北京：中国水利水电出版社，2010.

[2] 郭索彦. 生产建设项目水土保持监测实务 [M]. 北京：中国水利水电出版社，2014.

[3]《中华人民共和国水土保持法》.

[4] 曾大林. 用新理念提升开发建设项目水土保持工作 [J]. 中国水土保持，2006，6：5-7.

[5] 李智广. 开发建设项目水土保持监测实施细则编制初讨 [J]. 水土保持通报，2005，25（6）：91-95.

[6] 李智广. 开发建设项目水土保持监测 [M]. 北京：中国水利水电出版社，2008.

[7] 孙厚才，袁普金. 开发建设项目水土保持监测现状及发展方向 [J]，中国水土保持，2010，1：36-38.

[8] 赵永军，张峰，王云璋，等. 开发建设项目水土保持工作现状及发展思路 [J]. 中国水土保持，2009，1：48-51.

[9] 喻权刚. 新技术在开发建设项目水土保持监测中的应用 [J]. 水土保持通报，2007，27（4）：5-10.

[10] 李璐，袁建平，刘宝元. 开发建设项目水蚀量预测方法研究 [J]. 水土保持研究，2004，11（2）：81-84.

[11] 姜德文. 开发建设项目水土流失影响度评价方法研究 [J]. 中国水土保持科学，2007，5（2）：107-109.

[12] 中华人民共和国水利部. 水土保持监测技术规程：SL 277—2002 [S]. 北京：中国水利水电出版社，2002.

[13] 中华人民共和国水利部. 开发建设项目水土保持技术规范：GB 50433 [S]. 北京：中国水利水电出版社，2008.

[14] 中华人民共和国水利部. 开发建设项目水土流失防治标准：GB 50434 [S]. 北京：中国水利水电出版社，2008.

[15] 中华人民共和国水利部. 关于规范生产建设项目水土保持监测工作的意见：水保 [2009] 187 号 [S]. 北京：中国水利水电出版社，2009.

［16］ 中华人民共和国水利部. 生产建设项目水土保持监测规程（试行）［S］. 北京：中国水利水电出版社，2015.

［17］ 中华人民共和国水利部. 土壤侵蚀分类分级标准：SL 190—2007［S］. 北京：中国水利水电出版社，2008.